U0921941

中 国 国 家 标 准 汇 编

2008 年修订-13

中国标准出版社　编

中 国 标 准 出 版 社

北　京

图书在版编目（CIP）数据

中国国家标准汇编：2008年修订.13/中国标准出版社编.—北京：中国标准出版社，2009

ISBN 978-7-5066-5358-9

Ⅰ.中… Ⅱ.中… Ⅲ.国家标准-汇编-中国-2008 Ⅳ.T-652.1

中国版本图书馆CIP数据核字（2009）第101306号

中国标准出版社出版发行
北京复兴门外三里河北街16号
邮政编码:100045

网址 www.spc.net.cn
电话:68523946 68517548
中国标准出版社秦皇岛印刷厂印刷
各地新华书店经销

*

开本 880×1230 1/16 印张 35.5 字数 1 078 千字
2009年8月第一版 2009年8月第一次印刷

*

定价 200.00 元

出 版 说 明

1.《中国国家标准汇编》是一部大型综合性国家标准全集。自1983年起，按国家标准顺序号以精装本、平装本两种装帧形式陆续分册汇编出版。它在一定程度上反映了我国建国以来标准化事业发展的基本情况和主要成就，是各级标准化管理机构，工矿企事业单位，农林牧副渔系统，科研、设计、教学等部门必不可少的工具书。

2.《中国国家标准汇编》收入我国每年正式发布的全部国家标准，分为“制定”卷和“修订”卷两种编辑版本。

“制定”卷收入上年度我国发布的、新制定的国家标准，顺延前年度标准编号分成若干分册，封面和书脊上注明“20××年制定”字样及分册号，分册号一直连续。各分册中的标准是按照标准编号顺序连续排列的，如有标准顺序号缺号的，除特殊情况注明外，暂为空号。

“修订”卷收入上年度我国发布的、被修订的国家标准，视篇幅分设若干分册，但与“制定”卷分册号无关联，仅在封面和书脊上注明“20××年修订-1，-2，-3，……”字样。“修订”卷各分册中的标准，仍按标准编号顺序排列(但不连续)；如有遗漏的，均在当年最后一分册中补齐。需提请读者注意的是，个别非顺延前年度标准编号的新制定的国家标准没有收入在“制定”卷中，而是收入在“修订”卷中。

读者配套购买《中国国家标准汇编》“制定”卷和“修订”卷则可收齐上一年度我国制定和修订的全部国家标准。

3. 由于读者需求的变化，自1996年起，《中国国家标准汇编》仅出版精装本。

4. 2008年制修订国家标准共5946项。本分册为“2008年修订-13”，收入新制修订的国家标准14项。

中国标准出版社

2009年5月

目　　录

ICS 01.040.29
K 04

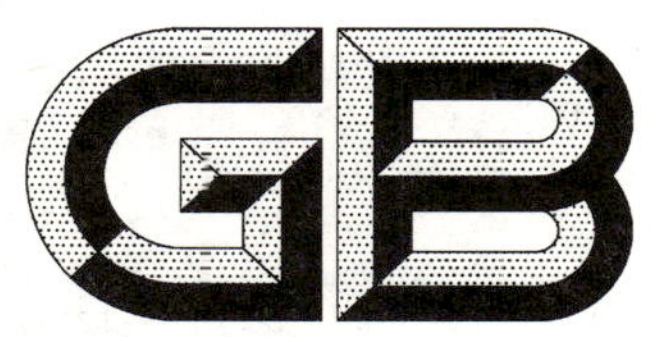

中华人民共和国国家标准

GB/T 2900.57—2008
代替 GB/T 2900.57—2002

电工术语 发电、输电及配电 运行

Electrotechnical terminology—Generation, transmission and distribution of electricity—Operation

(IEC 60050-604:1987,MOD)

2008-06-18 发布 2009-05-01 实施

中华人民共和国国家质量监督检验检疫总局
中国国家标准化管理委员会 发布

前　　言

本部分为 GB/T 2900 的第 57 部分。

本部分修改采用 IEC 60050-604:1987《国际电工词汇　第 604 部分:发电、输电及配电　运行》,并参考国际电工委员会 2003 年文件(1/1905/CD),修改了部分术语的定义。

本部分与 IEC 60050-604:1987 相比,存在如下技术差异:

——修改了 604-01-04、604-01-33、604-02-14、604-03-33 等的定义;

——删除了 604-03-22 冲击波的半峰时间条目。

本部分代替 GB/T 2900.57－2002《电工术语　发电、输电及配电　运行》。

本部分与 GB/T 2900.57－2002 相比主要变化如下:

——修改了术语条目编号;

——修改了 604-01-03、604-02-34、604-02-36、604-02-37、604-04-21 等的定义;

——修改了 604-01-15 的术语"电压平稳度";

——修改了 604-03-26 的术语"波头截断冲击波";

——修改了 604-01-33 的术语"供电连续性判据";

——删除了"[操作冲击波的]波峰时间"条目。

本部分由全国电工术语标准化技术委员会(SAC/TC 232)提出并归口。

本部分由中国电力科学研究院、中国机械科学研究院和中国电力企业联合会负责起草。

本部分主要起草人:辛德培、王来、杨芙。

本部分所代替标准的历次版本发布情况:GB/T 2900.57—2002。

电工术语
发电、输电及配电　运行

1　范围

本部分规定了发电、输电及配电领域中有关运行的术语。

本部分适用于电力系统的规划、管理、设计、发电、输电及配电等领域。

2　术语和定义

2.1　供电质量

604-01-01

供电　supply (of electricity)

配电企业按照诸如频率、电压、连续性、最大需量、供电点及费率等技术和商业规则，向消费者提供公用服务。

604-01-02

配电企业　distribution undertaking

通过配电系统向消费者供电的实体。

604-01-03

消费者　consumer

用户

一般由配电系统供电的电能使用者。

604-01-04

[约定的]供电点　point of supply

电力系统中按规定的技术指标和商业规则供电的一个约定点。

注：本供电点可能不同于供电系统与用户装备之间的分界点或不同于计量点。

604-01-05

供电质量　quality of supply

对电力系统供电技术参数超过规定指标偏差(明显的或隐含的)的评估。

604-01-06

频率偏差　frequency deviation

在给定时刻，系统频率和标称值之间的差异。

604-01-07

频率稳定性　frequency stability

在给定的时间内，基于可观察到的电力系统的频率偏差的供电质量。

604-01-08

频率漂移　frequency drift

在频率调节器起校正作用后，系统频率仍有一个持续时间相对长的、很小的频率偏差。

604-01-09

频率下降　frequency reduction

通常由于过载而导致系统频率较长时间的降低。

604-01-10

谐波电压源　source of harmonic voltage

供电系统的设备或连接到系统的装置，其所产生的电动势中含有一个或几个谐波分量。

604-01-11

谐波电流源　source of harmonic current

供电系统的设备或连接到系统的装置，其非线性阻抗和(或)导纳引起电流波形谐波畸变。

604-01-12

谐波谐振　harmonic resonance

设备相连元件的电感、电容之间的持续振荡所引起的电压或电流谐波放大现象。

604-01-13

次同步谐振　subsynchronous resonance

发生在系统相邻设备之间的通常低于系统标称频率，并持续 1 min 以上的谐振。

604-01-14

铁磁谐振　ferro-resonance

设备的电容与相邻设备磁饱和电感之间的谐振。

604-01-15

电压平稳度　voltage stability

在给定的时间内，基于所观测到的系统电压偏差所确定的供电质量。

604-01-16

供电电压　supply voltage

配电企业在消费者的供电点上所保持的电压。

注：若在供电合同中规定了供电电压，则称为"约定供电电压"。

604-01-17

电压偏差　voltage deviation

在给定时刻，系统某点的实际电压与参考电压之间的差异，通常以百分数来表示。参考电压可以是标称电压、运行电压的平均值以及约定的供电电压。

604-01-18

线路压降　line voltage drop

在给定时刻，沿线路两个点之间所测到的电压差。

604-01-19

电压波动　voltage fluctuation

一连串的电压变化或电压包络线周期性变动。

604-01-20

周期性电压变化　cyclic voltage variation

系统中的某个点，由于负荷的变化或调压设备的操作而引起的日、周和年电压缓慢和准周期性的变化。

604-01-21

电压下降　voltage reduction

系统运行电压较小的降低。

604-01-22

电压崩溃　voltage collapse

电压急剧下降而引起整个或部分电力系统的电压消失。

注：在电压消失期间通常引起发电机和(或)输电线路的连续跳闸。

604-01-23

电压消失　loss of voltage

供电点的电压为零或接近零。

604-01-24

电压恢复　voltage recovery

在电压崩溃、电压消失或电压下降之后，电压恢复到接近原先数值。

604-01-25

电压暂降　voltage dip

在系统的某供电点上电压突然降低，在几个周波到几秒的短时间内电压得到恢复。

604-01-26

闪变电压范围　flicker voltage range

在一定的频率及幅值范围内的电压波动，由它引起照明设备输出闪烁。

604-01-27

等值闪变电压波动　equivalent flicker voltage fluctuation

带有规定频率和波形(例如：正弦、10 Hz)的电压波动，它所引起的可视扰动效应与实际电压波动的扰动效应相同。

604-01-28

闪变仪　flickermeter

用于测量表征闪变量的仪器。

604-01-29

电压不平衡　voltage unbalance

在多相系统的某点上，由于相电流的差异或线路的几何不对称，所引起的各相电压偏差不同的现象。

604-01-30

不平衡因数　unbalance factor

以电压或电流的负序分量(或零序分量)与正序分量的比值(百分数)来表示的三相系统不平衡度。

604-01-31

配电网的平衡　balancing of distribution network

配电网各相之间的负荷分配基本平衡，使电压不平衡降到最小。

604-01-32

供电连续性　continuity of supply

在给定的时间内，以系统不停电运行的连续时间来表示的供电质量。

604-01-33

供电连续性判据　(supply)continuity criterion

在给定时间内，由停电时偏离连续供电的理想状态的特征量(诸如停电次数、持续时间、能量丧失)累计导出的量值。

604-01-34

断电　supply disconnection

由于开关断开而造成有影响的长时间供电中断。

604-01-35

负荷恢复　load recovery

电压恢复后，系统或用户的负荷以与负荷相关特性的速率增长。

604-01-36

被切负荷 cut-off load

在断电之前正在供电的负荷。

604-01-37

少供电量 energy not supplied

在给定时间内，由一个或几个非正常条件而引起电力系统少供的电量。

注：这个概念包括通过减负荷或切负荷的作用而使负荷中断或负荷缩减。

604-01-38

[负荷加权]等值中断时间 (load weighted)equivalent interruption duration(annual，monthly)

在1年(或1个月)中，由于系统的特定部分遭受供电中断而造成的所有少供电量(kWh)的总和除以每年(或月)的参考需量(kW)所得的持续时间。

604-01-39

千瓦时停电损失 cost of kWh not supplied

在一个给定的系统中，对由供电中断引起的全部经济损失除以供电中断少供电量(以kWh表示)的评估。

604-01-40

负荷集中遥控 centralized telecontrol(of loads)

从中心点通过遥控装置对可延缓、或可中断负荷的投切。

604-01-41

可缓供负荷 deferrable load

一天内不必严格按预定时间供电的非全日负荷，例如：加热和泵负荷。

604-01-42

集中遥控信号的串联注入 series injection of a centralized telecontrol signal

由一个串接到每一输出馈线或向母线供电的装置将信号注入到供电系统。

604-01-43

集中遥控信号的并联注入 shunt injection of a centralized telecontrol signal

由并联连接到变电站母线的装置将信号注入到供电系统。

604-01-44

电压偏低 voltage depression

在整个或局部电力系统中，电压持续、明显偏低为特征的系统状态。

604-01-45

电压不稳定性 voltage instability

由于整个或部分电力系统无功供给的不足而引起电压降低的过程，该过程如不及时阻止，就会导致电压崩溃。

2.2 故障

604-02-01

故障(电力系统) **fault**(in electric power systems)

由于非计划发生的事件或元件缺陷，而引起系统中的元件本身或其他相关设备的失败。

604-02-02

绝缘故障 insulation fault

可引起不正常电流穿过绝缘或引起破坏性放电的设备绝缘缺陷。

604-02-03

偶然事件　incident

起因于内部或外部的、影响设备或系统供电正常运行的事件。

604-02-04

系统偶发事件　system incident

导致系统总体或局部失效的一系列事件。

604-02-05

误动作　maloperation;misoperation

装置的动作与其预定的动作不同。

604-02-06

异常运行　unwanted operation

在所考虑的时间内,装置在运行状态下本不应该发生的变化。

604-02-07

动作不成功　failure to operate

装置未按要求改变其现有运行状态。

604-02-08

损坏性故障　damage fault

故障点需要检修或更换部件的故障。

604-02-09

非损坏性故障　non-damage fault

故障点无需检修或无需更换部件的故障。

604-02-10

永久性故障　permanent fault

使装置受到影响,并在对故障点采取措施之前该装置不能恢复运行的故障。

604-02-11

瞬时故障　transient fault

仅在短时间影响设备介质特性并能在短时间内恢复的绝缘故障。

604-02-12

自熄弧故障　self-extinguishing fault

故障电弧会自行熄灭,而不必为恢复设备介质特性将设备从系统断开的一种绝缘故障。

604-02-13

自熄弧电流极限　self-extinguishing current limit

在给定系统状态下,电弧能自行熄灭的最大电流。

604-02-14

断续故障　intermittent fault

在同一地点、由于同一原因、重复再现的瞬时故障。

604-02-15

电阻性故障　resistive fault

因故障导线对地或导线之间绝缘电阻较高而能维持其足够高电压的一种绝缘故障。

604-02-16

金属性短路　dead short

故障点阻抗可视为零的绝缘故障。

604-02-17

线路故障　line fault

发生在电力线路上任一点的故障。

注：就保护而言，线路的端点一般定在电流互感器处。

604-02-18

母线故障　busbar fault

位于变电站母线上的故障。

注：就保护而言，母线的端点规定为电流互感器处。

604-02-19

单相对地故障　phase-to-earth fault;single line to ground fault

仅有一相导线与地之间的绝缘故障。

604-02-20

相间故障　phase-to-phase fault (clear of earth);line-to-line fault

仅两相导线之间的绝缘故障，且对地无故障。

604-02-21

两相对地故障　two-phase-to-earth fault;double line to ground fault

在回路的一点上两相导线与地之间的绝缘故障。

604-02-22

双重故障　double fault

在一回线或出自同一电源的多回线上，两个不同位置同时发生的对地绝缘故障。

604-02-23

多重故障　multiple faults;cross country fault

在一回线或自同一电源的多回线上，两个以上不同位置同时发生的对地绝缘故障。

604-02-24

三相故障　three-phase fault

对称故障　symmetrical fault

回路某一点发生的三相之间绝缘故障，通常是对地的绝缘。

604-02-25

发展性故障　developing fault

从单相对地故障（或相间故障）开始，发展成为两相故障或三相故障。

604-02-26

匝间故障　turn-to-turn fault;interturn fault

线圈中同一绕组相邻匝间的绝缘故障。

604-02-27

绕组间故障　intertwining fault

在设备中，不同绕组的两个导体之间的绝缘故障。

604-02-28

故障清除　fault clearance

从电力系统中自动或手动切除有缺陷的设施以保持或恢复供电。

604-02-29

故障清除时间　fault clearance time

故障发生和故障清除之间的时间间隔。

604-02-30

合闸　closing

由手动或保护装置自动控制，使断路器闭合。

注：电网中某设备的“合闸”，实际指该设备的断路器的合闸。

604-02-31

跳闸　opening；tripping

由手动或保护装置的自动控制，使断路器断开。

注：电网中某设备的“跳闸”，实际指该设备的断路器的跳闸。

604-02-32

自动重合　automatic reclosing

在电网故障的相关断路器断开并经过可使瞬时故障切除的时间间隔之后，断路器的自动再合。

604-02-33

快速自动重合　high speed automatic reclosing

在故障切除后，约经 1 s 的时间间隔发生的自动重合。

604-02-34

延时自动重合　delayed automatic reclosing

在故障切除后，约经 1 min 的时间间隔发生的自动重合。

604-02-35

重合成功　successful reclosing

重合闸后，故障不复发。

604-02-36

重合失败　unsuccessful reclosing

重合后，故障未除。

604-02-37

一次重合　single shot reclosing

若重合不成功，不再自动重合。

604-02-38

自动多次重合　automatic multiple shot reclosing

若重合一次不成功，自动重合 2 次或 3 次（一般不超过 3 次）。

604-02-39

最终跳闸　final tripping；lock-out

自动多次重合达到整定次数后，故障设备或局部电网的断开。

604-02-40

负荷转移　load transfer

由于电网局部事故或事故风险，在电网相似元件之间的潮流再分配。

604-02-41

故障定位　fault location

一种确定回路故障位置的测量技术。

604-02-42

故障定位器　fault locator

测定故障位置的仪器。

604-02-43

故障记录仪　disturbance recorder perturbograph

故障录波器

一种连续工作并具有记忆功能的仪器，可用于记录故障前及故障期间的事件和暂态过程变量。

2.3　过电压和绝缘配合

604-03-01

设备最高电压　highest voltage for equipment

设备最高相间电压的方均根值，在有关的设备标准中和在设计设备的绝缘以及其他特性时，与该电压有关。

604-03-02

外绝缘　external insulation

空气间隙及设备固体绝缘的外露表面，它承受着电应力作用和大气条件以及其他外部条件诸如污秽、潮湿、虫害等的影响。

604-03-03

内绝缘　internal insulation

设备内部的固体、液体或气体绝缘，它不受大气及其他外部条件的影响。

604-03-04

自恢复绝缘　self-restoring insulation

在破坏性放电之后，能完全恢复其绝缘特性的绝缘。

604-03-05

非自恢复绝缘　non-self-restoring insulation

在破坏性放电之后，丧失或不能完全恢复其绝缘特性的绝缘。

604-03-06

接地故障因数　earth fault factor

在三相系统的一定位置上，以及对于给定系统的结构，由于接地故障的影响在健全相上引起电压升高，其最高工频电压的方均根值与该位置无故障时的工频电压方均根值的比值。

604-03-07

设备绝缘　insulation of equipment

整个设备绝缘的介质性能。

604-03-08

绝缘配合　insulation co-ordination

考虑系统中可能出现的各种作用电压、保护装置的特性和使用环境，合理地选择设备的电气强度。

604-03-09

过电压（电力系统中）　overvoltage(in a system)

在相对地或相导线之间出现的，峰值超过设备最高电压峰值的电压。

604-03-10

相对地过电压标幺值　phase-to-earth overvoltage per unit

相对地过电压的峰值与设备最高电压的相对地电压峰值之比，以标幺值表示。

604-03-11

相间过电压标幺值　phase-to-phase overvoltage per unit

相间过电压的峰值与设备最高电压的相对地电压峰值之比，用标幺值表示。

604-03-12

暂态过电压　temporary overvoltage

暂时过电压

持续时间较长的无阻尼或弱阻尼的工频过电压，在某些情况下，其频率可能高于或低于工频。

604-03-13

瞬态过电压　transient overvoltage

持续时间为几 ms 或更短的，并通常具有高阻尼振荡或非振荡的短时间过电压。

注 1：瞬态过电压有可能立即跟随暂态过电压。这两个过电压应考虑为独立事件。

注 2：IEC 60071-1 定义了三种瞬态过电压，按其波峰时间、波尾时间或总的持续时间以及叠加的振荡，分别命名为缓波前过电压、快波前过电压和非常快波前（陡波前或特快速）过电压。

604-03-14

冲击电压波　voltage impulse

作用于线路或设备上的瞬态电压波，其特点是电压快速上升，而后非振荡地缓慢下降。

604-03-15

瞬态电压行波　voltage surge

沿线路或回路传播的瞬态电压波，其特点是电压快速上升，而后缓慢下降。

604-03-16

冲击电压波前　front of a voltage impulse

冲击电压波达到峰值前的部分。

604-03-17

冲击电压波尾　tail of a voltage impulse

冲击电压波达到峰值后的部分。

604-03-18

雷电冲击波　lightning impulse

在介质试验中，具有规定波形的冲击电压波，其视在波前时间约为 1 μs，半峰值时间约为 50 μs。

注：雷电冲击波是由两个给定的时间（微秒级）来定义的，标准雷电冲击波为：1.2/50 μs。

604-03-19

雷电冲击波视在波前时间　virtual front duration(of a lightning impulse)

通过波前的两个规定点作一直线所确定的波前时间来替代实际波前时间。

604-03-20

操作冲击波　switching impulse

在介质试验中，施加的规定波形的冲击电压波，其波峰时间为 100 μs～300 μs，半峰值时间为数毫秒。

注：操作冲击波是由两个微秒级给定时间来定义的，标准操作冲击波为：250/2500 μs。

604-03-21

冲击的半峰时间　time to half value(of an impulse)

冲击波原点到波尾半峰值时刻之间的时间间隔。

604-03-23

雷电冲击全波　full lightning impulse

未被破坏性放电截断的雷电冲击波。

604-03-24

雷电冲击截波　chopped lightning impulse

由破坏性放电引起电压快速截断（过零）的雷电冲击波。

604-03-25

截断时间　time to chopping

冲击波的习惯起点和截断时刻之间的时间间隔。

604-03-26

波头截断冲击波　impulse chopped on the front

在峰值之前截断的冲击波。

604-03-27

波尾截断冲击波　impulse chopped on the tail

在峰值之后截断的冲击波。

604-03-28

冲击电压发生器　impulse generator

能按冲击电压波条件进行介质试验的试验设备。

604-03-31

内部过电压　internal overvoltage

在电力系统中，由操作或故障引起的暂时(暂态)过电压或瞬态过电压。

604-03-32

外部过电压　external overvoltage

在电力系统中，由大气放电或感应现象所产生的暂时(暂态)过电压或瞬态过电压。

604-03-33

直接雷击　direct lightning strike

雷电击中电网的某一部件，如：导线、杆塔和变电设备等。

604-03-34

非直接雷击　indirect lightning strike

雷电并未击中电网的任何部分，却在该电网中感应出过电压。

604-03-35

意外电压转移　accidental voltage transfer

在不同电压的系统中，元件间的接触或闪络所引起的工频过电压。

604-03-36

谐振过电压　resonant overvoltage

在电力系统内的串联谐振振荡而引起的过电压。

604-03-38

破坏性放电　disruptive discharge；flashover；sparkover

介质破坏而伴随有电弧通道的放电。

注：火花放电(sparkover)：发生在气体或液体介质中的破坏性放电。

闪络(flashover)：发生在围绕着气体或液体介质表面的破坏性放电。

击穿(puncture)：贯穿固体介质的破坏性放电。

604-03-39

反击　back flashover

在电力系统中，通常是指处于地电位部件(例如：架空地线[避雷线]、避雷针、避雷带、杆塔等)遭受雷击时电位升高而引起的相对地绝缘或部件之间的闪络。

604-03-40

工频耐受电压　power frequency withstand voltage

根据规定的条件和时间进行试验时，设备应能耐受的正弦工频电压的方均根值。

604-03-41

耐受电压　withstand voltage

在规定条件下的耐压试验中所施加的试验电压值，期间允许发生规定次数的破坏性放电。

注：耐受电压规定为：

1）设定的惯用耐受电压，允许发生破坏性放电的次数为零。其相应的耐受概率 $P_W = 100\%$（这是一个特例，在低电压技术中）；

2）统计耐受电压，当允许的破坏性放电次数相应于规定的耐受概率，例如 $P_W = 90\%$。

604-03-42

统计冲击耐受电压　statistical impulse withstand voltage

在规定条件下，绝缘显示的冲击试验电压峰值，而其耐受概率等于规定参考概率，例如90%。

注：本概念适用于自恢复绝缘。

604-03-43

50%破坏性放电电压　fifty per cent disruptive discharge voltage

在每次介质试验中，具有破坏性放电概率为50%的冲击试验电压峰值。

604-03-44

介质干试验　dielectric dry test

空气中绝缘表面呈干燥和清洁状态下的介质试验。

604-03-45

介质湿试验　dielectric wet test

空气中绝缘表面在规定特性的人工淋雨条件下的介质试验。

604-03-46

人工污秽试验　artificial pollution test

空气中绝缘表面的介质试验，该表面按一定程序覆盖着规定特性的人工污秽层。

604-03-47

绝缘水平　insulation level

由一个或两个绝缘耐受电压值所表征的设备特性。

604-03-48

架空地线　overhead earth wire

避雷线　ground-wire

连接到地（或有着弱绝缘）的导线，通常安装在线路相导线或变电站的上方，用于防护雷直击他们。

604-03-49

[保护]火花间隙　(protective)spark gap

由一个带电电极或多个串联带电电极和一个接地电极之间组成的敞开式空气间隙所构成的保护装置。

注：棒间隙(rod spark gap)：由处于同一直线相对方向的两个棒组成的火花间隙。

角间隙(horn spark gap)：由两个或多个在顶部呈喇叭形的棒组成的火花间隙，这种火花间隙易于熄弧。

604-03-50

避雷针/带　lightning conductor

导闪针/带

安装在构架上并高于被保护物，通过引下线和接地装置将雷电流释放到地中的金属棒或金属线。

604-03-51

避雷器　lightning arrester, surge diverter, surge arrester

过电压（瞬态行波）限制器

设计用于保护电力设备免受高的瞬态过电压并能限制工频续流持续时间和幅值的保护装置。

604-03-52

放电电流(避雷器的)　**discharge current**(of an arrester)

流过避雷器的冲击电流。

604-03-53

残压(避雷器的)　**residual voltage**(of an arrester)

在冲击电流流过保护装置时,在保护装置两端之间呈现的电压。

604-03-54

非线性电阻型过电压限制器　**non-linear resistor type arrester**

由非线性电阻元件或与火花间隙串联组成的过电压限制器。

604-03-55

排气式避雷器　**expulsion type arrester**

管式避雷器

在电弧通过灭弧室突然释放气体使工频续流截断的避雷器。

604-03-56

雷电冲击保护水平(保护装置的)　**lightning impulse protective level**(of a protective device)

在规定条件下,雷电冲击保护装置端子上的最大允许峰值电压。

604-03-57

操作冲击保护水平(保护装置的)　**switching impulse protective level**(of a protective device)

在规定条件下,操作冲击保护装置端子上的最大允许峰值电压。

604-03-58

雷电冲击保护比　**protective ratio against lightning impulses**

保护装置的雷电冲击保护水平与被保护设备的额定雷电冲击耐受电压之比。

604-03-59

操作冲击保护比　**protective ratio against switching impulse**

保护装置的操作冲击保护水平与被保护设备的额定操作冲击耐受电压之比。

604-03-60

净距　**clearance**

通过空气或通过绝缘的流体或半流体的两个导体之间最短距离。

注:这个距离可用线绳在两个导体之间的最短路径进行测量。

604-03-61

爬电距离　**creepage distance**

在两个导电部件之间的,沿固体绝缘材料表面的最短距离。

604-03-62

绝缘材料　**insulating material**

用于防止导电元件之间导电的材料。

2.4　安全

604-04-01

接地(电力设备、设施或系统的)　**to earth**(equipment, an installation or a system)

设备、设施和系统的给定点与地之间的电气连接。

注:这个连接可以是有意的、无意的或意外的,也可以是永久性的或短时间的。

604-04-02

接地系统　earthing system

接地装置

所有涉及到电力系统、装置和设备接地的电气连接和装置布置。

604-04-03

接地极　earth electrode

与大地紧密接触，并提供与之必要电气连接的导体(组)。

604-04-04

独立接地极　separate earth electrodes

与其他接地极之间保持一定距离，且其电位不受流入地和其他接地极的电流的显著影响的接地极。

604-04-05

远方接地　remote earth

设备连接的接地极位于离设备有一定距离并与设备附近的其他接地体都无关系的独立接地体。

604-04-06

接地导体　earthing conductor

用于在设备、设施或系统给定点和接地极之间的电气连接并具有低阻抗的导体。

604-04-07

接地网　earthling network, grounding network

接地系统的一部分，仅包括接地极和它们的相互连接。

604-04-08

接地端子　earth terminal, ground terminal

与接地系统连接的设备上的端子。

604-04-09

接地棒　earth rod, ground rod

由埋入地中的金属棒组成的接地极。

604-04-10

接地板　earth plate, ground plate

由埋入地中的金属板组成的接地极。

604-04-11

接地带　earth strip, ground strip

由埋入地的金属带组成的接地极。

604-04-12

工作接地　operational earthing, operational grounding

功能接地

系统或设备正常运行(而非安全)所必须的一点或多点(即中性点)接地。

604-04-13

临时接地　earthling for work; grounding for work

作业接地

把已停电的带电体接地，在无电击危险情况下可进行作业。

604-04-14

杂散电流　stray currents

通过工作接地极或其他途径流入地中的电流，它无规则流向大地和地下金属体。

604-04-15

阴极保护 catholic protection

将地中金属体作为阴极,以防护该金属免遭受杂散电流的作用。

604-04-16

电击 electric shock

电流通过人体或动物身体而引起的生理效应。

604-04-17

电击死亡 electrocution

电击致死。

604-04-18

电灼伤 electric burn

电流经过皮肤或器官表面时所引起的灼伤。

604-04-19

电痕 electric mark

由电弧或通过身体的电流所遗留下的可见痕迹。

604-04-20

电光眼 electro-ophthalmia

由电弧紫外线的辐射效应引起的眼睛及其相关部分的炎症。

604-04-21

致颤电流 fibrillating current

引起心室纤维性乱颤的最小电流值。

注:心室纤维性乱颤可引起血液循环停止。

604-04-22

痉挛电流 freezing current

对一固定频率和波形的电流,引起肌肉持续、无意识、不可克服地痉挛时的最小电流值。

604-04-23

摆脱电流 releasing current;let-go current

人体能自主摆脱的通过人体的最大电流值。

604-04-24

感知阈值电流 threshold current

人体或动物能感知的流过其身体的最小电流值。

604-04-25

带电作业 live working

工作人员接触带电部分的作业,或工作人员用操作工具、设备或装置在带电作业区的作业。

注1:带电作业包括维修、连接和开断等操作。

注2:带电作业的方法有:绝缘杆作业、绝缘手套作业和等电位作业。

604-04-26

绝缘杆作业 safe clearance working;hot stick working

间接作业

作业人员与带电部件保持一定的距离,用绝缘杆进行的作业。

604-04-27

绝缘手套作业 insulated gloves method,rubber gloves method

作业人员通过绝缘手套和其他绝缘器材进行电气防护而对带电部分进行直接接触所进行的作业。

604-04-28

等电位作业　bare hand method

作业人员通过电气连接，使自己身体的电位上升至带电部分电位，且与周围不同电位适当隔离而直接对带电部分进行作业。

604-04-29

包覆绝缘工具　insulated tool

由导电材料制造，但全部或局部包覆绝缘材料的工具。

604-04-30

绝缘工具　insulating tool

基本上或全部由绝缘材料制成的工具。

604-04-31

操作杆件　working pole; working stick

绝缘杆或/和端部附有附件的绝缘工具。

604-04-32

操作杆　hand pole; hand stick

手持操纵的其端部附有通用工具的绝缘杆件，用于在一定距离下对带电部件进行作业。

604-04-33

通用工具附件　universal tool attachment

固定在手持操纵工具端部的附件。

604-04-34

支撑杆　support pole

用于固定或移动导线和其他设备。

604-04-35

遮蔽罩　protective cover shroud

由绝缘材料制成。用来罩住带电和(或)不带电部件和(或)邻近的接地部件的硬质或软质的罩，以防止接触这些部件。

604-04-36

屏蔽服　conductive clothing

导电服

用天然或合成材料制成，其内完整地编织有导电纤维，用来防止工作人员受到电场的影响。

604-04-37

绝缘斗臂车　aerial lift device with insulating arm

在车辆上安装有升降绝缘臂，臂上带有一两个绝缘斗，用于把作业人员送到带电作业的操作位置。

2.5　通信系统中的电磁干扰和噪声

604-05-01

接近(通信线路对电力线路的)　**exposure**(of a telecommunication line to a power line)

电力线路和通信线路之间的相对位置，在该位置上电力线路对通信线路上的电磁效应是以引起危险或电磁干扰。

604-05-02

平行接近　parallelism

接近段上，线路之间的距离变化不超过5%。

604-05-03

斜向接近　oblique exposure

接近段上，线路之间的距离沿线路方向几乎呈线性变化。

604-05-04

交叉　crossing

跨越

通信线路从电力线路的一侧穿越到另一侧。

604-05-05

屏蔽因数　screening factor

考虑到屏蔽体(相邻导体或回路)存在时，出现在受扰动通信线路上电动势与该屏蔽体不存在时的电动势之比。

604-05-06

高可靠性电力线路(按照 CCITT 要求的)　**high reliability power line**(according to CCITT)

按规定参数设计的、与通信线路接近的输电或配电线路，由它的故障电流所引起的干扰频率和持续时间保持在允许范围内。

中 文 索 引

英 文 索 引

A

B

C

D

G

H

I

P

Q

R

S

T

U

V

W

ICS 01.040.29
K 04

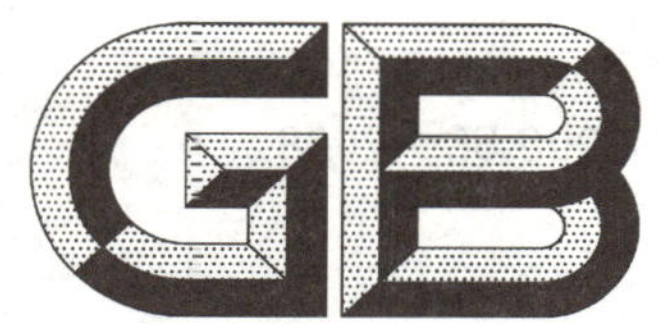

中华人民共和国国家标准

GB/T 2900.58—2008
代替 GB/T 2900.58—2002

电工术语 发电、输电及配电 电力系统规划和管理

Electrotechnical terminology—Generation, transmission and distribution of electricity—Power system planning and management

(IEC 60050-603:1986,MOD)

2008-06-18 发布 2009-05-01 实施

中华人民共和国国家质量监督检验检疫总局
中国国家标准化管理委员会 发布

前　言

本部分为 GB/T 2900 的第 58 部分。

本部分修改采用 IEC 60050-603:1986《国际电工词汇　第 603 部分:发电、输电及配电　电力系统规划和管理》,并参考国际电工委员会 2003 年文件(1/1904/CD)修改了部分术语的定义及增加了附录 A。

本部分与 IEC 60050-603:1986 相比,存在如下技术差异:

——增加了附录 A(规范性附录)补充了几条关于电力系统稳定的术语(根据全国科技名词审定委员会审定的电力名词);

——修改了 603-02-23、603-02-39、603-04-43、603-05-01、603-05-09、603-05-10、603-05-13 等的定义。

本部分代替 GB/T 2900.58—2002《电工术语　发电、输电及配电　电力系统规划和管理》。

本部分与 GB/T 2900.58—2002 相比主要变化如下:

——修改了术语条目编号;

——603-05-01、603-05-04、603-05-07、603-05-15～603-05-22 定义中的"机组"修改为"系统元件";

——增加了附录 A(规范性附录)。

附录 A 为规范性附录。

本部分由全国电工术语标准化技术委员会(SAC/TC 232)提出并归口。

本部分由中国电力科学研究院、中国机械科学研究院和中国电力企业联合会负责起草。

本部分主要起草人:辛德培、林海雪、杨芙、赵刚。

本部分所代替标准的历次版本发布情况:GB/T 2900.58—2002。

电工术语 发电、输电及配电 电力系统规划和管理

1 范围

本部分规定了发电、输电及配电领域中有关电力系统规划和管理的术语。

本部分适用于电力系统的规划、管理、设计、发电、输电及配电等领域。

2 术语和定义

2.1 电力系统规划

603-01-01

电力系统规划 power system planning

从技术和经济上全面论证，提出电力系统的发展方案。

603-01-02

负荷密度 load density

在给定的供电区域内，负荷和区域面积的比值。

603-01-03

负荷中心 load center

在供电区内的一个点，供电区内每个负荷与其至该点的距离之积的总和为最小值。

603-01-04

负荷预测 load forecast

对电网将来某一预期的负荷所作的估计。

603-01-05

发电构成预测 generation mix forecast

对将来某一预期的发电系统构成所作的估计。

603-01-06

联接线输送容量 transmission capacity of a link

在特定的条件下，根据系统联接线的物理和电气特性而确定的该联接线可能输送的最大负荷。

603-01-07

短路电流允许值 short-circuit current capability

在规定的短路持续时间内，电网某元件允许的短路电流值。

2.2 电力网计算

603-02-01

电力网计算 network calculation

利用系统参数和其他已知状态变量对电力网的系统状态变量所作的计算。

603-02-02

系统状态变量 system state variables

与系统电气状态有关的诸变量，例如电压、电流、功率、电荷、磁通等。

603-02-03

系统参数 system parameters;system constants

表示系统元件特性且当作不变的量，例如阻抗、导纳、变比等。

603-02-04

网络拓扑　network topology

电力网用理想线条的相关位置来描述。

603-02-05

网络拓扑图　topological diagram of a network

用图形表示的网络拓扑。

603-02-06

系统稳态　steady state of a system

系统状态变量可以视为常数的电网运行状态。

603-02-07

系统暂态　transient state of a system

至少有一个状态变量正在变化(一般是短时的)的电网运行状态。

603-02-08

潮流计算　load flow calculation

电力网的一种稳态计算,计算时已知变量是各节点的输入和输出功率以及某些指定的节点电压。

603-02-09

状态估计　state estimation

通过求解由冗余量测得到的参数所构成的非线性方程组,来计算规定时刻电力网中最可能的电流和电压。

603-02-10

短路计算　short-circuit calculation

计算电网中短路时的电流和电压。

603-02-11

等值网络　equivalent network

一个给定网络的替代网络,其规定的边界节点的状态变量保持不变。

603-02-12

网络变换　network conversion;network transformation

将一个网络变换为一个便于计算的等值网络。

603-02-13

星形—多边形变换　star-polygon conversion;star-polygon transformation

一种减少节点数目的网络变换。

603-02-14

△—Y 变换　delta-wye conversion;delta-star transformation

一种减少网孔数目的网络变换。

603-02-15

有源网络　active network

有电压源和(或)电流源的网络。

603-02-16

无源网络　passive network

既无电压源也无电流源的网络。

603-02-17

无源等值网络　passive equivalent network

仅对系统参数进行网络变换后得出的等值网络。

603-02-18

多相网络平衡状态　balanced state of a polyphase network

各相导体中电压和电流构成平衡多相组的状态。

603-02-19

多相网络不平衡状态　unbalanced state of a polyphase network

各相导体中电压和(或)电流构成不平衡多相组的状态。

603-02-20

串联阻抗　series impedance; longitudinal impedance

等值于已知网络元件的二端口网络中相端子间的阻抗。

603-02-21

并联导纳　shunt admittance

等值于已知网络元件的二端口网络中,其相节点和参考端子间的导纳。

603-02-22

故障阻抗　fault impedance

故障相导体与地之间,或者几个故障相本身导体之间在故障点处的阻抗,例如电弧电阻等。

603-02-23

线路波阻抗　surge impedance of a line

等同于所给定线路参数的一条无限长线路上的行波的电压与电流比值。

603-02-24

线路自然功率　natural load of a line

由线路电容和电感引起的无功功率相平衡而使线路呈现纯电阻性时,该线路所输送的功率。

603-02-25

故障电流　fault current

由于另一点故障而流经该电网给定点的电流。

603-02-26

短路电流　short-circuit current

由于另一点短路而流经该电网给定点的电流。

603-02-27

故障点电流　current in the fault

流经故障点的电流。

603-02-28

短路点电流　current in the short circuit

流经短路点的电流。

603-02-29

参考节点　reference node

电网的一个节点,此节点电压的相位在复数平面上可以任意给定,其他各节点的状态变量相位根据该节点电压相位来确定。

603-02-30

无限大母线　infinite bus

电网的一个节点,此节点电压的幅值、相位和频率预先给定,在各种运行条件下保持恒定。

603-02-31

平衡节点　balancing bus

电网的一个节点,此节点注入功率使电网其他所有节点注入功率和功率损耗总和取得平衡。

603-02-32

松弛节点　slack bus

一个电压幅值预先给定的无限大母线,同时作为参考节点和平衡节点。

603-02-33

负荷节点　load bus

PQ 节点　PQ bus

预先给定了有功功率和无功功率注入量的节点。

603-02-34

电压控制节点　voltage controlled bus

预先给定了有功功率注入量和电压幅值的节点。

603-02-35

无源节点　passive bus

注入有功功率及无功功率为零的节点。

603-02-36

关联矩阵　incidence matrix

描述网络拓扑的矩阵,例如支路一节点关联矩阵,支路一网孔关联矩阵。

603-02-37

节点导纳矩阵　bus admittance matrix;Y bus matrix

描述节点输入电流和节点电压关系的矩阵。

603-02-38

节点阻抗矩阵　bus impedance matrix;z bus matrix

节点导纳矩阵的逆矩阵。

603-02-39

网格阻抗矩阵　mesh impedance matrix

描述网孔电压和网孔电流关系的矩阵。

603-02-40

冗余因数　redundancy factor

表征一组可用于网络状态估计的量度数值。

$$r = \frac{m}{2n-1} - 1$$

式中:

r——冗余因数;

m——电网中量度次数;

n——电网节点数。

2.3　电力系统稳定性

603-03-01

电力系统稳定性　power system stability

电力系统受扰动(例如功率或阻抗变化等)后各发电机保持同步运行、恢复稳态运行的能力。

603-03-02

电力系统静态稳定性　steady state stability of a power system

电力系统稳定性的一种类型,其扰动量和(或)扰动变动率相对较小。

603-03-03

电力系统暂态稳定性　transient stability of a power system

电力系统稳定性的一种类型,其扰动量和(或)扰动变动率相对较大。

603-03-04

电力系统条件稳定性 conditional stability of a power system

借助于自动控制才能达到的一种电力系统稳定性状态。

603-03-05

电力系统固有稳定性 inherent stability of a power system

不借助于自动控制的一种电力系统稳定性。

603-03-06

交流电机内角 internal angle of an alternator

交流电机的端电压和其电动势之间的相角差。

603-03-07

两电动势间相角差 angle of deviation between two e. m. f. ’s

作为参考的交流电机电动势与另一台交流电机或无限大母线电动势之间的相角差。

603-03-08

摇摆曲线 swing curve

系统出现扰动后，某一给定的系统状态变量随时间的变化曲线。

603-03-09

负荷稳定性 load stability

受扰动后，有旋转电机的负荷恢复稳定运行状态的能力。

603-03-10

系统状态变量稳定极限 stability limit of a system state variable

系统某状态变量的临界值，超过此值就会破坏系统稳定性。

注：对无故障的电力系统，此术语和系统的静态稳定性相关。

603-03-11

系统状态变量稳定裕度 stability margin of a system state variable

系统某状态变量的实际值与其稳定极限值间的差值。

603-03-12

稳定区 stability zone

系统状态变量处于稳定极限内的运行范围。

603-03-13

电机同步运行 synchronous operation of a machine

连接到电网的同步电机理想运行状态，其电角速度相应于电网频率。

注：在实际运行条件下，电机的角速度围绕理想值有微小的振荡。

603-03-14

系统同步运行 synchronous operation of a system

系统中所有的电机都同步运行的系统状态。

603-03-15

同步电机异步运行 asynchronous operation of a synchronous machine

同步电机的非同步运行状态。对于同步发电机，其异步转矩等于原动机的转矩；对于同步电动机，其异步转矩等于其轴转矩。

603-03-16

失步运行 out-of-step operation

并联同步电机运行时，两台或者多台同步电机之间的相角差增加，最后失去同步或直到恢复同步前的运行状态。

603-03-17

并联同步电机振荡　hunting of interconnected synchronous machines

并联各同步电机间的振荡，此时这些电机电动势的相角差在其平均值的两侧摆动。

603-03-18

两系统同步　synchronization of two systems

两系统在频率、电压幅值和电压相位方面相匹配，以便能够并联。

603-03-19

自同步　self-synchronization

一台空载且未励磁的同步电机的同步过程，即在并入系统同时给励磁或在并入后即给励磁，由系统拖入同步。

603-03-20

再同步　synchronism restoration

失步的同步电机恢复同步运行的过程。

2.4　电力系统控制

603-04-01

电力系统管理　power system management

使发电、输电和配电设备有效运行，以充分保证供电的安全可靠和经济。

603-04-02

发电计划　generation schedule

发电设备在规定周期内的运行计划。

603-04-03

系统需量控制　system demand control

对电力系统用户的电力需量控制。

603-04-04

一次调频　primary control (of the speed of generating sets)

通过各原动机调速器来调节各发电机组转速，以使驱动转矩随系统频率而变动。

603-04-05

二次调频　secondary control (of active power in a system)

由指定的发电机组协同调整输入系统的有功功率。

603-04-06

功率/频率调节　power/frequency control

根据系统频率的变化，和互联各系统交换的总有功功率的变化，而对发电机组有功功率的二次调频。

603-04-07

自适应控制　adaptive control

调节性能随时变化，以优化某些运行状态为目标的一种二次调频。

603-04-08

机组静特性　droop of a set

频率标么值变化$(\Delta f)/f_n$和功率标么值变化$(\Delta P)/P_n$之比。

$$\sigma = (\Delta f/f_n)/(\Delta P/P_n)$$

式中：

f_n——标称频率；

P_n——原动机的额定有功功率。

603-04-09

系统静特性　droop of a system

电力系统频率标么值变化和对应的有功功率需量标么值变化之比。

603-04-10

系统功率/频率调节特性　regulating energy of a system;power/frequency characteristic

电力系统在没有二次调频时,系统有功功率需量变化与对应的频率变化之比。

603-04-11

调节功率范围　controlling power range

系统调节器作用的各发电机组有功功率调节范围的总和。

603-04-12

同步时间　synchronous time

同步电钟指示的时间。

603-04-13

同步时间偏差　deviation of synchronous time

同步时间与标准时间的偏差。

603-04-14

静态负荷特性　steady-state load characteristic

稳态工况下,负荷的功率与负荷端电压或频率的关系。

603-04-15

暂态负荷特性　transient load characteristic

暂态工况下,负荷的功率与负荷端电压或频率的关系。

603-04-16

负荷的功率调节系数　power-regulation coefficient of load

功率—电压静态负荷特性中,功率对电压的一阶导数。

603-04-17

计划运行(发电机组的)　scheduled operation (of a generating set)

在规定的期间内,指定某台发电机组按预先规定的恒定负荷或负荷曲线运行。

603-04-18

[二次]功率调节运行(发电机组的)　(secondary) power control operation (of a generating set)

发电机组的功率按二次调频装置的指令进行调节。

603-04-19

调节范围(发电机组的)　control range (of a generating set)

功率可调节的发电机组有功功率的调节范围。

603-04-20

基本负荷机组　base load set

按经济运行要求,接近满负荷连续运行的发电机组。

603-04-21

调节负荷机组　controllable set

按经济运行要求,根据电网供电需求而改变负荷的发电机组。

603-04-22

尖峰负荷机组　peak load set

在电网尖峰负荷时迅速带负荷,一般不连续运行的发电机组。

603-04-23

电压调节　voltage control

将电网电压值调整到给定范围内。

603-04-24

电压图　voltage map

在规定运行工况下，电网主要节点电压的图示。

603-04-25

纵向电压调节　in-phase (voltage) control

用附加可变纵向电压分量的电压调节。

603-04-26

横向电压调节　quadrature (voltage) control

用附加可变横向电压分量的电压调节。

603-04-27

无功功率电压调节　reactive-power voltage control

通过调整系统中无功功率来调节电压。

603-04-28

无功功率补偿　reactive power compensation

改善电网无功功率的一种措施。

603-04-29

串联补偿　series compensation

用接入串联电容器以减小线路串联阻抗的一种无功功率补偿方式。

603-04-30

并联补偿　shunt compensation

通过将电抗器、电容器或其他补偿设备与电网并联的一种无功功率补偿方式。

603-04-31

电网解列　islanding;network splitting

一个电力系统分裂为两个或多个孤立系统的过程。

注：电网解列既可能是一种慎重的紧急措施，或是自动保护或调节作用的结果，或是人为错误造成的。

603-04-32

减负荷　load shedding

切负荷

在不正常运行工况时，从电力系统中慎重地切除预先安排的一些负荷，以维持系统其余部分的安全运行。

603-04-33

孤立运行　isolated operation

电网解列之后，电力系统各部分短时的稳定运行。

603-04-34

分网运行　separate network operation

一个电力系统与相邻系统解列后的运行。

603-04-35

并联运行　parallel operation

互联电力系统的同步运行或电网元件(例如线路、变压器、发电机)的并联运行。

603-04-36

互联运行 interconnected operation

几个通过线路、变压器、直流联结线互联的电网能够相互交换电力的运行。

603-04-37

电网局部环式运行 ring operation of a part of a network

电网局部的每一点都能从一个或两个电源沿两条不同线路供电的运行方式。

注：该运行方式称为：

"闭环"——如果该电网中每一点正常都由两条线路供电；

"开环"——如果该电网中每一点可以从两条线路中任一条供电。

603-04-38

辐射运行(电网局部的) radial operation(of a part of a network)

电网局部的每一点仅沿一条线路受电的运行方式。

603-04-39

合环 ring closing

从辐射运行转换为环式运行或建立环式联接。

603-04-40

解环 ring opening

从环式运行转换为辐射运行或断开环式联接。

603-04-41

可停电负荷 interruptible load

根据合同规定,供电部门可以将其断开电源一段时间的特定用户的负荷。

603-04-42

可控负荷 controllable load

在供电部门要求下,按合同必须限制用电一段时间的特定用户的负荷。

603-04-43

失负荷 loss of load

电网电力需量突然减少。

603-04-44

电力短缺 power shortfall

任何时刻出现的与电力需量相比的可用电力不足。

603-04-45

电能短缺 energy shortfall

在一段时间内与电能需量相比的可用电能不足。

603-04-46

孤立系统(电力系统中) island(in a power system)

电力系统的一部分,这部分和系统其余部分解列,但仍保持运行。

2.5 电力系统可靠性

603-05-01

系统元件可靠性 reliability of an item

在规定的条件下和规定的期间内,系统元件完成规定功能的能力。

注：系统元件指发电、输电、变电、配电设备及相应的硬件、软件等。

603-05-02

服务可靠性 service reliability

在规定的条件下和规定的期间内,电力系统执行供电功能的能力。

603-05-03

服务安全性　service security

在规定的时刻,电力系统在故障时执行供电功能的能力。

603-05-04

可用性　availability

系统元件在规定的条件下和规定的期间内可执行规定功能状态的能力。

603-05-05

停运　outage,unavailability

系统不能执行规定功能的一种状态。

603-05-06

失效　failure

元件或系统丧失完成规定功能的能力的事件。

注:某些情形下与“故障”同义。

603-05-07

计划停运　planned outage;scheduled outage

系统元件预先计划安排停运的状态。

603-05-08

强迫停运　forced outage

不能延迟的系统元件自动或手动发生的非计划停运。

603-05-09

可用因数　availability factor

可用率

在给定时间区间的可用小时数与该时间区间比值的百分数。

603-05-10

不可用因数　unavailability factor

不可用率

在给定时间区间的不可用小时数与该时间区间比值的百分数。

603-05-11

停电　interruption of supply

中断对用户的供电。

603-05-12

原发失效　primary failure

不是由另一个元件的失效或故障直接或间接引起的元件或系统的失效。

603-05-13

继发失效　secondary failure

由另一个元件的失效或故障直接或间接引起的元件或系统的失效。

603-05-14

共模失效　common mode failure

源于单一外部事件的相关多重停运事件引起的元件或系统的失效。

603-05-15

运行时间　operating duration

系统元件完成规定功能运行的时间区间。

603-05-16

备用时间　stand-by duration

系统元件处于备用状态的时间区间。

603-05-17

可用时间　up duration

在规定期间内，系统元件运行时间和备用时间的总和。

603-05-18

停运时间　down duration；outage duration

在规定期间内，系统元件不能完成规定功能的时间。

603-05-19

计划停运时间　planned-outage duration；scheduled-outage duration

在规定期间内，系统元件按计划安排停运而不能完成规定功能的时间。

603-05-20

维修时间　maintenance duration

在规定期间内，系统元件实施维修而不能完成规定功能的时间。

603-05-21

强迫停运时间　forced-outage duration

在规定期间，系统元件由于强迫停运而不能完成规定功能的时间。

603-05-22

检修时间　repair duration

对系统元件实施修复所用的实际矫正性维修时间。包括故障定位时间、故障矫正时间和核查时间。

603-05-24

停运率　outage rate

在某一预定的周期内，停运次数除以周期时间，用以评估某一时间周期的停电等级。

注：此概念可适用于例如预定的停运率、强迫停运率。

2.6　经济运行

603-06-01

电力系统管理预测　management forecast of a system

计及电力系统当前和可预见未来的各种条件，对一定期间内该电力系统的发电、蓄释能方法和电网结线所作的安排和论证，以达到在必要的安全基础上以最经济方式向预期负荷供电。

603-06-02

经济负荷　optimum load

电网某一元件在规定条件下综合成本的现在值最低时的负荷。

603-06-03

经济承载计划　economic loading schedule

最经济地使用电网中的可用元件。

603-06-04

功率损耗　power losses

某一时刻电网有功输入总功率与有功输出总功率的差值。

603-06-05

电能损耗　energy losses

功率损耗对时间的积分。

603-06-06

输电损耗　transmission losses

输电网中设备引起的损耗。

603-06-07

配电损耗　distribution losses

配电网中设备引起的损耗。

603-06-08

最大功率损耗等值时间　utilization time of power losses

在规定期间内电能损耗值与最大功率损耗之比。

603-06-09

损耗因数(电能的)　(energy) loss factor

最大功率损耗等值时间与规定时间之比。

603-06-10

损耗费用现在值　present value of cost losses

按现在值计算的年度损耗费用的总和。

603-06-11

停电费用　supply-interruption costs

用于经济研究中例行的由停电造成的社会经济损失费用的估计。

603-06-12

电力系统改造　reinforcement of a system

通过增加或更换电力系统某些产品(变压器、线路、发电机等),以增加带负荷能力或改善供电质量。

603-06-13

“目标”系统　“target” system

根据远景负荷(包括功率和地点)设计的电力系统预测模型,这种模型也作为近期电力系统改造的指导。

附 录 A
（规范性附录）
补充的术语

A.1 补充的术语

A.1.1

小扰动稳定性 small disturbance stability;small signal stability

小干扰稳定性

电力系统运行于某一稳态运行方式时，系统经受小扰动后，能回复到受扰动前状态，或接近扰动前可接受的稳定运行状态的能力。根据性质的不同，小扰动稳定可分为小扰动功角稳定和小扰动电压稳定。其主要特征是可以用线性化的方法来研究。

A.1.2

大扰动稳定性 large disturbance stability

电力系统运行于某一稳态运行方式时，系统受到大扰动后，系统中各同步发电机能维持同步运行的能力。根据性质的不同，大扰动稳定可分为大扰动功角稳定（暂态功角稳定）和大扰动电压稳定。

A.1.3

电力系统中长期稳定性 mid and long term stability

电力系统遭受到严重故障后，系统在长过程内维持正常运行的能力。与暂态稳定的几个周波到数秒的过程相区别，中期稳定主要考虑10秒至几分钟的动态过程，长期稳定主要考虑几分钟及以上的动态过程。慢速控制元件如负荷频率控制、自动发电控制、系统减负荷控制等都会对其产生影响。

A.1.4

电力系统静态不稳定性 steady state instability of a power system

电力系统受到小干扰后，由于缺乏同步转矩而引起发电机转子角逐步增大的现象。

A.1.5

电力系统动态稳定性 dynamic stability of a power system

电力系统受到小的或大的干扰后，在自动装置参与调节和控制的作用下，系统保持稳定运行的能力。

中 文 索 引

英 文 索 引

A

B

C

D

E

N

O

P

Q

R

S

ICS 01.040.29
K 04

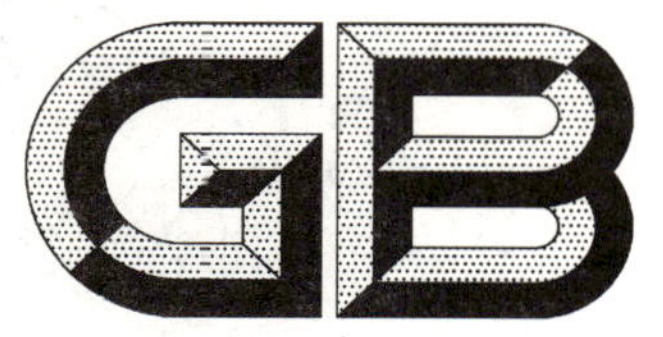

中华人民共和国国家标准

GB/T 2900.59—2008
代替 GB/T 2900.59—2002

电工术语
发电、输电及配电　变电站

Electrotechnical terminology—
Part 605: Generation, transmission and distribution of electricity—Substations

(IEC 60050-605:1983,MOD)

2008-06-18 发布　　　　2009-05-01 实施

中华人民共和国国家质量监督检验检疫总局
中国国家标准化管理委员会　发布

前　言

本部分为 GB/T 2900 的第 59 部分。

本部分修改采用 IEC 60050-605:1983《国际电工词汇　第 605 部分:发电、输电及配电　变电站》,并参考国际电工委员会 2003 年文件(1/1906/CD),修改了部分术语的定义。

本部分与 IEC 60050-605:1983 相比,存在如下技术差异:

——602-02-11[12]、605-03-01 [2]分别改为单独的两条;

——修改了 605-01-01、605-02-37 等的定义;

——删除 IEC 60050-605:1983 的 605-02-37 中的第二个英文术语"substation relay kiosk"。

本部分代替 GB/T 2900.59—2002《电工术语　发电、输电及配电　变电站》。

本部分与 GB/T 2900.59—2002 相比主要变化如下:

——605-01-19 和 605-01-20 条的中文术语增加"母线"说明;

——604-02-32 中文术语"消音外壳"改为"消声外壳";

——605-01-25 中文术语增加"二分之三断路器接线";

——修改了"605-01-01 变电站"、"605-02-37 变电站继电保护小室"的定义。

本部分由全国电工术语标准化技术委员会(SAC/TC 232)提出并归口。

本部分由中国电力科学研究院、机械科学研究总院和中国电力企业联合会负责起草。

本部分主要起草人:辛德培、魏全才、杨芙、王来。

本部分所代替标准的历次版本发布情况为:

——GB/T 2900.59—2002。

电工术语
发电、输电及配电　变电站

1　范围

本标准规定了发电、输电及配电领域中有关变电站的术语。

本标准适用于电力系统的规划、管理、设计、发电、输电及配电等领域。

2　术语和定义

2.1　变电站类型—变电站布置

注："变电站"又称"变电所"。

605-01-01

变电站(电力系统的)　**substation** (of a power system)

电力系统的一部分,它集中在一个指定的地方,主要包括输电或配电线路开关及控制设备的终端和建筑物和变压器。通常包括电力系统安全和控制所需的设施(例如保护装置)。

注:根据含有变电站的系统的性质,可在变电站这个词前加上一个前缀来界定。例如:(一个输电系统的)输电变电站、配电变电站、500 kV 变电站、35 kV 变电站。

605-01-02

开关站　**switching substation**

有开关设备,通常还包括母线,但没有电力变压器的变电站。

605-01-03

变压变电站　**transformer substation**

用变压器将两个或多个不同电压等级的网络连接起来的变电站。

605-01-04

升压变电站　**step-up substation**

变压器输出电压高于输入电压的变压变电站。

605-01-05

降压变电站　**step-down substation**

变压器输出电压低于输入电压的变压变电站。

605-01-06

牵引变电站　**traction substation**

主要向牵引系统供电的变电站。

605-01-07

换流站　**converter substation**

安装有换流器且主要用于将交流转换成直流或将直流转换成交流的变电站。

605-01-08

变频站　**frequency converter substation**

能将交流电从一种频率转换成另一种频率的变电站。

605-01-09

有人值班变电站　**manned substation**

有运行人员值守的变电站。

605-01-10

无人值班变电站　unmanned substation

没有运行人员值守的变电站。

605-01-11

常时值班变电站　permanently manned substation

由驻在站内的工作人员连续监控的变电站。

605-01-12

定时值班变电站　attended substation

在常规工作时间及某些必要情况下，由运行人员进行值守的变电站。

605-01-13

遥控变电站　remotely controlled substation

用遥控装置控制的无人值班变电站。

605-01-14

主控变电站　master substation

可以控制遥控变电站的有人值班变电站。

605-01-15

子变电站　satellite substation

一种由主变电站远程控制的遥控变电站。

605-01-16

单母线变电站　single busbar substation

线路和变压器连接到仅有的一组母线上的变电站。

605-01-17

双母线变电站　double busbar substation

线路和变压器通过选择开关可连接到两组母线的变电站。

605-01-18

三母线变电站　triple busbar substation

线路和变压器通过选择开关可连接到三组母线的变电站。

605-01-19

环形母线变电站　ring substation

用单母线构成闭合回路，在闭合回路内仅串联若干台隔离开关串联的变电站。

605-01-20

多角形母线变电站　mesh substation

用单母线构成闭合回路，在闭合回路内若干台断路器串联的变电站。

605-01-21

四开关变电站　four-switch substation

母线构成四边形，每边有一台隔离开关或一台断路器的多角形母线变电站。

605-01-22

三开关桥形带旁路多角形母线变电站　three-switch mesh substation with bypass

通常有两回馈线和两台变压器的多角形(母线)变电站，即四开关变电站的第四台断路器用装有一台或两台隔离开关旁路替代(见图 1)。

605-01-23

带隔离开关的四开关多角形母线变电站　four-switch mesh substation with mesh opening disconnectors

母线上有断路器和隔离开关的多角形母线变电站(见图 2)。

605-01-24

双断路器接线　two-breaker arrangement

选择开关是断路器的双母线变电站。

605-01-25

一个半断路器接线　one-and-a-half breaker arrangement

二分之三断路器接线

对双回路而言，三台断路器串联跨接在两组母线之间，且两个回路分别连接到中间断路器两端的双母线变电站(见图 3)。

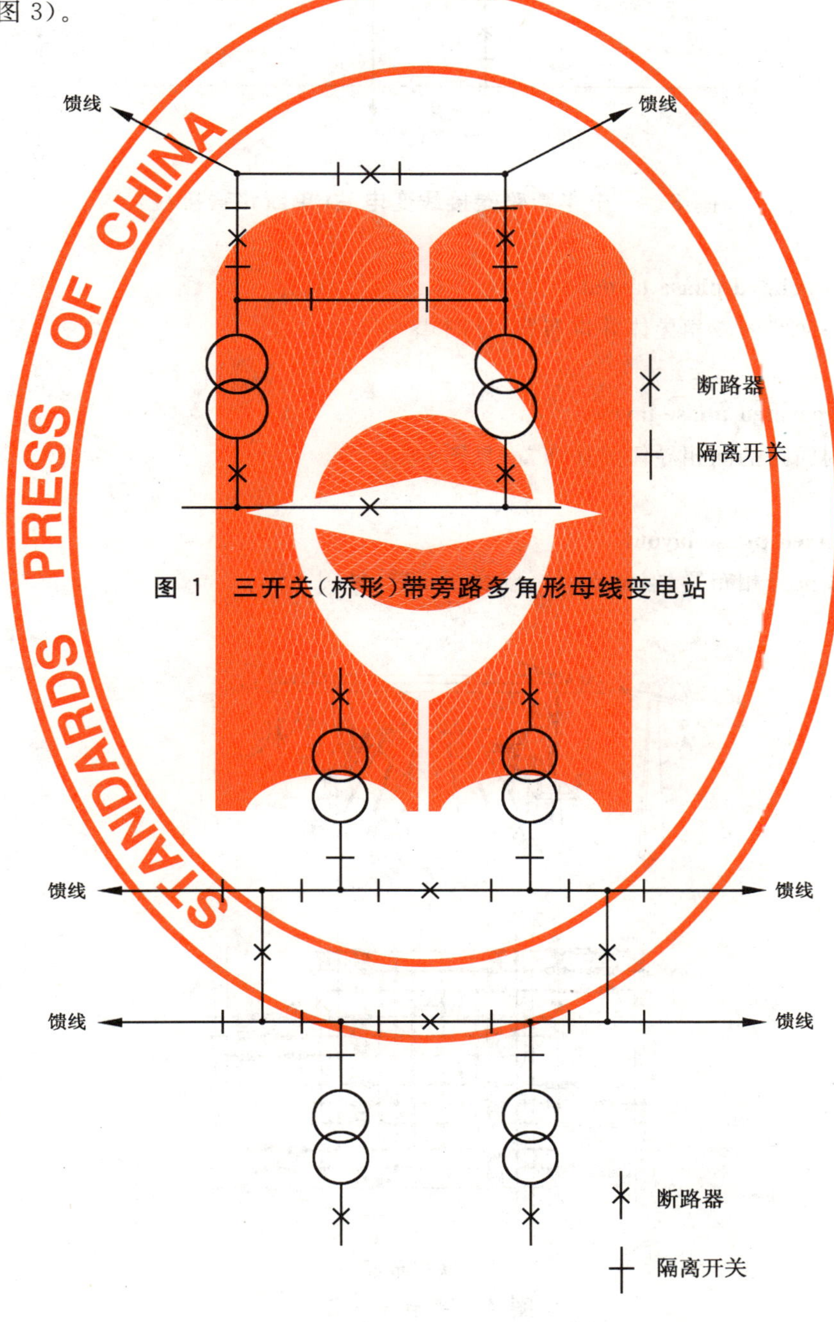

图 1　三开关(桥形)带旁路多角形母线变电站

图 2　带隔离开关的四开关多角形母线变电站

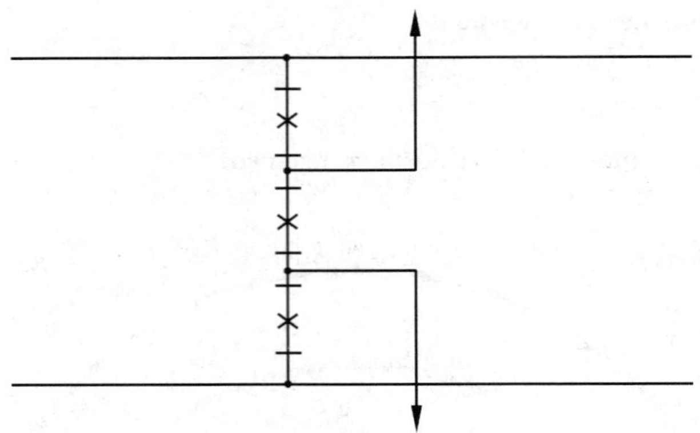

图 3 一个半断路器接线变电站(单断路器接线)

605-01-26

联相布置 associated phase layout

变电站内同一回路的三相导体并排布置(见图 4a)。

605-01-27

分相布置 separated phase layout

变电站内不同回路的同相导体并排布置(见图 4b)。

605-01-28

混相布置 mixed phase layout

变电站内母线按分相布置,但分支回路按联相布置(见图 4c)。

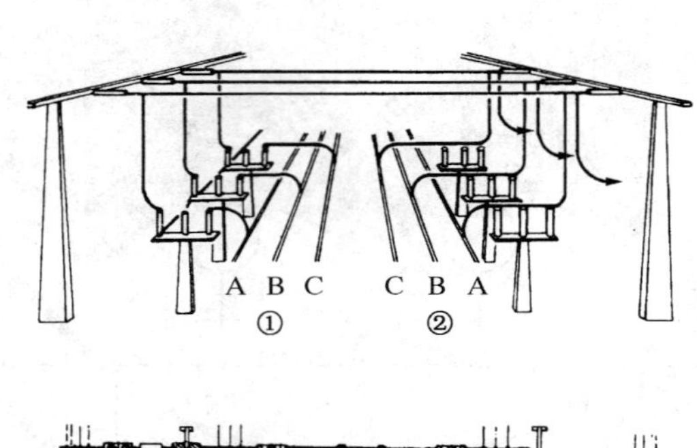

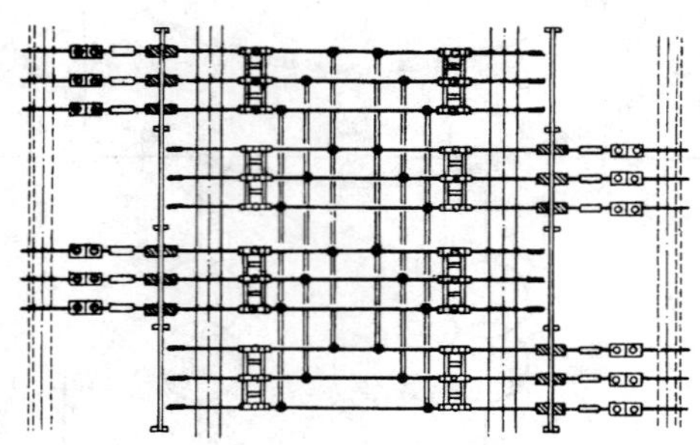

a) 联相布置

图 4 变电路布置

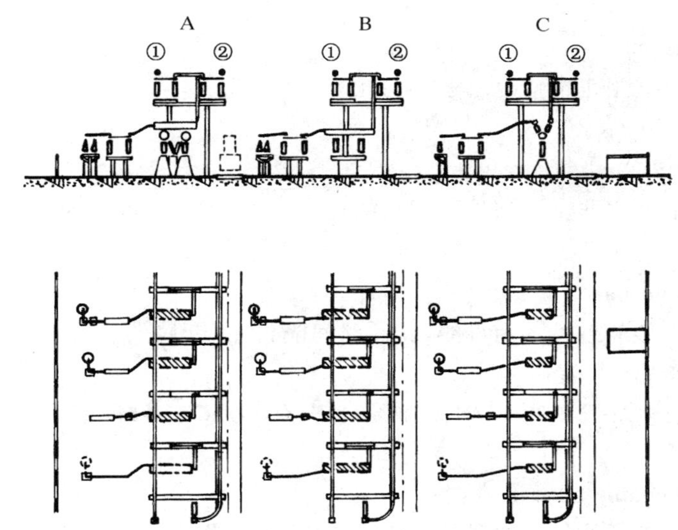

b) 分相布置

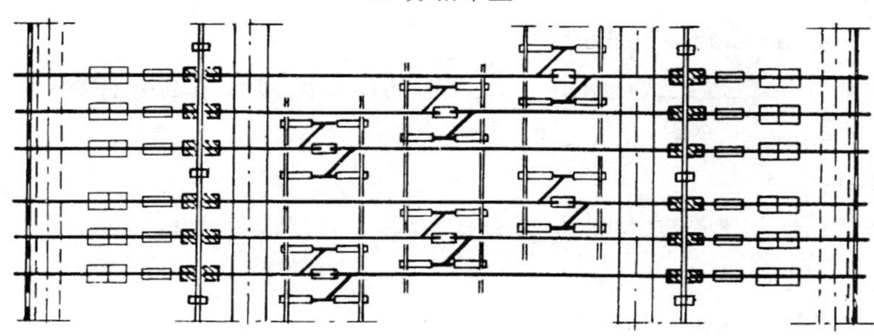

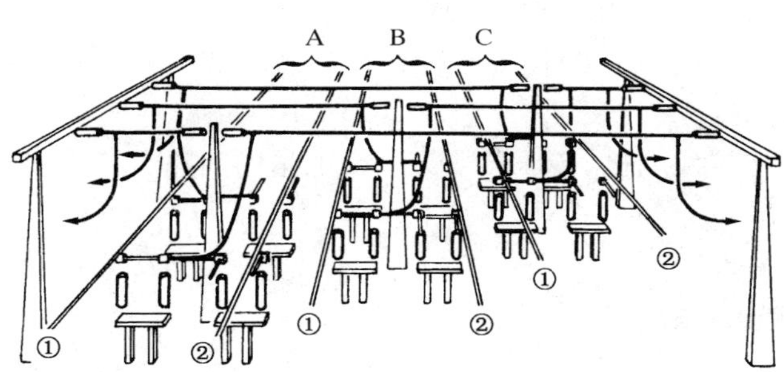

c) 混合相布置

①,②——母线;

A,B,C——相。

图 4(续)

2.2 变电站的一次装置

605-02-01

母线 busbar

可以连接多个电气回路的低阻抗导体。

605-02-02

母线排(通常称作母线) **busbars**(commonly called busbar)

变电站内将几个回路构成公共连接所必需的母线组。

例:三相系统中的三组母线。

605-02-03

工作母线 main busbar

双母线或三母线变电站中正常情况下运行的任意一组母线。

605-02-04

备用母线 reserve busbar

双母线或三母线变电站中非正常条件下运行的任意一组母线,一般不如工作母线完善。

605-02-05

旁路母线 transfer busbar

能与任何回路独立连接的一种备用母线,其回路间隔设备(断路器、互感器)适用任何回路,此回路的控制由另一专用间隔承担。

注:在双母线(三母线)变电站中(参见 605-01-17 和 605-01-18),一般没有旁路母线。

605-02-06

有载分段母线 switchable busbar

包括一个用于连接或断开该母线两段的串接开关(或断路器)的一种母线。

605-02-07

无载分段母线 disconnectable busbar

包括一个或多个用于无载连接或断开该母线两段的串接隔离开关的一种母线。

605-02-08

母线段 busbar section

在两个开关设备(或隔离开关)之间串接或开关设备与母线端部之间的部分母线。

605-02-09

间隔(变电站的) **bay**(of a substation)

变电站的一部分,其中装有与所包含的指定回路相关的开关设备和控制装置。

注:按回路类型,变电站可包含馈线间隔、变压器间隔和母联间隔等。

605-02-10

馈线间隔 feeder bay

变电站内馈线用的或连接发电机、变压器或另一变电站的间隔。

605-02-11

出线馈线 outgoing feeder

变电站内通常用于向电力系统供电的馈线。

605-02-12

进线馈线 incoming feeder

变电站内通常用于从电力系统受电的馈线。

605-02-13

敞开式变电站 open-type substation

相对地绝缘及相间绝缘主要靠大气压下的空气间隙,而且某些带电部分未加封闭的变电站。

注:敞开式变电站可为室内式或室外式。

605-02-14

气体绝缘金属封闭变电站 gas insulated metal-enclosed substation

全部采用气体绝缘金属封闭(组合电器)开关设备的变电站。

605-02-15

户内变电站 indoor substation

为了避免室外大气条件的影响,将设备安装在建筑物内的变电站。

605-02-16

户外变电站　outdoor substation

设计和安装时考虑了能承受室外大气条件影响的变电站。

605-02-17

配电小间　kiosk substation

通常为成套式,仅用于配电的小型配电站。

605-02-18

地下变电站　underground substation

建造在地下的变电站。

605-02-19

柱上配电台　pole-mounted substation

安装在一根或多根电杆上的室外配电台。

605-02-20

变电站构架　substation structures

用于悬挂导体、支撑导体或开关设备及其他电器的刚性构架组合。

605-02-21

硬母线　rigid busbar

由金属管或金属型材组成并用支柱绝缘子支撑的母线。

注：母线可以是自身支撑的桥形结构。

605-02-22

软母线　flexible busbar

由柔性导体组成的母线。

605-02-23

相间净距　phase-to-phase clearance

考虑了各种运行情况下两个相邻相的带电部分间的最小距离。

605-02-24

相对地净距　phase-to-earth clearance

任何带电部分与地电位的所有构架之间的最小距离。

605-02-25

作业净距　working clearance

正常暴露的带电部分与变电站内任何人员作业活动之间所应注意的最小安全距离。

605-02-26

电缆槽道(变电站的)　**cable trough** (in a substation)

变电站内敷设二次电缆、辅助电缆和控制电缆的通道。

605-02-27

电缆管道(变电站的)　**cable duct** (in a substation)

变电站内敷设在地下的导管,从管内可以穿过二次电缆、辅助电缆和控制电缆。

605-02-28

电缆隧道　cable tunnel

用于容纳大量敷设在电缆支架上的电缆通道或隧道构造的建筑。

605-02-29

电缆架　cable rack

放置电缆的支架,电缆通常并排布置在支架上。

605-02-30

泄油池　oil leakage sump

容纳变压器或其他充油设备所漏油的油池。

605-02-31

防火墙　fire protection wall

变电站内，在两台充油设备间所建立的防止火焰从一台设备蔓延至另一台设备的一道墙。

605-02-32

消声外壳　acoustic enclosure

用吸音材料制成的壳体。用它局部或整体地包围变压器，以降低其所发出的噪声。

605-02-33

接地回路连接器　earth circuit connector

将变电站接地系统各部分连接在一起的装置，该装置有时还包括工作接地用的端子。

605-02-34

变电站控制室　substation control room

设置有监视和控制变电站单元所需设备的房间。

605-02-35

变电站遥控室　substation telecontrol room

设置有发送和接收有关遥控信息所需设备的房间。

605-02-36

变电站继电保护室　substation relay room

集中设置有保护和自动化设备的房间。

605-02-37

变电站继电保护小室　substation relay building

靠近间隔开关设备和控制设备的小室或配电箱，其中设置有与该间隔相关的保护装置和自动化装置。

605-02-38

馈线断路器　feeder circuit-breaker

装在变电站馈线间隔内并通过能给馈线供电的断路器。

605-02-39

变压器断路器　transformer circuit-breaker

变电站内变压器各侧的断路器之一，通常其电压水平由变压器对应侧电压水平标示。

605-02-40

母联断路器　bus coupler circuit-breaker

变电站中，位于两组母线之间并允许两组母线连接的断路器。在多于两组母线的情况下，母联断路器可与选择开关联合使用。

605-02-41

母线转换断路器　switched busbar circuit-breaker

变电站中，串联在一组母线中并且在两个母线段之间的断路器。

605-02-42

母线转换隔离开关　selector switch disconnector

双母线或三母线变电站内，用于将一次回路（例如线路、变压器等）连接到其中一组母线的隔离开关。

605-02-43

接地开关　earthing switch

为了安全目的，变电站内用于将相导体接地的专用隔离开关。

605-02-44

馈线隔离开关　feeder disconnector

安装在变电站的馈线间隔内，与某一馈线的一端串联，用于将馈线与系统隔离的开关。

605-02-45

母线段隔离开关　busbar section disconnector

串接在两母线段之间，用于将它们彼此隔离的开关。

605-02-46

站用变压器　auxiliary transformer

变电站内为辅助设备供电的变压器。

2.3　变电站的二次设备

605-03-01

控制屏　control board

装有控制和显示变电站运行或系统运行所需控制设备装置的屏。

605-03-02

控制台　control desk

装有控制和显示变电站运行或系统运行所需控制设备装置的台。

605-03-03

模拟图　mimic diagram；wall diagram

用符号表征变电站（电网）线路和开关设备实时状态的布置图形，可随情况更新，还可具有控制功能。

605-03-04

屏幕显示器　visual display unit

用于显示所需信息并可能兼具应答装置的全套设备。

605-03-05

不对应开关　discrepancy switch

带有应答装置显示的开关，显示被监视设备的实际状态与指示状态的任何不对应。

605-03-06

控制用不对应开关　control discrepancy switch

具有控制功能的不对应开关。

605-03-07

二次接线　wiring (secondary wiring)

变电站内连至所有单个保护、控制和测量部件并使其连接到一起的线路。

605-03-08

端子排　jumper board

由端子和连接件组成的接线板，使其装配后能按照任何需要的方式相互连接。

605-03-09

专用二次接线　dedicated low-voltage wiring

变电站二次设备和二次接线的一部分，与某一指定的一次回路（线路、变压器等）相关。

605-03-10

回路间联线　inter-circuit wiring

变电站二次接线的一部分，用于在不同回路间传递信息。

605-03-11

站用配电屏　auxiliary switchboard

装有变电站站用辅助交直流电源的控制、保护和配电所需设备的屏(或柜)。

605-03-12

非重要站用回路　non-essential auxiliary circuits

当系统电源中断时,变电站内可停止供电的站用交流回路。

605-03-13

重要站用回路　essential auxiliary circuits

当系统电源中断时,变电站内仍需维持供电的站用交流回路,例如从备用电源供电。

605-03-14

共用蓄电池组　common battery

变电站内向所有回路的控制设备、监测设备和保护设备供电的蓄电池组。

605-03-15

专用蓄电池组　dedicated battery

变电站内向一个或为数不多的几个回路的控制设备、监测设备和保护设备供电的蓄电池组。

中 文 索 引

英 文 索 引

A

B

C

D

E

F

W

ICS 01.040.29
K 04

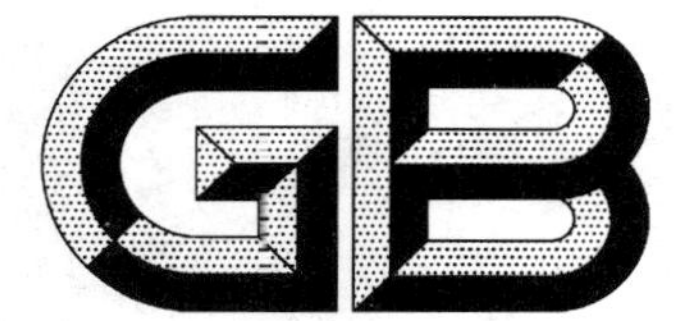

中华人民共和国国家标准

GB/T 2900.61—2008
代替 GB/T 2900.61—2002

电工术语　物理和化学

Electrotechnical terminology—Physics and chemistry

(IEC 60050-111:1996,International electrotechnical vocabulary—
Part 111:Physics and chemistry,MOD)

2008-05-28 发布　　2009-01-01 实施

中华人民共和国国家质量监督检验检疫总局
中国国家标准化管理委员会　发布

前 言

本部分为 GB/T 2900 的第 61 部分。

本部分修改采用 IEC 60050-111:1996《国际电工词汇　物理和化学》及其第一次修改单(IEC 60050-111 Amendment 1:2005)。

本部分与 IEC 60050-111:1996 和 IEC 60050-111 Amendment 1:2005 相比,存在如下技术差异:

——本部分在 111-13-29 定义中增加了"对于与外界无相互作用的系统"内容,给出更准确的定义。

——本部分在 111-13-35 的注 1 中增加了"在不引起其他变化时"内容,给出更准确的定义。

——本部分在 111-15-18 定义中增加了"有电流流过时的"内容。此定义根据 GB/T 2900.41—2008《电工术语　原电池和蓄电池》修改。

——本部分在 111-15-31 定义中增加了"与含有氢离子的电解质组成的电极"内容,给出更准确的定义。

——本部分在 111-15-32 定义中的压力为 100 kPa。在 IEC 60050-111 中,压力为"101 325 kPa"。此数值根据 GB 3102.8—1993《物理化学和分子物理学的量和单位》修改。

——本部分在 111-15-34 定义中增加了"的界面与溶液本体"内容,给出更准确的定义。

本部分代替 GB/T 2900.61—2002《电工术语　物理和化学》。

本部分与 GB/T 2900.61—2002 相比主要变化如下:

——增加了 IEC 60050-111　第一次修改单(IEC 60050-111 Amendment 1:2005)的内容,即本部分的 2.6;

——删除了 GB/T 2900.61—2002 中的 111-13-01,111-13-02,111-13-03,111-13-04 和 111-13-05 5 个条目编号,将相应术语和定义内容移至本部分的 2.6 中,即本部分的 111-16-11,111-16-08,111-16-12,111-16-10 和 111-16-13。

本部分中有关量和单位的术语和符号与 GB 3100～3102—1993《量和单位》基本一致,个别不同之处则在相应定义下作了说明。

本部分与现行术语国家标准作了尽可能的协调,相关标准有:

——GB/T 2900.41—2008　电工术语　原电池和蓄电池;

——GB/T 14733.3—1993　电信术语　可靠性、可维护性和业务质量;

——GB/T 14733.9—1993　电信术语　无线电波传播;

——GB/T 3187—1994　可靠性、维护性术语;

——GB/T 4597—1996　电子管词汇。

本部分与全国科学技术名词审定委员会公布的《物理学名词》进行了协调。

本部分中术语条目编号与 IEC 60050-111 保持一致。

本部分由全国电工术语标准化技术委员会提出并归口。

本部分起草单位:机械科学研究院中机生产力促进中心、清华大学、北京航空航天大学、高等教育出版社、中国标准出版社。

本部分主要起草人:杨芙、夏学江、刘芸、薛芳渝、郭红、朱仁、张宁。

本部分所代替标准的历次版本发布情况为:

——GB/T 2900.61—2002。

电工术语　物理和化学

1　范围

本部分规定了电工技术中涉及的物理和化学的术语和定义。

本部分适用于涉及电工技术的所有科学技术领域。

2　术语和定义

2.1　量和单位的概念

111-11-01

[物理]量　(physical) quantity

[可测]量　(measurable) quantity

现象、物体或物质的可定性区别和定量确定的属性。

注1：术语"量"可指广泛意义的量(例如：长度、时间、质量、温度、电阻、物质的量浓度)或特定量(例如：给定棒的长度、给定金属丝的电阻、给定酒样品中乙醇 C_2H_5OH 的物质的量浓度)。

注2：可按其相对大小排序的量称为同种量。

注3：若干个同种量可以组合成量类。例如：

——功、热、能。

——厚度、周长、波长。

注4：国际标准 IEC 60027《电工技术用字母符号》和 GB 3102《量和单位》中给出了量的符号。

注5：本概念仍在研究中。

111-11-02

量方程　quantity equation

表示物理量之间关系的方程。

111-11-03

基本量　base quantity

在一组量中，按约定认为是彼此独立的量。

111-11-04

导出量　derived quantity

在一组量中，通过量方程与基本量相联系的量。

111-11-05

量制　system of quantities

基本量和根据指定方程组由基本量定义的全部导出量的组合。

111-11-06

量的量纲　dimension of a quantity

dim

以量制中代表基本量的因子的幂的乘积表示该量制中一量的表达式。

注1：例：在基本量为长度、质量和时间的量制中，三个基本量分别以因子 L、M 和 T 代表，LMT^{-2} 为力的量纲；在此同一量制中，ML^{-3} 为质量浓度和质量密度的量纲。

注2：代表基本量的因子称为这些基本量的"量纲"。

注3：相关的代数的细节，见 ISO 31-0。

注4：本概念仍在研究中。

111-11-07

量纲一的量　quantity of dimension one

无量纲量　dimensionless quantity

所有基本量的量纲指数均为零的导出量。

111-11-08

［**计量**］**单位　unit（of measurement）**

按约定所定义和采用的特定量，用它与其他的同种量进行比较以表示其他同种量相对于该量的大小。

注 1：计量单位具有按约定赋予的名称和符号。

注 2：相同量纲的量，即使不属于同种量，其单位也可具有相同的名称和符号。

注 3：本概念仍在研究中。

111-11-09

基本单位　base unit

给定量制中基本量的计量单位。

111-11-10

导出单位　derived unit

给定量制中导出量的计量单位。

111-11-11

单位方程　unit equation

表示计量单位之间关系的方程。

111-11-12

单位制　system of units

特定量制中的基本单位和导出单位的组合。

111-11-13

一贯单位制　coherent system of units

所有导出单位均可表示成基本单位之幂与比例因数 1 之积的单位制。

111-11-14

国际单位制　International System of Units

SI（缩写词）　**SI**（abbreviation）

国际计量大会（CGPM）所采用和推荐的一贯单位制。

注：国际单位制的组成列于附录 B。

111-11-15

米　metre

m

长度的 SI 单位，等于光在真空中（1/299 792 458）s 时间间隔内所经路径的长度。

111-11-16

千克　kilogram

kg

质量的 SI 单位，等于存放于国际计量局（BIPM）称为“国际千克原器”实物的质量。

111-11-17

秒　second

s

时间的 SI 单位，等于铯 133 原子基态的两个超精细能级之间跃迁所对应的辐射的 9 192 631 770

个周期的持续时间。

111-11-18

安[培]　ampere

A

电流的SI单位,等于在真空中截面积可忽略的两根相距1 m的无限长平行圆直导线内通以等量恒定电流,且导线间相互作用力在每米长上为2×10^{-7} N时,每根导线中的电流。

111-11-19

开[尔文]　kelvin

K

热力学温度的SI单位,等于水三相点热力学温度的1/273.160。

111-11-20

摩[尔]　mole

mol

物质的量的SI单位,等于一系统的物质的量,该系统中所包含的基本单元数与0.012 kg碳12的原子数目相等;基本单元应予指明,可以是原子、分子、离子、电子及其他粒子,或是这些粒子的特定组合。

111-11-21

坎[德拉]　candela

cd

发光强度的SI单位,等于一光源在给定方向上的发光强度,该光源发出频率为540×10^{12} Hz的单色辐射,且在此方向上的辐射强度为(1/683)W/sr。

111-11-22

量值　value (of a quantity)

特定量的大小,一般表示为一数与一计量单位的乘积。

注1:量值可以为正、负或零。

注2:量值可用不只一种方法表示。例如,一棒的长度:5.34 m或534 cm;一物体的质量:0.152 kg或152 g;一水(H_2O)样的物质的量:0.012 mol或12 mmol。

注3:量纲一的量的量值,一般表示成为数。

注4:不能以一数与一计量单位的乘积表示其量值的量,可参照一约定参考标度,或测量方法,或两者来表示。

注5:本概念仍在研究中。

111-11-23

[量的]数值　numerical value (of a quantity)

量值中乘以计量单位的数。

111-11-24

数值方程　numerical value equation

对应于所采用的计量单位,表示量的数值之间关系的方程。

2.2　物理量的名称和定义中的术语

111-12-01

商　quotient

除法的结果。

注1:物理量领域中,术语"商"用于由同种量或非同种量定义新的量。

注2:商a/b表述为:"a除以b的商"。

111-12-02

比　ratio

两个同种量的商。

注 1：比为量纲一的量，并以一个数来表达。

注 2：比 c/d 表述为："c 与 d 的比"。

111-12-03

系数　coefficient

两个不同种量的除法的结果。

注：系数为非量纲一的量。

111-12-04

因数　factor

因子

用作乘数的数。

注：因数可代表两个同种量的商，这时它是量纲一的量。

111-12-05

质量，形容词　**massic**

比，形容词　**specific**

用于表述一个量，表示该量除以质量所得的商。

注：例如质量体积或比体积，质量熵或比熵。

111-12-06

体[积][的]　volumic

……密度(1)　…density(1)

用于表述一个量，表示该量除以体积所得的商。

注：例如：体积质量或质量密度，[体]电荷密度。

111-12-07

面[积][的]　areic

……面密度　surface…density

用于表述一个量，表示该量除以面积所得的商。

注：例如：面质量或[质量]面密度，面积热流量。

111-12-08

……密度(2)　density of…；…density(2)

用于表述一个量，表示一通量或电流这样的量除以面积所得的商。

注 1：例如热流[量]密度，电流密度。

注 2：在英语中，"density"更普遍的是指体积质量。

111-12-09

线[的]　lineic

……线密度　linear…density

用于表述一个量，表示该量除以长度所得的商。

注 1：例如：线质量或[质量]线密度，线电流或电流线密度。

注 2：在量上加限定词"线(linear)"时，只用于区分相似的量，例如：线电离(linear ionization)，线[膨]胀系数(linear expansion coefficient)。

111-12-10

摩尔[的]　molar

用于表述一个量，表示该量除以物质的量所得的商。

注：例如摩尔体积。

111-12-11

浓度 concentration

加在量名称后用的术语，特别是对混合物中的一物质，表示该物质的这个量除以混合物体积所得的商。

注：例如：B的物质的量浓度，B的分子浓度，离子浓度。

2.3 宏观物理学概念

111-13-06

时间常数 time constant

τ

1) 对于按指数形式增长或衰减而趋于一常量数值的量，存在的一个时间间隔，在该时间间隔终点，该常量数值与该量之差的绝对值已减小到这一时间间隔起点时两者之差的绝对值的 1/e，e 为自然对数的底。

   注：时间常数是描述依赖于时间的量的函数 $F(t)=A+Be^{-t/\tau}$ 中的 τ。

2) 阻尼振荡的阻尼系数的倒数。

   注：时间常数是出现于按指数形式的阻尼振荡表示式 $F(t)=A+Be^{-t/\tau}f(t)$ 中的 τ，式中 $f(t)$ 为一周期函数。

111-13-07

光在真空中的速度 speed of light in vacuum

电磁波在真空中的速度 speed of electromagnetic waves in vacuum

c_0

物理常量，按米的定义其值准确地规定为 299 792 458 m/s。

111-13-08

均匀[的] homogeneous

用于表述一物理介质，该介质中有关的性质与在介质中的位置无关。

111-13-09

非均匀[的] inhomogeneous；heterogeneous

用于表述一物理介质，该介质中有关的性质与在介质中的位置有关。

111-13-10

各向同性[的] isotropic

用于表述一物理介质，该介质中有关的性质与方向无关。

111-13-11

各向异性[的] anisotropic

用于表述一物理介质，该介质中有关的性质与方向有关。

111-13-12

物质的量 amount of substance

n

与包含在某给定物质样品中具有特定性质的基本单元的数目成正比的量。

注1：基本单元可以是原子、分子、离子、电子及其他粒子，或是这些粒子的组合。

注2：物质的量的 SI 单位为摩尔。

111-13-13

阿伏伽德罗常量 Avogadro constant

N_A

物理常量，等于一给定物质的样品中的基本单元数除以该基本单元的物质的量，其值近似等于 $6.022\ 1\times10^{23}\ mol^{-1}$。

注：GB 3102.8—1993 除采用符号 N_A 外还采用符号 L，并作为第一个符号。

111-13-14

法拉第常数　Faraday constant

F

物理常量,等于基元电荷与阿伏伽德罗常量之积,其值近似等于 96 485.3 C/mol。

111-13-15

惯性　inertia

无外力作用时,任何物体保持其运动状态或静止状态的那种物质性质。

111-13-16

质量　mass

m

在惯性和万有引力现象中表征物质样品的可加性正标量。

111-13-17

静质量　rest mass

m_0

物体的内禀质量,不包括物质按相对论由于其运动所获得的质量增量。

111-13-18

表观质量　apparent mass

在相对论力学中,物体的静质量除以因数$(1-v^2/c_0^2)^{1/2}$所得的商,式中 v 为物体的速度,c_0 为光在真空中的速度。

111-13-19

体积质量　volumic mass

[质量]密度　mass density

ρ

物体的质量除以其体积所得的商。

111-13-20

动量　momentum

p

矢量,等于物质元的速度矢量与元的质量之积作为微分元的积分。

注:动量服从包括涉及电磁场动量的守恒定律。

111-13-21

力　force

F

矢量,在惯性参考系中,等于一自由运动物体的动量对时间的导数。

注 1:当物体的质量恒定时,力等于该物体的质量与其加速度矢量之积。

注 2:在 IEC 60050(111)的定义中无"在惯性参考系中"内容。

111-13-22

转动惯量　moment of inertia

惯性矩

I, J

标量,等于物质元到给定轴的距离二次方与元的质量之积作为微分元的积分。

111-13-23

角动量　angular momentum

L

对给定点定义的矢量,等于从给定点到质量元的矢径与质量元动量的矢量积作为微分元的积分。

注:刚性物体绕固定轴旋转的角动量等于转动惯量与角速度矢量之积。

111-13-24

力矩　moment of force

M

对给定点定义的矢量，从给定点到力的作用线上任意点的矢径与该力的矢量积。

111-13-25

力偶　couple（of forces）

不作用在同一直线上的两个大小相等、方向相反的一组力。

111-13-26

力偶矩　moment of a couple

M

对任何点的力偶的力矩之和。

111-13-27

转矩　torque

T

合力为零的一组力的力矩之和。

111-13-28

功　work

W，*A*

标量，等于力沿一给定路径的标量线积分。

111-13-29

能［量］　energy

E，*W*

标量，表征物理系统作功的能力，对于与外界无相互作用的系统，在系统的任何转换中它都是守恒的。

注 1：能量以不同的形式存在，不同形式的能量可互相转换。

注 2：在 GB 3102—1993 中只采用符号 *E*。

注 3：IEC 60050(111)的定义中无“对于与外界无相互作用的系统”内容。

111-13-30

功率　power

P

传递或转换能量，或作功的速率。

111-13-31

应力　stress

受到形变力的物体的一点处，在包含该点的小面上的力除以小面面积的商，在小面所有尺寸都趋于零时的极限。

111-13-32

应变　strain

由应力引起的物体变形。

111-13-33

压强　pressure

p

作用在面的一点处，包含该点的小面上的垂直于面的分力的大小除以小面面积的商，在小面所有尺寸都趋于零时的极限。

注 1：面可以是物体的外表面或物体内部给定方位的平面。

注 2：对大多数流体，压强与面方位无关。

111-13-34

热　heat

与组成物质的粒子的无序运动有关的一种能量形式。

111-13-35

热量　(quantity of) heat

Q

当物质和电磁能量均不穿过物理系统的边界时，系统总能量的增加与对系统做的功的差。

注 1：热量取决于如何从一个状态达到另一状态的变化，并且在不引起其他变化时只能部分地转变为功。

注 2：供热可引起与粒子运动有关的能量的增加或相变之类的其他效应。

注 3：在 IEC 60050(111-13-35)的注 1 中无“在不引起其他变化时”内容。

111-13-36

热力学温度　thermodynamic temperature

T

在与两物体交换热量的物理系统可逆循环中，表述每一物体特征并正比于系统与该物体所交换的热量的正值状态量。

注：适当选择一个常量可使热力学温度与由下述理想气体定律导出的温度一致：对于给定物质的量的气体，压强与体积之积与温度成正比。

111-13-37

摄氏温度　Celsius temperature

t,θ

热力学温度与温度 273.15 K 之差。

注：按约定摄氏温度以摄氏度(℃)表示。

111-13-38

内能　internal energy

热力学能　thermodynamic energy

U

物理系统总能量中只取决于系统本身状态变量的那部分能量，状态变量指：温度、压强、体积、质量或物质的量等。

注：内能为一状态函数，等于总能量减去系统宏观动能与势能之和。

111-13-39

焓　enthalpy

H

物理系统的状态函数，等于系统的内能与系统的压强和体积之积的和。

111-13-40

熵　entropy

S

固定组成的物理系统的状态函数，其无限小的增量等于进入系统的热量除以热力学温度所得的商，如果系统状态变化是不可逆的，则加上一正附加项。

111-13-41

吉布斯自由能　Gibbs free energy

吉布斯函数　Gibbs function

G

物理系统的状态函数，等于系统的焓与熵和热力学温度之积的差。

111-13-42

亥姆霍兹自由能　(Helmholtz) free energy

亥姆霍兹函数　Helmholtz function

A,F

物理系统的状态函数,等于系统的内能与熵和热力学温度之积的差。

111-13-43

电荷[量]　electric charge

Q

可加性标量,与基本粒子和宏观物质相关联,以表征它们间的电磁相互作用。

注1:电荷服从守恒定律。

注2:电荷服从库仑定律。

111-13-44

正电荷　positive (electric) charge

符号与按约定赋予原子核的符号相同的电荷。

111-13-45

负电荷　negative (electric) charge

符号与按约定赋予电子的符号相同的电荷。

111-13-46

化学元素　chemical element

不能用化学方法分解成更简单物质的物质。

注:一种化学元素由相同原子序数的原子构成,但可以由不同的同位素组成。

111-13-47

氧化　oxidation

1)　电子由一化学元素转移到氧而生成氧化物的化学反应。

2)　更一般地说,一物质失去电子且电子转移到另一物质的化学反应。

111-13-48

还原　reduction

1)　氧由氧化物中分离,亦即电子由氧原子转移的化学反应。

2)　更一般地说,一物质得到由另一种物质所转移的电子的化学反应。

111-13-49

吸附　adsorption

由于物理或化学的相互作用,一气体或液体物质或溶液的任何成分在与另一固体或液体物质间的界面处的浓度变化。

注:气体或液体物质在固体表面附着就是例子。

2.4　粒子和固体物理学概念

111-14-01

粒子　particle

物质或能量的很小的部分。

111-14-02

基本粒子　elementary particle

目前认为是不可解离的粒子,与那些认为是组合的不同。

注:基本粒子的例子:电子、正电子和光子。组合的例子:原子核和离子。

111-14-03

微粒　corpuscle

静质量不为零的粒子。

111-14-04

量子　quantum

以不连续方式改变的量在物理上可测的最小值；该量以此最小值的整数倍改变。

111-14-05

自旋　spin

等于一整数、半整数或零的数字，表示粒子角动量的量子化，或表示粒子的一种类似于角动量量子化的内禀性质。

111-14-06

光子　photon

电磁辐射的量子，可认为是能量为 $h\nu$ 的粒子。式中 h 为普朗克常量，ν 为辐射频率。

注：光子就是自旋为 1 且静质量为零的基本粒子。

111-14-07

声子　phonon

具有似粒子特征的机械振动能的量子。

111-14-08

[基]元电荷　elementary (electric) charge

e

电荷的量子，约等于 $1.602\ 18\times10^{-19}$ C。

111-14-09

原子　atom

化学元素在保持其参加化学反应的特性时能分成的最小粒子。

注：原子是由一单核并被数目等于核中质子数的若干电子围绕所构成。

111-14-10

原子核　atomic nucleus

带正电荷并且几乎具有整个原子质量的原子中心部分。

注：原子核由质子和中子构成。

111-14-11

电子　electron

带一负基元电荷且静质量约为 $9.109\ 39\times10^{-31}$ kg 的稳定基本粒子。

111-14-12

正电子　positron

带一正基元电荷且有与电子相同的静质量的基本粒子。

111-14-13

质子　proton

带一正基元电荷，且静质量约为 $1.672\ 62\times10^{-27}$ kg 的稳定基本粒子。

111-14-14

平均寿命(粒子的)　**mean life** (of a particle)

对于一按指数衰变的粒子总体，粒子数减少到起始值的 l/e 的持续时间，e 为自然对数的底。[修改 IEC 60050(393)，393-04-18]

注：平均寿命是粒子衰变的时间常数。

111-14-15

中子　neutron

不带电荷，静质量约为 $1.674\ 93\times10^{-27}$ kg，且在 β 衰变的自由状态的平均寿命大约为 890 s 的粒子。

111-14-16

核子 nucleon

原子核的组成部分,或为质子,或为中子。

注:质子和中子自旋均为1/2,有大约相同的静质量,且可以通过弱相互作用彼此转变。

111-14-17

质量数 mass number

A

一原子核中所含核子的数目。

111-14-18

原子序数 atomic number

Z

一元素在周期性化学分类中的次序,与原子核中质子的数目相等。

注:$Z=A-N$,式中 A 为质量数,N 为原子核中的中子数。

111-14-19

核素 nuclide

以原子的质量数和原子序数所表征的原子种类。

注:核素也可以由核能状态来表征,只要该状态的平均寿命足够长可以观察时。

111-14-20

同位素 isotope

化学元素中具有相同原子序数,但不同质量数的各种形式之一。

111-14-21

能级 energy level

与特定能量相联系的物理系统的量子状态。

111-14-22

自由电子 free electron

未束缚于原子或分子,因而在外加电场的影响下能自由移动的电子。

111-14-23

束缚电子 bound electron

处于原子或分子的某一能级,因而在外加电场的影响下不能自由移动的电子。

111-14-24

价电子 valence electron

通常处于原子外层的电子,原子通过它参加化学反应。

111-14-25

分子 molecule

由确定数目的化学上束缚的原子构成的物质粒子,能以自由状态存在且保持其特征化学性质的物质最小部分。

111-14-26

离子 ion

总电荷量不为零的原子或束缚原子团。

111-14-27

电离 ionization

通过对原子或分子添加或移去电子,或通过分子离解而生成离子的过程。

111-14-28

电子气　electron gas

自由电子的聚集体，它具有气体的某些性质。

111-14-29

基态　ground state

物理系统处于最低能级的量子状态。

注：原子和分子的基态一般由处于热力学平衡的密排超精细能级构成。

111-14-30

激发态　excited state

物理系统处于比基态高的能级的量子状态。

111-14-31

激发能　excitation energy

将量子化的物理系统由基态升高到一指定激发态所必需的能量。

111-14-32

共振状态(光谱学中的)　**resonance state** (in spectroscopy)

物理系统的激发态，允许通过光子发射，由该激发态直接跃迁到基态。

111-14-33

亚稳态　metastable state

物理系统的激发态，正常情况被禁止由该状态跃迁到较低能量的状态。

注：能量常转移给其他粒子，如分子、原子或电子。

111-14-34

能带　energy band

能级组，其能量实际上连续地占据一区间。

111-14-35

允带　allowed band; permitted band

每一个能级都可被电子占据的能带。

111-14-36

禁带　forbidden band

不能被电子占据的能带。

111-14-37

能隙　energy gap

被禁带分开的两相邻允带间的最小能量差。

111-14-38

费米能级　Fermi level

固体中，在热力学温度为零开尔文时，将占据的电子能级与未占据的电子能级分开的能级。

注：在无杂质的、未受干扰的绝缘体和本征半导体中，费米能级一般规定为位于零开尔文时分隔占据的电子能级和未占据的电子能级的禁带的中央。

111-14-39

价带　valence band

在热力学温度为零开尔文时，完全为价电子占据的允带。

111-14-40

导带　conduction band

被电子部分占据的允带，其中的电子在外电场作用下可以自由移动。

111-14-41

传导电子　conduction electron

导带中的电子。

111-14-42

空穴　hole

出现于几乎被占满的能带中的空位，其行为像一正基元电荷载流子。

111-14-43

电子空穴对　electron-hole pair

在亚稳态中一电子与一空穴的组合。

注：电子空穴对常常是一电子由价带升到导带而引起的。

111-14-44

载流子　charge carrier

像电子、质子、离子那样的粒子，以及推广的空穴，带一个或一个以上的基元电荷。

111-14-45

自由载流子　free charge carrier

在外加电场的影响下，能自由移动的载流子。

111-14-46

电子发射　electron emission

电子从材料表面向周围空间释放。

111-14-47

热电子发射　thermionic emission

由于热激发引起的电子发射。

111-14-48

光电发射　photoelectric emission

由光子入射引起的电子发射。

111-14-49

场致发射　field emission

由于电场作用引起的电子发射。

111-14-50

原电子发射　primary electron emission

热电子发射、光电发射或场致发射。

111-14-51

次级电子发射　secondary electron emission

由于电子或离子轰击发射表面引起的电子发射。

111-14-52

逸出功　work function

发射一传导电子所需的最小能量。

111-14-53

迁移率　mobility

给定介质中，自由载流子在与电场强度相同或相反方向的平均速度除以电场强度值所得的商。

111-14-54

平均自由程　mean free path

给定介质中，特定类型的粒子在特定类型的相互作用之间移动的平均距离。

注：因此可以定出对于一切相互作用的总平均自由程，或定出对于像散射、俘获或电离之类的特殊类型相互作用的平均的自由程。

111-14-55

[相互作用]截面　cross-section (of interaction)

σ

对于入射粒子与靶的给定类型的相互作用，此量等于靶与一粒子作用的概率和一无限小球体截面积之积，除以入射到球体上的粒子数。

注：截面具有面积的量纲。

111-14-56

电离能　ionization energy

使一原子或分子由其基态电离所需的最小能量。

111-14-57

电离概率　probability of ionization

在特定时间间隔中，导致离子生成的粒子之间的碰撞次数与此时间间隔中发生的相互作用的总次数之比。

111-14-58

电离系数　ionization coefficient; linear ionization

特定条件下，具有给定动能的粒子沿路径产生的离子对的平均数目除以路径长度所得的商，这里每个对是电荷相反的离子或一正离子与一电子。

111-14-59

电离速率　ionization rate

给定时间间隔内，给定体积中所产生的对的数目，除以体积与此持续时间之积所得的商，每个对是电荷相反的离子或一正离子与一电子。

111-14-60

复合　recombination

一负电荷和一正电荷载流子在其电荷中和时，它们间的相互作用。

111-14-61

消电离　de-ionization

电离流体中的复合。

111-14-62

复合速率　recombination rate

给定时间间隔内，给定体积中所复合的电荷相反的载流子对的数目除以体积与持续时间之积所得的商。

111-14-63

消电离速率　de-ionization rate

电离流体中的复合速率。

111-14-64

复合系数　recombination coefficient

复合速率除以复合的两种载流子的密度之积所得的商。

111-14-65

等离[子]体　plasma

由自由电子、离子和中性原子或分子组成的导电气体介质，其中各种粒子的比例使介质在宏观上呈电中性。

111-14-66

扩散　diffusion

由浓度梯度产生的粒子迁移。

2.5　电化学概念

111-15-01

电化学　electrochemistry

研究化学反应和电现象之间关系的科学和技术的分支。

111-15-02

电解质　electrolyte

含有移动离子并起离子导电作用的液体或固体物质。

注：电解质可以是液体、固体或凝胶体。

111-15-03

电极反应　electrode reaction

在电解质与电极之间进行电子转移的化学反应。

111-15-04

电极的活性表面　active surface of an electrode

电解质与电极之间发生电极反应的界面。

111-15-05

副反应　side reaction

除主过程外发生的电极反应。

111-15-06

阳极反应　anodic reaction

[电化学]氧化　(electrochemical) oxidation

电解质向电极供给电子且电子流向外电路的电极反应。

111-15-07

阴极反应　cathodic reaction

[电化学]还原　(electrochemical) reduction

外电路向电解质供给电子的电极反应。

111-15-08

阴离子　anion

带负电荷的离子。

111-15-09

阳离子　cation

带正电荷的离子。

111-15-10

[电化学]电池　(electrochemical) cell

电能产生化学反应，或化学反应所产生的能量主要以电能形式释放的组合系统。

111-15-11

伽伐尼电池　galvanic cell

化学反应产生电能的电化学电池。

111-15-12

电解电池　electrolytic cell

电能产生化学反应的电化学电池。

111-15-13

电池电压　cell voltage

电化学电池电极之间的电压。

111-15-14

[电池]源电压　(cell) source voltage

电流为零时的电池电压。

111-15-15

电极电势　electrode potential

电极与电解质之间的内电势之差。

注：电极电势不能直接测量。

111-15-16

平衡电极电势　equilibrium (electrode) potential

电极反应处于平衡时的电极电势。

111-15-17

标准电极电势　standard (electrode) potential

在标准的化学和物理条件下的平衡电极电势。

111-15-18

电极极化　(electrode) polarization

有电流流过时的电极电势与平衡电极电势之间的差。

注1：在IEC 60050(111)中无“有电流流过时的”内容。此定义根据482-03-02修改。

111-15-19

阳极极化　anodic polarization

与阳极反应有关的电极极化。

111-15-20

阴极极化　cathodic polarization

与阴极反应有关的电极极化。

111-15-21

电池极化　cell polarization

阳极极化与阴极极化的绝对值之和。

111-15-22

[电化学]活性物质　(electrochemically) active material

在电池放电时发生化学反应以产生电能的物质。

111-15-23

终止电压　end (point) voltage; cut-off voltage (US)

按约定，认为伽伐尼电池在特定条件下放电终止时的电池电压。

111-15-24

容量(伽伐尼电池的)　**capacity** (of a galvanic cell)

特定条件下，伽伐尼电池能释放的电荷量。

注：容量常用安培小时(A·h)表示，1 A·h=3 600 C。

111-15-25

离子浓度　ion concentration

给定体积的溶液中某离子的物质的量除以该体积所得的商。

111-15-26

离子活度　ion activity

考虑到实际溶液与理想溶液之间的热力学性质的差异，对实际溶液中离子质量摩尔浓度的校正。

111-15-27

活度因子　activity factor

离子活度除以离子质量摩尔浓度与标准质量摩尔浓度之比的商。

注：标准质量摩尔浓度为 1 mol/kg。

111-15-28

质量摩尔浓度　molality

b, m

某溶质的物质的量除以溶剂的质量。

111-15-29

离子强度　ionic strength

I

溶液中各离子的质量摩尔浓度与其电荷数的二次方之积的和的一半。

111-15-30

参比电极　reference electrode

参考电极

具有确定组成和恒定的平衡电势的电极，其他电极相对于此电极的电势可在包含这些电极的适当电化学电池中测量或计算。

111-15-31

氢电极　hydrogen electrode

用纯氢气流饱和的镀铂铂电极与含有氢离子的电解质组成的电极。

注：IEC 60050(111)中无“与含有氢离子的电解质组成的电极”内容。

111-15-32

标准氢电极　standard hydrogen electrode

用压力为 100 kPa 纯氢气流饱和的镀铂铂电极与含有氢离子活度等于 1 的电解质组成的电极。

注 1：按约定，在任何温度标准氢电极电势都为零。

注 2：在 IEC 60050(111)中，压力为“101 325 kPa”。

111-15-33

[电]双层　double layer

以固定层和扩散层表示电解质在电极界面上的结构的一种模型。

111-15-34

扩散层电势　diffuse layer potential；zeta potential (deprecated)

电双层的固定层和扩散层之间的界面与溶液本体的电势差。

注：IEC 60050(111)中无“的界面与溶液本体”内容。

111-15-35

电渗　electro-osmosis

由于施加电场而产生的流体通过隔膜的运动。

111-15-36

电毛细[管]现象　electrocapillarity

由于两个物体之间界面上存在电荷而引起的表面机械应力的改变。

111-15-37

pH[值]　pH

确定溶液酸性或碱性的数值，通常用标准条件下氢离子的离子活度与氢离子的实际离子活度之比的常用对数来表示。

注：对大约 20℃的水溶液：

——pH<7 为酸性；

——pH＝7 为中性；

——pH>7 为碱性。

在温度与 20℃相差很大时，中性溶液的 pH 与 7 显著不同。

111-15-38

[电化学]免疫　(electrochemical) immunity

实际上不可能发生电化学腐蚀的热力学状态。

111-15-39

[电化学]钝态　(electrochemical) passivity

其电化学腐蚀可以忽略的金属表面状态。

111-15-40

阴极保护　cathodic protection

由适当的阴极极化产生的电化学免疫。

111-15-41

[电化学]迁移　(electrochemical) migration

由电场引起的电解质中离子的迁移。

111-15-42

树枝状晶体　dendrite

在电化学沉积过程中形成针状或树枝状晶体。

111-15-43

[电化学]隔板　(electrochemical) separator

在电化学电池中，用绝缘材料制成的可允许电解质的离子透过而完全或部分阻止物料混合的器件。

111-15-44

隔离物　spacer

用绝缘材料制成的用以维持两极间间隔的器件。

2.6　时间和相关概念

111-16-01

空(间)—时(间)　space-time

具有四维数学空间性质用于描述自然存在的一切事物的概念模型。

111-16-02

空间　space

三维数学空间，是空间—时间的一个子空间，局域中可认为是欧几里德空间。

111-16-03

时间(1)　time (1)

一维数学空间，是空间—时间的一个子空间，局域中与空间正交。

111-16-04

事件　event

时间(1)中发生的事。

注：纯粹物理中认为事件是空间—时间中的一个点。

111-16-05

瞬时[的]　instantaneous,adj

用于描述认为在时间(1)上没有延伸的事件。

111-16-06

过程　process

在时间(1)中的相互有关事件的序列。

注:此定义表述了过程的与时间有关的概念。IEC 60050-351 中还给出一个与功能有关的定义。

111-16-07

时[间]轴　time axis

时间(1)中瞬时事件的序列在其上作数学表示的独特轴。

注:按狭义相对论,时间轴依赖于空间参考系的选择。

111-16-08

时刻　instant

时间轴上的点。

注:瞬时事件在特定时刻发生。

111-16-09

同时[的]　simultaneous,adj

用于描述两个或多个具有相同初时刻和相同末时刻的事件。

注:按狭义相对论,"同时(的)"概念依赖于空间参考系的选择。

111-16-10

时间间隔　time interval

由两个时刻限定的时间轴的部分。

注1:时间间隔包含两个限定时刻之间的全部时刻,除非另有说明,也包含限定时刻本身。

注2:时间间隔可由初时刻和末时刻的日期或由其中一个日期和时间间隔的持续时间确定。

111-16-11

时标　time scale

代表时间轴上时刻的有序标记系统,选定其中一个时刻作为原点。

注1:时标可选为以下几种形式:

——连续的,例如国际原子时(TAI)(参见 IEC 60050-713,713-05-18 条);

——连续的但有不连续点,例如有闰秒的协调世界时(UTC)(参见 IEC 60050-713-05-20 条),有夏季时或冬季时的标准时;

——依序成段的,例如通常的日历,其时间轴分成顺序排着的时间间隔序列,每一时间间隔内的全部时刻有同一标记;

——离散的,例如数字技术中的时标。

注2:对物理和技术上的应用,最好是用按照选定的初始时刻和度量单位,有定量标记的时标。

注3:常用时标组合使用几种度量单位如秒、分、小时,或日历上的几种时间间隔如日历日、日历月、日历年。

111-16-12

日期　date

用特定时标给出的时刻的标记。

注1:在依序成段的时标上,两个不同时刻可以用同一日期表示(参见 111-16-11,术语"时标"注1)。

注2:对于给定的时标,日期也可看做是时标原点与所考虑的时刻之间的持续时间。

注3:日常语言中,"日期"一语主要是用于时标为日历的场合。

111-16-13

持续时间　duration

时间(2)(用于连续时标)　**time** (2) (for continuous time scale)

对时间间隔给出的一个非负量,当日期是定量的标记时,此量的值等于时间间隔的末时刻与初时刻的日期之差。

注1：不同时间间隔可以有相同的持续时间，例如时间周期量的周期就是与初时刻选择无关的持续时间。

注2：持续时间是作为国际单位制（SI）基础的国际量制（ISQ）的一个基本量。在此意义上术语“时间”常常用来代替“持续时间”，对于无限小的持续时间也是如此。

注3：常用“时间”或“时间间隔”两词来表示术语“持续时间”，但不推荐“时间”一词在此意义下使用，而“时间间隔”一词为了避免与“时间间隔”的概念（111-16-10）相混淆，在此意义下也应拒用。

注4：持续时间和时间（2）的SI单位是s。

注5：通用语言中，“时间”一词用于几种不同的意义，但在技术语言中则应该分别使用更精确的术语，如日期、持续时间、时间间隔。

111-16-14

总持续时间　accumulated duration；total duration

累计时间　accumulated time

在给定时间间隔之内，以给定条件为特征的持续时间之和。

注：不同持续时间的对应的时间间隔可相互交叠也可不交叠。不交叠时间间隔举例：累计不可用时间（191.09.09）。交叠时间间隔举例：维修人时（191.08.02）。

111-16-15

日历日期　calendar date

包含日历起始点和一个接一个日历日的时标上的日期。

注1：在标准化的日历中，每一日历日是给定地区标准时的午夜到午夜。连续日历日常连接在一起成为几种时间间隔，即日历周，日历月，日历年。

注2：在标准化的日历中，日历日期用一个三联数来表示，这就是按习惯纪年的年的数，该年内的月的数和该月内的日的数。标准化的表示法（参见ISO 8601）是按年-月-日的顺序，如下例所示1998-11-15。

111-16-16

标准时　standard time

在给定地区由主管机关建立的从协调世界时（UTC）作一定时间推移而导出的时标。

注：举例：中欧时（CET），中欧夏季时（CEST），太平洋标准时（PST），日本标准时（JST）等。

111-16-17

钟时　clock time

用当地标准时午夜后所经过的持续时间来标明日历日内时刻的定量标记。

注：通常，钟时由午夜后小时数，小时后的分钟数、分钟后的秒数（如需要）表示。标准表示法的例子（参见ISO 8601）是09：01；09：01：12；09：01：12，23。

附 录 A
（资料性附录）
一些基本的物理常量

物理常量全表及其 1986 年的推荐值在 1986 年 11 月的第 63 号 Codata 公报中给出。本表选择了其中一小部分，包括电工技术中频繁使用的物理常量和已在 IEV 各标准中作为概念给出的部分。

第 63 号 Codata 公报有如下注释：

此物理和化学基本常量表基于 17 个自由度的最小二乘平差。括号中的数是给出值最后位的 1 标准差不确定度。由于表中许多项的不确定度是相关的，在估计由这些数算出之量的不确定度时，必须应用全协方差矩阵。

章	量	符号	值	相对标准不确定度 $\times 10^6$
111	光在真空中的速度； 电磁波在真空中的速度	c_0	299 792 458 m/s	准确值
121	磁常数 真空电容率 真空磁导率	μ_0	$4\pi \times 10^{-7}$ H/m=12.566 370 614… $\times 10^{-7}$ H/m	准确值
121	电常数 真空电容率 真空介电常数	ε_0	$1/\mu_0 c_0^2$=8.854 187…$\times 10^{-12}$ F/m	准确值
111	［基］元电荷	e	1.602 177 33(49)$\times 10^{-19}$ C	0.30
393	普朗克常量	h	6.626 075 5(40)$\times 10^{-34}$ J·S	0.60
	玻尔兹曼常量	k	1.380 658(12)$\times 10^{-23}$ J/K	8.5
221	玻尔磁子	μ_B	$eh/4\pi m_e$=9.274 015 4(31) $\times 10^{-24}$ J/T	0.34
111	阿伏伽德罗常量 法拉第常量 电子静质量 标准自由落体加速度	L, N_A F m_e g_n	6.022 136 7(36)$\times 10^{23}$ mol^{-1} 96 485.309(29)C/mol 9.109 389 7(54)$\times 10^{-3}$ kg 9.806 65 m/s^2	0.59 0.30 0.59 准确值[1)]

1）标准自由落体加速度不是基本物理常量，但其定义由 1901 年的第三届国际计量大会给出。

附　录　B
（资料性附录）
国际单位制

量的名称	SI 单位	SI 单位符号	量纲*
SI 基本单位			
长度	米	m	L
质量	千克	kg	M
时间	秒	s	T
电流	安[培]	A	I
热力学温度	开[尔文]	K	Θ
物质的量	摩[尔]	mol	N
发光强度	坎[德拉]	cd	J
具有专门名称的 SI 导出单位			
[平面]角	弧度	rad	1
立体角	球面度	sr	1
频率	赫[兹]	Hz	T^{-1}
力	牛[顿]	N	LMT^{-2}
压力，压强	帕[斯卡]	Pa	$L^{-1}MT^{-2}$
功、能[量]、热量	焦[耳]	J	$L^{2}MT^{-2}$
功率	瓦[特]	W	$L^{2}MT^{-3}$
电荷[量]，电通[量]	库[仑]	C	TI
电压；电动势			
电势差，电势	伏[特]	V	$L^{2}MT^{-3}I^{-1}$
电容	法[拉]	F	$L^{-2}M^{-1}T^{4}I^{2}$
电阻，阻抗，电抗	欧[姆]	Ω	$L^{2}MT^{-3}I^{-2}$
电导，导纳，电纳	西[门子]	S	$L^{-2}M^{-1}T^{3}I^{2}$
磁通[量]	韦[伯]	Wb	$L^{2}MT^{-2}I^{-1}$
磁通[量]密度	特[斯拉]	T	$MT^{-2}I^{-1}$
电感，互感，磁导	亨[利]	H	$L^{2}MT^{-2}I^{-2}$
摄氏温度	摄氏度	℃	Θ
光通量	流[明]	lm	J
[光]照度	勒[克斯]	lx	$L^{-2}J$
[放射性核素的]活度	贝可[勒尔]	Bq	T^{-1}
吸收剂量	戈[瑞]	Gy	$L^{2}T^{-2}$
剂量当量	希[沃特]	Sv	$L^{2}T^{-2}$

* 量纲不是国际单位制的部分。

注：IEC 60027 中给出电技术中广泛使用的单位(SI 和非 SI)。

SI 词头(十进倍数和分数)

词头	符号	因数	词头	符号	因数
十	da	10^{1}	分	d	10^{-1}
百	h	10^{2}	厘	c	11^{-2}
千	k	10^{3}	毫	m	10^{-3}
兆	M	10^{6}	微	μ	10^{-6}
吉[咖]	G	10^{9}	纳[诺]	n	10^{-9}
太[拉]	T	10^{12}	皮[可]	p	10^{-12}
拍[它]	P	10^{15}	飞[母托]	f	10^{-15}
艾[可萨]	E	10^{18}	阿[托]	a	10^{-18}
泽[它]	Z	10^{21}	仄[普托]	z	10^{-21}
尧[它]	Y	10^{24}	幺[科托]	y	10^{-24}

中 文 索 引

英 文 索 引

A

B

C

I

K

L

M

U

V

W

Z

ICS 29.120.01;01.040.29
K 04

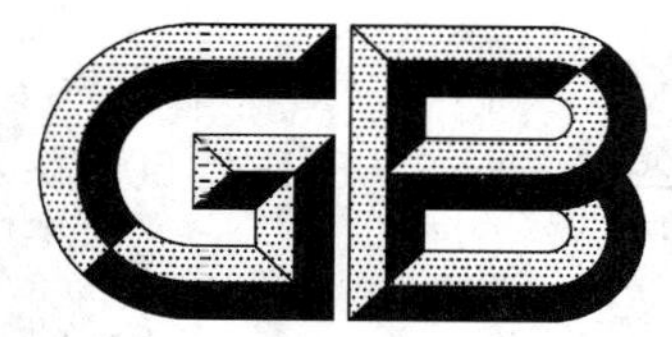

中华人民共和国国家标准

GB/T 2900.70—2008/IEC 60050-442:1998

电工术语 电器附件

Electrotechnical terminology—Electrical accessories

(IEC 60050-442:1998,IDT)

2008-01-22 发布 2008-09-01 实施

中华人民共和国国家质量监督检验检疫总局
中国国家标准化管理委员会 发布

前　言

本部分是 GB/T 2900 的第 70 部分，等同采用 IEC 60050-442:1998《国际电工词汇　第 442 部分：电器附件》。

本部分中术语条目编号与 IEC 60050-442:1998 保持一致。

本部分代替 GB/T 10964—1988《电工术语　电器附件、控制器和保护器》中电器附件部分。

本部分由全国电工术语标准化技术委员会(SAC/232)提出。

本部分由全国电工术语标准化技术委员会、全国电器附件标准化技术委员会共同归口。

本部分起草单位：广州电器科学研究院、全国电器附件标准化技术委员会、全国电工术语标准化技术委员会、奇胜电器(惠州)工业有限公司、杭州鸿雁电器公司、上海电器科学研究所、广州日用电器检测所、上海电动工具研究所。

本部分主要起草人：罗怀平、赖静、杨芙、王可健、谢松桂、周积刚、蔡军、张玮昌。

电工术语　电器附件

1　范围

本部分规定了电工术语中的电器附件术语和定义。

本部分适用于电工技术中涉及电器附件的所有科学技术领域。

2　电器附件术语

2.1　通用术语

442-01-01

额定值　**rated value**

通常是由制造商对一部件、装置或设备在规定的工作条件下所规定的一个量值。

[151-04-03]

442-01-02

额定电流(电器附件的)　**rated current** (for accessories)

由制造商对一电器附件在规定的工作条件下所规定的电流。

442-01-03

额定电压(电器附件的)　**rated voltage** (for accessories)

由制造商对一电器附件在规定的工作条件下所规定的电压。

442-01-04

标称值　**nominal value**

用以标志或识别某一部件、装置或设备的合适的近似量值。

[151-04-01]

442-01-05

恢复电压　**recovery voltage**

在分断电流后，于电器附件一个极的端子间出现的电压。

442-01-06

额定控制电压　**rated control voltage**

制造商对控制电路规定的电压。

442-01-07

额定工作电压　**rated operating voltage**

电器附件预期的电源的标称电压。

442-01-08

基座(电器附件的)　**base** (of an accessory)

电器附件的一部分，承载着载流部件及通常用于机械部分的定位。

442-01-09

金属部件　**metal components**

仅由金属构成的部件。

442-01-10

绝缘部件　**insulating components**

由绝缘材料构成并无导体的部件。

442-01-11

复合部件　composite components

由导体和绝缘材料组成的部件，比如塑料和金属或导电塑料。

442-01-12

非火焰蔓延部件　non-flame propagating component

用火焰可点燃，但火焰不会蔓延，并在火焰撤除后，在限定时间内会自行熄灭的部件。

442-01-13

外部影响　external influences

影响电器附件操作的环境特性组合，包括：例如有水、油或建筑材料，高低温，腐蚀或污染物质和太阳辐射。

注：在某些情况下，外部影响也可包括机械应力。

442-01-14

模制成型附件　moulded-on accessory

在预先组装好的组成部件和软电缆或软线的端头周围，通过绝缘材料模压而完成制作的不可拆线附件。

442-01-15

可触及部件　accessible part

可通过标准试验指触及的部分。

442-01-16

易拆卸部件　detachable part

无须借助通用工具就可拆除的部件。

442-01-17

可拆线附件　rewirable accessory

结构上允许替换电源软电缆或软线的附件。

442-01-18

不可拆线附件　non-rewirable accessory

与电源软电缆或软线连接并由附件制造商装配后形成一个完整装置的附件。

装置结构如下：

——除非使其永久失效，否则软电缆或软线不能与附件分开，并且

——用手或通用工具无法打开附件。

442-01-19

工作绝缘　operational insulation

在有电位差的带电部分间的绝缘，且是在附件的使用寿命期间能正确操作所必需的。

442-01-20

过电流　overcurrent

超过额定电流值的电流。

442-01-21

外露导电部分　exposed conductive part

电气设备的可触及的，并且通常情况下不带电但当基本绝缘失效后则可能带电的导电部分。

注：电气设备的一个导电部分，仅因其与变为带电的外露导电部分接触才成为带电，则其本身不视为外露导电部分。

442-01-22

温升　temperature rise

装有外壳(如果有的话)条件下,电器附件中有关的部分,在试验规定的负载情况下测量的温度与该附件安装或使用的位置周围的空气温度之差。

442-01-23

接地故障电流　earth fault current

由于绝缘失效而流向大地的电流。

442-01-24

对地泄漏电流　earth leakage current

在无绝缘失效的情况下,从装置的带电部分流向大地的电流。

442-01-25

信号指示器　signal indicator

与附件相联结从视觉上显示电路状况的指示器。

442-01-26

非制备导线　unprepared conductor

已经切割好的、并且为了插入夹紧件而剥除了绝缘层的导线。

注:将导线整形得便于导入夹紧件,或捻合导线的多股绞线以加强端部,这样的导线认为是非制备导线。

442-01-27

制备导线　prepared conductor

端部配有端环、端头、电缆接线片等的导线。

442-01-28

污染　pollution

任何会引致绝缘体的介电强度或表面电阻率永久性降低的外来固体、液体或气体杂质。

注:暂时性状态的电离气体不被认为是污染。

442-01-29

微环境　micro-environment

紧靠所考虑的电气间隙和爬电距离周围的环境条件,不包括附件正常工作时自身产生的污染。

注:是爬电距离和电气间隙的微环境,而不是附件的环境,决定了对绝缘的影响。它可以比附件的环境更好或更坏。

442-01-30

洁净状态　clean situation

没有污染或只是发生干燥、非导电性的污染,且不会对绝缘性能产生任何影响的状态。

442-01-31

正常状态　normal situation

通常仅出现非导电性的污染,但偶而也会因蒸汽冷凝造成暂时性导电的状态。

442-01-32

脏状态　dirty situation

有导电性污染存在,或出现干的、非导电性的、但估计会由于蒸汽冷凝变成导电性的污染的状态。

442-01-33

插头的联锁　interlock of a plug

一种装置,可以是电气或机械的,用于防止插头在与插座或连接器正常连接前带电;而且能防止插头在带电时被拔出,或能使插头在分离前断电。

442-01-34

X 型连接　type X attachment

不借助专用工具能用非制备的软线更换原来的软线的连接方式。

442-01-35

Y 型连接　type Y attachment

借助于通常只有制造厂或其代理商才备有的专用工具方能更换软线的连接方式。

注：这种连接方式既可采用普通软电缆和软线也可采用专用软电缆或软线。

442-01-36

Z 型连接　type Z attachment

不破坏附件的完整性就不可能更换软电缆和软线的连接方式。

442-01-37

外连导线　external conductor

一部分在附件外的任何电缆、软电缆、软线、线芯或导体。

注：此种导线可以作为电源线，或同一个附件各分离部件间的连接线，也可以是固定布线的一部分。

442-01-38

内装导线　integrated conductor

附件内部的导线，或用以永久性连接附件的端子或端头的导线。

442-01-39

内连导线　internal conductor

完全处于器具或设备内部的任何电缆、软电缆、软线、线芯或导体，既非外连导线，也非内装导线。

442-01-40

带电部件　live part

处于正常使用时带电的导体或导电部分。包括中性导体，但按惯例不包括保护中性(PEN)导体。

注：此概念并不必然包含电击危险。

442-01-41

电痕化　tracking

固体绝缘材料表面因局部放电逐渐形成导电或部分导电通路的退化过程。

[212-01-42]

注：电痕化通常由于表面污染引起。

442-01-42

耐电痕化指数　proof tracking index

PTI

材料在专门的检测条件下能耐受住而不起痕的电压，所得数值用伏特来表示。

[212-01-45]

442-01-43

热切断器　thermal cut-out

一种温度感应控制装置，可在异常操作的情况下自动断开电路，该装置无供用户调节的机构。

442-01-44

电流切断器　current cut-out

一种电流感应控制装置，可在异常操作的情况下自动断开电路。该装置无供用户调节的机构。

442-01-45

自由脱扣机构　trip-free mechanism

一种机构，其设计为既不能由复位机构阻止或预先防止其分闸，也不能在持续超限的温度或电流下防止触头分开或保持闭合。

442-01-46

开关器件　switching device

一种设计用于接通和分断单回路或多回路电流的电器装置。

442-01-47

预期电流　prospective current

当开关器件和过电流保护装置(如果有的话)中的每一个主电流通路被阻抗可忽略的导体代替时，在电路中可能流过的电流。

注意——预期电流可以用与实际电流一样的方法描述，例如有：预期分断电流、预期峰值电流、预期剩余电流等。

442-01-48

接通能力　making capacity

在规定的使用和性能条件下，开关器件在指定的电压下能接通的预期电流的数值。

442-01-49

分断能力　breaking capacity

在规定的使用和性能条件下，开关器件在指定的电压下能分断的预期电流的数值。

442-01-50

操作循环　operating cycle

从一个位置转换到另一个位置再返回至起始位置的连续操作。

442-01-51

不可中断中性极　uninterrupted neutral

用于连接设备中的中性导体的电流通路，不中断、也无过电流保护作用。

442-01-52

主触点　main contact

开关器件的主回路中的触点，用于在闭合时承载主回路的电流。

442-01-53

通用型号标志(电器附件的)　**common type reference** (for accessories)

附件上的识别标志，该标志除需提供本标准规定的有关选择、安装和使用标志要求外，不再需要其他专门数据资料。

442-01-54

专用型号标志(电器附件的)　**unique type reference** (for accessories)

附件上的识别标志，向附件制造商完整出示此识别标志，便可提供完全与原附件在电气、机械、尺寸和性能参数方面可互换的替换件。

2.2　电缆管理系统

442-02-01

电缆管理　cable management

指电缆保护和电缆支持物。

注：电缆管理包括：

- 金属和非金属、以及复合材料制成的刚性导管及其配件；
- 金属和非金属、以及复合材料制成的柔性导管及可弯曲导管及其配件；
- 金属和非金属、以及复合材料制成的电气线槽系统和管道系统；
- 金属和非金属、以及复合材料制成的电缆支撑、电缆槽、及其梯形系统；
- 金属和非金属、以及复合材料制成的电缆线；
- 以上产品的排列方式和接线规则。

442-02-02

导管系统　conduit system

封闭式布线系统，由导管和导管配件组成，用以给电气装置和通讯装置里的绝缘导线和电缆提供保护和配置，使导线和电缆得以进出和更换，但不能横向插入。

442-02-03

导管　conduit

封闭式布线系统中的一部分，其横截面一般为圆形，供电气装置和通讯装置里的绝缘导线和电缆之用，使之得以进出或更换。

442-02-04

导管配件　conduit fitting

用以连接或端接导管系统的一个或多个元件，或使之改变方向的器件。

442-02-05

平导管　plain conduit

纵向截面的外部轮廓是平直的导管。

442-02-06

波纹导管　corrugated conduit

纵向截面的外部轮廓呈波纹的导管。

注：波纹导管可以是环状波纹的也可以是螺纹状波纹的，还可以是波纹导管和平导管的组合。

442-02-07

刚性导管　rigid conduit

经过或不经过专门处理都不能弯曲，或者只有借助机械装置才能弯曲的导管。

442-02-08

可弯曲导管　pliable conduit

无需其他辅助设施，仅用手施加适当的力可以弯曲的导管。

442-02-09

自恢复导管　self-recovering conduit

在受短时间横向力时会变形，而此力消除后，在较短时间内能大致恢复原来形状的可弯曲导管。

442-02-10

柔性导管　flexible conduit

只需用手稍施力量便可弯曲，且预期整个使用寿命期间频繁弯曲的导管。

442-02-11

绝缘导管　insulating conduit

仅由绝缘材料组成的导管，绝不含导电成分，无论以内部衬垫的形式或以外部金属编织层或金属护套的形式。

442-02-12

金属导管　metal conduit

仅以金属材料制成的导管。

442-02-13

非金属导管　non-metallic conduit

以非金属材料制成且无任何金属元件的导管。

442-02-14

复合材料导管　composite conduit

由金属和非金属材料制成的导管。

442-02-15

超重荷刚性钢导管　extra-heavy duty rigid steel conduit

EHDRS

用在封闭式布线系统中，以焊接工艺制成的圆形横截面刚性钢导管。能够对电气安装导体或电缆提供超重型机械保护并允许其抽出和更换。

注：通过使用相应标准规定的等级的钢和厚度提供超重型机械保护。

442-02-16

非火焰蔓延导管　non-flame propagating conduit

用火焰可点燃，但火焰不会蔓延，并在火焰撤除后，在限定时间内会自行熄灭的导管。

442-02-17

可形成螺纹的导管　threadable conduit

端部带有用于连接的螺纹，或端部可以被切削出螺纹的平导管。

442-02-18

不可形成螺纹的导管　non-threadable conduit

适用于非螺纹方式连接的导管。

442-02-19

壁厚(导管的)　**wall thickness** (of a conduit)

为导管外径与内径之差的二分之一。

442-02-20

平导管的材料厚度　material thickness of a plain conduit

为平导管外径和内径平均差的二分之一。

442-02-21

波纹导管的材料厚度　material thickness of a corrugated conduit

波纹的波形上任意点量得的材料平均厚度。

442-02-22

平导管与波纹导管组合导管的材料厚度　material thickness of a combined plain and the corrugated conduit

平导管和波纹导管材料厚度的总和。

442-02-23

绝缘导管配件　insulating conduit fitting

由绝缘材料制成且无导电元件的导管配件。

442-02-24

金属导管配件　metal conduit fitting

仅以金属材料制成的导管配件。

442-02-25

非金属导管配件　non-metal conduit fitting

以非金属材料制成且不含任何金属材料的导管配件。

442-02-26

复合材料导管配件　composite conduit fitting

以金属和非金属材料制成的导管配件。

442-02-27

非火焰蔓延导管配件　non-flame propagating conduit fitting

用火焰可点燃，但火焰不会蔓延，并在火焰撤除后，在限定时间内会自行熄灭的导管配件。

442-02-28

导管联接处　conduit joint

导管系统中两个或多个元件间或者是导管系统与其他设备间的接合部。

442-02-29

螺纹耦合联接件(导管的)　**threaded coupling** (of a conduit)

用于连接刚性导管两个部分的内螺纹圆柱部件。

442-02-30

弯管(导管的)　**elbow** (of a conduit);**bend** (of a conduit)

刚性导管的端部带螺纹或不带螺纹的弯曲部分。

442-02-31

接头(导管的)　**nipple** (of a conduit)

长度不超过 0.6m 的刚性导管平直部分,且各端部均有外螺纹。

442-02-32

导管螺纹联接件　threadable entry for conduit

带有符合有关标准的内或外螺纹的端口或突出部分。

442-02-33

导管无螺纹联接件　non-threadable entry for conduit

适用于连接导管的端口或突出部分。

442-02-34

电缆线槽系统　cable trunking system

一个带有可拆除盖的密封线槽组成的系统,用于封闭绝缘导体、电缆、电线和/或其他电气配件。

442-02-35

电缆管道系统　cable ducting system

一个由非圆截面组成的密闭的系统,用于绝缘导体、电缆、电线的电气安装,能使之装入和更换。

442-02-36

系统元件(线槽系统或管道系统的)　**system components** (of trunking or ducting systems)

用在本系统中的部件,包括:

a) 线槽段或管道段;

b) 线槽或管道的配件;

c) 固定器件;

d) 设备安装器件;

e) 其他的系统配件。

442-02-37

线槽段　trunking length

电缆线槽系统的主要元件,由槽体与可拆除的盖组成。

442-02-38

管道段　ducting length

管道系统的主要元件,主要特点是其横截面为密闭非圆形。

442-02-39

配件(线槽系统或管道系统的)　**fitting** (of trunking or ducting systems)

用于对线槽、管道段或导管的连接、改变方向、密封端口的系统元件。

442-02-40

固定器件　fixing device

为把其他系统元件固定在墙上、天花板、地板或其他位置而特别设计的系统元件。

442-02-41

设备安装器件　apparatus mounting device

在电缆线槽或管道系统中，用于把电气装置(开关、插座、断路器、电话插座等)安装到槽管段或导管段上的元件。

442-02-42

地板线槽安装器　floor service unit

专用于安装地板线槽系统的设备安装装置。

442-02-43

地板线槽通路器　floor access unit

用于安装提供电缆通路的地板线槽系统(内部的、嵌入的、外部的)的专用装置。

2.3　插头和插座

442-03-01

插头　plug

带有设计用于与插座的插套插合的插销、同时带有用于与软电缆或软线电气连接和机械定位部件的电器附件。

442-03-02

插座　socket-outlet

带有设计用于与插头的插销插合的插套、同时带有用于与电缆或电线连接的端子的电器附件。

442-03-03

插头和插座　plug and socket-outlet

插头插入插座后的组合。

442-03-04

固定式插座　fixed socket-outlet

用于与固定布线相连接的插座。

442-03-05

保护门　shutter

安装在插座里、在插头拔出时能自动地、至少将插座的带电插套遮蔽起来的活动部件。

442-03-06

联锁插座　interlocked socket-outlet

专门设计有与插头联锁这种附加功能的插座。

442-03-07

移动式插座　portable socket-outlet

预期连接到软电缆或软线、或与软电缆或软线构成整体的，在与电源连接时易于从一地移动到另一地的插座。

442-03-08

多位插座　multiple socket-outlet

两个或多个插座的组合体。

442-03-09

器具插座　socket-outlet for appliances

用于与器具结合成一个整体或装在器具里，或固定到器具上的插座。

442-03-10

保持器件　retaining device

用于在正常插合时，保持插头或连接器在一定位置并防止意外松脱的机械装置。

442-03-11

带熔断器插头　fused plug

内装可更换的熔断体的插头。

442-03-12

带极性插头　polarized plug

当插进安装于极性布线系统的插座中时，结构上能保持中性极和相线极之间或各极之间正确关系的插头。

442-03-13

带开关插座　switched socket-outlet

制造厂装配好的带有一个控制插座的开关的插座单元。

442-03-14

多位带开关插座　multiple switched socket-outlet

内装一个以上带开关插座，并且各插座均由其自身的开关控制的电器附件。

442-03-15

电缆卷盘　cable reel

软电缆或软线附装在一个卷盘上，结构上能将软线盘绕在卷盘上所构成的器件。

442-03-16

移动式电缆卷盘　portable cable reel

能易于从一地移动到另一地的电缆卷盘。

442-03-17

固定式电缆卷盘　fixed cable reel

用于安装在一个固定的支架上的电缆卷盘。

442-03-18

不可拆卸的软电缆或软线　non-detachable flexible cable or cord

被固定到电缆卷盘上的软电缆或软线。

442-03-19

转换器(电器附件的)　**adaptor** (for accessories)

装有一个插头部分和一个或几个插座部分、且两者作为一个整体单元所构成的移动式电器附件。

442-03-20

多位转换器(电器附件的)　**multiway adaptor** (for accessories)

允许不止一个插头可同时连接到转换器的所有插座部分上的转换器。

442-03-21

中间转换器(电器附件的)　**intermediate adaptor** (for accessories)

允许通过调光开关、定时开关、光电开关等控制装置，把一种或多种型式的插头连接到插座的一种转换器。控制装置可以与中间转换器是整体式的，也可以通过软缆连接的，后者可以是可拆线的或不可拆线的。

442-03-22

型式转换器(电器附件的)　**conversion adaptor** (for accessories)

能把一种或多种型式的插头，连接到不是为接受这些插头而设计的插座上的一种转换器。

2.4 开关

442-04-01

附装开关 incorporated switch

用于组装在器具内或固定在器具上，且能单独进行试验的开关。

442-04-02

拼合开关 integrated switch

只有正确安装和固定于器具中才能发挥功能，且只有和该器具的相关零件结合在一起时才能进行试验的开关。

442-04-03

微间隙结构开关 switch of micro-gap construction

触头开距符合微小断开要求的开关。

442-04-04

旋转开关 rotary switch

操动件是一根轴或心轴，若需改变接触状态，必须将轴旋转到一个或几个指定的位置的一种开关。

注：操动件的旋转可以是不受限制的，也可在某一方向上受到限制。

442-04-05

倒扳开关 lever switch

操动件是杠杆，若需改变接触状态，必须将杠杆扳到(倒向)一个或多个指定位置上的一种开关。

442-04-06

跷板开关 rocker switch

操动件是一个低矮的杠杆(跷板)，若需改变接触状态，必须将跷板跷向一个或多个指定位置上的一种开关。

442-04-07

按钮开关 push-button switch

操动件是一个按钮，若需改变接触状态，必须按压按钮的一种开关。

注：开关可以装有一个或多个操动件。

442-04-08

拉线开关 cord operated switch

操动件是一根拉线，若需改变接触状态，必须拉动拉线的一种开关。

442-04-09

推拉开关 push-pull switch

操动件是一根杆，若需改变接触状态，必须将杆拉到或推到一个或多个指定位置的一种开关。

442-04-10

自动复位开关 biased switch

当操动件驱动后被释放时，其触头和操动件均能返回到预置位置上的一种开关。

442-04-11

软线开关 cord switch

预期通过软线连接到电源和/或器具或设备的一种有独立外壳的开关，开关在软线的末端或在软线中间。

442-04-12

直接操动 direct actuation

通过手、脚或任何其他人体的动作引起的开关操动件的运动。

442-04-13

间接操动 indirect actuation

通过装有附装开关和拼合开关的器具或设备的某个部件(例如器具的门)间接引起的开关操动件的运动。

442-04-14

操动件 actuating member

通过对其拉动、推动、转动或其他方式的运动而导致开关一次操作的部件。

442-04-15

传动机构 actuating means

任何可能介于操动件和触头机构之间,用此实现触头操作的部件。

442-04-16

完全断开 full-disconnection

足以保证在电源与那些要断开部件之间达到相当于基本绝缘的一个极内的触头开距。

442-04-17

微断开 micro-disconnection

足以保证功能可靠的一个极内的触头开距。

442-04-18

机电操作的触头机构 electromechanically operated contact mechanism

一种机电方式操动部件闭合电流电路的元器件。

442-04-19

半导体开关器件 semiconductor switching device

借助于电路中半导体的可控导电性,以接通或分断电气电路中电流的开关器件。

注:在(周期或非周期)电流过零的电路中,在过零之后"不接通"电流与分断电流等效。

442-04-20

电子瞬动式开关 electronic momentary contact switch

带有机电开关机构或半导体开关器件的一种电子开关,该开关在动作后能自动恢复到初始状态。

442-04-21

机械控制装置 mechanical control unit

用机械方式(例如电位器)直接调节的,通过电子元器件控制输出的装置。

442-04-22

电子控制装置 electronic control unit

用非机械方式(例如传感器)调节的,含有电子元器件并借助于电子元器件控制输出的装置。

442-04-23

电子延伸装置 electronic extension unit

电子开关的远控装置。

442-04-24

保护阻抗 protective impedance

连接在带电部件与外露导电部件之间的阻抗。在电子开关的正常使用时和在可能出现故障的情况下,该阻抗能把电流限制在一个安全值之内。其结构使电子开关的可靠性在其整个寿命期间得以保持。

442-04-25

遥控开关 remote control switch

RCS

装有一个通过脉冲远距离控制的和不需要被永久激励的线圈的开关。

442-04-26

控制电路　control circuit

用于闭合或断开操作或既闭合又断开器件的一种电路(非主电路)。

442-04-27

附装的手动操作器件(遥控开关的)　**incorporated hand-operated device** (of a remote control switch)

允许直接或间接操作遥控开关的器件。

注：附装的手动操作器件不是用于遥控开关的日常操作的。

442-04-28

控制机构　control mechanism

包括用于开关操作的所有部件的机构。

442-04-29

开关电路　switching circuit

装有能让额定电流流经开关器件部件的电路。

442-04-30

自锁遥控开关　latching remote control switch

可被机械锁紧在两个位置中的任一个位置的遥控开关。

442-04-31

可分离遥控开关　disconnectable remote control switch

包括两个部分的遥控开关,第一部分作为基座并包括了端子;另一个部分是可分离的,包括了开关电路和控制电路。这两部分允许其用或不用工具组合和/或分离的方式弹性地连接在一起。

442-04-32

延迟时间(延时开关的)　**delay time** (of a time-delay switch)

使开关电路保持闭合状态的持续时间。

注：延迟阶段结束时,电压降低(例如降低亮度)所需的任何时间均包括在延迟时间之内。

442-04-33

延时开关　time-delay switch

TDS

装有延迟一段时间(延迟时间)动作的延迟装置的开关。这种开关可手动和/或用脉冲遥控起动。

442-04-34

延迟器件　delay device

由所有会影响延迟时间的元件组成的器件。

注1：在电控型延时开关中,延迟器件是由向控制电路施加脉冲的方法来激励的。

注2：延迟时间可以是可调的。

442-04-35

复位型延时开关　resetting time-delay switch

复位型 TDS　resetting TDS

在前一个延迟时间期间,操作件起动时会回复到全延迟时间的延时开关。

442-04-36

可分离的延时开关　disconnectable time-delay switch

可分离的 TDS　disconnectable TDS

包括两个部分的延时开关,第一部分作为基座并包括端子,另一个部分是可分离的,包括了开关和控制电路,这两个部分允许其用或不用工具组合和/或分离的方式弹性地连接在一起。

442-04-37

拼合开关器件　integral switching device

结构上作为电器附件的一个部分的开关器件。

2.5　家用断路器和类似设备

442-05-01

断路器　circuit-breaker

能接通、承载以及分断正常电路条件下的电流，也能在规定的非正常电路条件下（例如短路条件下）接通、承载一定时间和分断电流的一种机械开关器件。

442-05-02

剩余电流装置　residual current device

RCD

在正常运行条件下能接通、承载和分断电流，以及在规定条件下当剩余电流达到规定值时能使触头断开的机械开关器件。

442-05-03

不带过电流保护的剩余电流动作断路器　residual current operated circuit-breaker without integral overcurrent protection

RCCB

不能用来执行过载和/或短路保护功能的剩余电流动作断路器。

442-05-04

带过电流保护的剩余电流动作断路器　residual current operated circuit-breaker with integral overcurrent protection

RCBO

能用来执行过载和/或短路保护功能的剩余电流动作断路器。

442-05-05

延时型剩余电流装置　time-delay residual current device

专门设计的对应于一个给定的剩余电流值，能达到一个预定的极限不驱动时间的剩余电流装置。

442-05-06

不用辅助电源的剩余电流装置　residual current device without auxiliary source

不依靠辅助激励量运行的剩余电流装置。

442-05-07

用辅助电源的剩余电流装置　residual current device with auxiliary source

依靠辅助激励量运行的剩余电流装置。

442-05-08

动作功能与电源电压无关的剩余电流装置　residual current device functionally independent on line voltage

其检测、判别和分断功能与电源电压无关的剩余电流装置。

442-05-09

动作功能与电源电压有关的剩余电流装置　residual current device functionally dependent on line voltage

其检测、判别和分断功能与电源电压有关的剩余电流装置。

442-05-10

复位型剩余电流装置　reset residual current device

必须用除了操作件以外的其他工具有意地复位后，才能在出现剩余电流时动作的剩余电流装置。

442-05-11

带故意延时的剩余电流装置　residual current device with intentional time-delay

专门设计的可以与一个特殊装置组合的剩余电流装置、以便使该组合装置能像延时型剩余电流装置那样动作。

442-05-12

短路保护器(剩余电流装置的)　**short-circuit protective device** (for a residual current device)

SCPD

剩余电流装置制造厂规定的、必须与剩余电流装置串联安装在电路中,仅用来对剩余电流装置进行短路保护的装置。

442-05-13

过电流保护器(剩余电流装置的)　**overcurrent protective device** (for a residual current device)

剩余电流装置制造厂规定的、必须与剩余电流装置串联安装在电路中,用来对剩余电流装置进行过电流保护的装置。

442-05-14

过载保护器(剩余电流装置的)　**overload protective device** (for a residual current device)

剩余电流装置制造厂规定的、必须与剩余电流装置串联安装在电路中,仅用来对剩余电流装置进行过载保护的装置。

442-05-15

自由脱扣剩余电流装置　trip-free residual current device

闭合操作开始后,若进行断开操作时,即使保持闭合指令,其动触头能返回并保持在断开位置的剩余电流装置。

442-05-16

电磁接触器　electromagnetic contactor

由电磁铁产生的力闭合或断开主触头的接触器。

442-05-17

气动接触器　pneumatic contactor

由压缩空气装置而不用电气方式产生的力闭合或断开主触头的接触器。

442-05-18

电气气动接触器　electro-pneumatic contactor

通过电气阀控制压缩空气装置产生的力闭合或断开主触头的接触器。

442-05-19

剩余电流　residual current

I_{Δ}

流过剩余电流装置主回路电流矢量和的有效值。

442-05-20

剩余动作电流　residual operating current

使剩余电流装置在规定条件下动作的剩余电流值。

442-05-21

剩余不动作电流　residual non-operating current

在该电流(和低于该电流)时,剩余电流装置在规定条件下不动作的剩余电流值。

442-05-22

限制剩余短路电流　conditional residual short-circuit current

本身不带短路保护、但用一个串联的短路保护器保护的剩余电流装置在规定的使用和工作条件下能够承受的剩余预期电流的交流分量值。

442-05-23

极限不驱动时间　limiting non-actuating time

对剩余电流装置施加一个大于剩余不动作电流的剩余电流值而不使剩余电流装置动作的最大延时时间。

442-05-24

检测(剩余电流的)　**detection** (of a residual current)

感知剩余电流存在的功能。

注：例如，可以用一个合成电流矢量和的互感器来实现该功能。

442-05-25

判别(剩余电流的)　**evaluation** (of a residual current)

当检测到的剩余电流超过一个规定的基准值时、使剩余电流装置可能动作的功能。

442-05-26

分断(剩余电流装置的)　**interruption** (for a residual current device)

使剩余电流装置的主触头自动地从闭合位置转换到断开位置，从而分断流过主触头电流的功能。

442-05-27

剩余接通和分断能力　residual making and breaking capacity

在规定的使用和工作条件下，剩余电流装置能够接通、承载其断开时间以及能够分断的剩余预期电流的交流分量值。

442-05-28

限制短路电流(剩余电流装置的)　**conditional short-circuit current** (for a residual current device)

本身不带短路保护、但用一个串联的短路保护器保护的剩余电流装置在规定的使用和工作条件下能够承受的预期电流的交流分量值。

442-05-29

辅助电源　auxiliary source

用来提供辅助激励量的电源。

442-05-30

辅助触头　auxiliary contact

接在辅助电路中并由断路器或接触器以机械方式操作的 a 触头或 b 触头，例如用于指示触头的位置。

442-05-31

a 触头　a-contact

接通触头　make contact

当断路器或接触器的主触头闭合时则闭合、主触头断开时则断开的控制或辅助触头。[441-15-12 MOD]

442-05-32

b 触头　b-contact

断开触头　break contact

当断路器或接触器的主触头闭合时则断开、主触头断开时则闭合的控制或辅助触头。[441-15-13 MOD]

442-05-33

辅助电源动作电压的极限值　limiting value of the operating voltage of the auxiliary source

U_x

当辅助电源电压下降时，剩余电流装置仍能在规定条件下动作的辅助电源电压的最小值。

442-05-34

辅助电源故障时能自动断开的剩余电流装置的辅助电源断开电压 **opening voltage of the auxiliary source for residual current devices which open automatically in case of failure of the auxiliary source**

U_y

低于该电压时，剩余电流装置在没有任何剩余电流情况下能自动断开的辅助电源的电压值。

442-05-35

影响量(剩余电流装置的) **influencing quantity** (for a residual current device)

可能改变剩余电流装置规定动作的任何量。

442-05-36

影响量的基准值(剩余电流装置的) **reference value of an influencing quantity** (for a residual current device)

与制造厂规定的特性有关的影响量值。

442-05-37

影响量的基准条件(剩余电流装置的) **reference conditions of an influencing quantity** (for a residual current device)

所有的影响量都是基准值。

442-05-38

影响量的基准范围(剩余电流装置的) **reference range of an influencing quantity** (for a residual current device)

当其他影响量都是基准值时，可使剩余电流装置在规定的条件下动作的一个影响量值的范围。

442-05-39

影响量的极限范围(剩余电流装置的) **extreme range of an influencing quantity** (for a residual current device)

在这个影响量值范围内，剩余电流装置仅受到自发的可逆性的变化，但不必符合任何技术要求。

442-05-40

[过电流]保护极(断路器的) **(overcurrent) protected pole** (of a circuit-breaker)

具有过电流脱扣器的极。

442-05-41

无[过电流]保护极(断路器的) **(overcurrent) unprotected pole** (of a circuit-breaker)

没有过电流脱扣器的极，但是在其他方面通常与同一台断路器的保护极具有相同的性能。

442-05-42

电流滞后角 **current delay angle**

α

表示相位控制使电流导通的起始时刻滞后的时间的相位角。

442-05-43

不间断工作制(开关电器的) **uninterrupted duty** (for a switching device)

开关器件的主触头保持在闭合位置，不间断地长时期通以一稳定电流的工作制(通电时间可以是几星期、几个月甚至几年)。

442-05-44

过载脱扣器 **overload release**

用作过载保护的过电流脱扣器。

442-05-45

开闭中性极 switched neutral pole

只用来开闭中性线而不需有短路能力的极。

442-05-46

瞬时脱扣电流(断路器的) **instantaneous tripping current** (of a circuit-breaker)

超过该电流值时断路器无故意延时自动动作的电流值。

442-05-47

脱扣特性(断路器的) **tripping characteristic** (of a circuit-breaker)

超过该特性时断路器应脱扣的时间—电流特性。

442-05-48

短路[接通和分断]能力 short-circuit (making and breaking) capacity

在规定条件下,用断路器来接通,承载其断开时间和分断的用有效值表示的预期电流的交流分量。

442-05-49

极限短路分断能力 ultimate short-circuit breaking capacity

根据规定的试验程序,其规定条件不包括断路器在0.85倍不脱扣电流下承载约定时间的分断能力。[见442-05-54,55]

442-05-50

运行短路分断能力 service short-circuit breaking capacity

根据规定的试验程序,其规定条件包括断路器在0.85倍不脱扣电流下承载约定时间的分断能力。[见442-05-54,55]

442-05-51

工频恢复电压 power-frequency recovery voltage

在瞬态电压现象消失以后的恢复电压。

442-05-52

循环自由脱扣断路器 cycling trip-free circuit-breaker

在闭合操作开始后,若进行自动断开操作,其动触头能返回至断开位置的断路器。若保持闭合命令,断路器的动触头将反复地和瞬时地重复闭合。

442-05-53

脱扣时间 tripping time

从相应的脱扣电流流过主电路的瞬间开始至所有极的电流被切断瞬间为止的时间间隔。

442-05-54

约定不脱扣电流 conventional non-tripping current

I_{nt}

在规定时间(约定时间)内断路器能承载而不脱扣的规定电流值。

442-05-55

约定脱扣电流 conventional tripping current

I_t

使断路器在规定时间(约定时间)内脱扣的规定电流值。

442-05-56

瞬间不脱扣电流 instantaneous non-tripping current

I_{ni}

低于该电流时,断路器不会无故意延时自动动作的电流值。

442-05-57

不脱扣特性　non-tripping characteristic

低于该特性时，断路器不应脱扣的时间—电流特性。

442-05-58

激励输入量　energizing input-quantity

在规定条件下施加时，使剩余电流装置动作的激励量。

注：例如，这些条件可以包括某些辅助元件的激励。

442-05-59

开关器件的 I^2t 特性　I^2t characteristic of a switching device

在规定的工作条件下，表示 I^2t 的最大值为预期电流函数的曲线。

442-05-60

选择性极限电流　selectivity-limit current

I_s

负载端的保护电器最大分断时间—电流特性和另一个保护电器的弧前（指熔断器）或脱扣（指剩余电流装置）时间—电流特性交点的电流坐标。

442-05-61

交接电流　take-over current

I_B

两个过电流保护电器的最大分断时间—电流特性交点的电流坐标。

442-05-62

主电路中不动作的过电流　non-operating overcurrent in the main circuit

在没有剩余电流时，能够流过主电路而不会因为检测装置本身存在的不对称而引起剩余电流装置的检测装置动作的最大电流值。

442-05-63

多相电路不平衡负载时不动作电流的极限值　limiting value of the non-operating current in case of unbalanced load in a multiphase circuit

没有任何对框架或对地故障以及没有对地泄漏电流时，能够流过仅包含电气装置的二个带电导线的电路，而不使剩余电流装置执行判别功能的部件动作的最大电流值。

442-05-64

平衡负载时不动作电流的极限值　limiting value of the non-operating current in case of balanced load

没有任何对框架或对地故障以及没有对地泄漏电流时，能够流过没有任何负载不平衡的电路，而不使剩余电流装置执行判别功能的部件动作的最大电流值。

2.6　连接器件

442-06-01

连接器件　connecting device

由一个或多个端子及绝缘和/或辅助部件（必要时）组成的能电气连接两根或多根导线的器件。

442-06-02

分接　tapping

一根导线（分接导线）的端点与另一根导线（主导线）的任何点的连接。

442-06-03

自切螺钉　thread-cutting screw

指一种具有间断螺纹、拧进时能切削孔内的材料而形成螺纹的螺钉。

442-06-04

自攻螺钉　thread-forming screw

指一种具有不间断螺纹、拧进时能挤压孔内的材料而形成螺纹的螺钉。

442-06-05

端子(附件的)　**terminal** (for accessories)

附件中可重复连接导线的一个部件。

442-06-06

端头　termination

附件中永久连接导线的一个部件。

442-06-07

扁形快速连接端头　flat quick-connect termination

由一个插片和一个使用或不用工具来插入和拔出的插套组成的电器连接件。

442-06-08

螺钉端子　screw terminal

指将导线夹紧在一个或多个螺钉头下面的端子，其夹紧压力可以直接由螺钉头施加，或通过一个中间部件，如垫圈、夹紧板或防松部件来施加。

442-06-09

鞍型端子　saddle terminal

指由两个或多个螺钉或螺母将导线夹紧在鞍型片下的端子。

442-06-10

鞍型夹紧件　saddle clamping unit

指由两个或多个螺钉或螺母将导线夹紧在鞍型片下的螺纹型夹紧件。

442-06-11

无螺纹型端子　screwless-type terminal

可直接或间接通过弹簧、楔块或类似物进行连接两根或多根导线以及随之可拆卸导线的端子。

442-06-12

夹紧件　clamping unit

在端子中对导线进行机械夹紧和电气连接所必需的部件，包括保证正常接触压力所必需的部件。

442-06-13

无螺纹型夹紧件　screwless-type clamping unit

用于一根导线连接以及随之可拆卸，或用于两根或多根导线连接以及随之可拆卸，而且连接是通过螺钉以外的方法来进行的夹紧件。

442-06-14

罩式端子　mantle terminal

通过螺母和螺母下面一个适当加工成型的垫圈，如果螺母是帽式螺母，则通过中心销；或通过等效部件将螺母的压力传递到螺栓槽内的导线，从而将导线夹紧在螺栓槽底部的端子。

442-06-15

罩式夹紧件　mantle clamping unit

通过螺母和螺母下面一个适当加工成型的垫圈，如果螺母是帽式螺母，则通过中心销；或通过等效部件将螺母的压力传递到螺栓槽内的导线，从而将导线夹紧在螺栓槽底部的螺纹型夹紧件。

442-06-16

接片端子　lug terminal

直接或间接用螺钉或螺母来夹紧电缆接片或汇流条的一种螺纹型端子。

442-06-17

螺纹型端子 screw-type terminal

用螺纹型夹紧件来进行两根或多根导线的连接的端子。

442-06-18

螺钉夹紧件 screw clamping unit

将导线夹紧在螺钉头下面的螺纹型夹紧件。其夹紧压力可直接由螺钉头施加，或通过一个中间部件，如垫圈、夹紧板或防松部件之类来施加。

442-06-19

螺纹型夹紧件 screw-type clamping unit

用于一根导线连接以及随之拆卸，或用于两根或多根导线互连以及随之拆卸，而且是直接或间接通过任何种类的螺钉或螺母来进行连接的夹紧件。

442-06-20

焊接端子 solder terminal

预定端头能被焊接的连接器件的导电部件。

442-06-21

柱型夹紧件 pillar clamping unit

将导线插入孔或槽中，并夹紧在螺钉端部下面的螺纹型夹紧件。

注：夹紧压力可直接由螺钉端部施加，或通过受到螺钉端部压力的中间部件施加。

442-06-22

柱型端子 pillar terminal

将导线可插入孔或槽中，并夹紧在螺钉端部之下的螺纹夹紧型端子。

注：夹紧压力可直接由螺钉端部施加，或通过受到螺钉端部压力的中间部件施加。

442-06-23

螺栓端子 stud terminal

将导线夹紧在螺母下的螺纹夹紧型端子。

注：夹紧力可以由经过适当加工成形的螺母直接施加或通过一个中间夹紧件，如垫圈、夹板、防松部件之类来施加。

442-06-24

螺栓夹紧件 stud clamping uint

将导线夹紧在螺母下的螺纹型夹紧件。

注：夹紧力可以由经过适当加工成形的螺母直接施加或通过一个中间夹紧件，如垫圈、夹板、防松部件之类来施加。

442-06-25

插套 female connector

扁形快速连接端头中被推接到插片上的部分。

442-06-26

扁平插片 flat male tab

扁形快速连接端头中与插套插合的部分。

442-06-27

端接 junction

两个或多个导线端点之间的连接。

442-06-28

连接端子板 connecting terminal plate

由装在绝缘材料基座上的多个端子组成的组件，包括固定装置和盖子(可能有)。

442-06-29

多路端子排　multiway terminal block

由装在同一绝缘材料基座上的不受限制、互相绝缘的多个端子组成的组件，组件上的每个端子带有或不带有固定装置，并且可以把相邻的器件分开成为单个或几组端子。

442-06-30

端接排　junction block

预期确保端接正常并包括绝缘基座和盖子(可能有)的连接器件。

442-06-31

分接排　tapping block

预期允许在一个或多个主导线上有一个分接并包括绝缘板和盖子(可能有)的连接器件。

442-06-32

额定连接容量　rated connecting capacity

由连接器件制造厂规定的可以连接的最大硬导线横截面积。

442-06-33

刺穿绝缘式连接器件　insulation piercing connecting device

能连接、拆卸一根导线或者互连两根或多根导线；对未经事先剥除的导线绝缘通过穿孔、打眼、切穿、剥离、移位或其他使绝缘失效的方法来进行连接的一种连接器件。

442-06-34

可重复使用刺穿绝缘式连接器件　reusable insulation piercing connecting device

可使用多次的刺穿绝缘式连接器件。

442-06-35

不可重复使用刺穿绝缘式连接器件　non-reusable insulation piercing connecting device

只能使用一次的刺穿绝缘式连接器件。

442-06-36

扭接式连接器件　twist-on connecting device

用来扭接两根或多根导线末端的连接器件。

442-06-37

可重复使用扭接式连接器件　reusable twist-on connecting device

可使用多次的扭接式连接器件。

442-06-38

不可重复使用扭接式连接器件　non-reusable twist-on connection device

只能使用一次的扭接式连接器件，并且只有将该连接器件完全损毁才能将导线分离。

442-06-39

额定绝缘电压(连接器件的)　**rated insulation voltage** (of a connecting device)

由制造商规定的连接器件的相/零线或相/相线之间的电压值。该连接器件预期用于装配，所提供的电源电压不超过连接器件自身的额定绝缘电压。

注：额定绝缘电压通常被理解为带电部件之间的电压，而不是带电部件和地线之间的电压。

442-06-40

扁平试验插片　flat male test tab

专为对取自生产线的插套进行机械试验而以特定材料按过盈配合公差制成的插片。

442-06-41

最高允许温度　maximum permissible temperature

最高工作温度　maximum service temperature

允许连接器件在正常使用时，因环境温度、感应热及该器件本身引起的热等而达到的最高温度。

2.7 器具耦合器

442-07-01

器具耦合器 appliance coupler

指可任意地使电源软线与器具或其他设备连接或断开的耦合器。它由两部分组成:连接器和器具输入插座。

注1:与器具或设备连成一体的器具输入插座的外壳和底座是由器具或设备的外壳形成的。

注2:安装到器具或设备上的器具输入插座是嵌装或固定在器具或设备上的独立器具输入插座。

442-07-02

连接器(器具耦合器的) **connector** (of an appliance coupler)

器具耦合器的一个组成部分,与电源软线形成一体,或打算由电源软线连接到其上的附件。

442-07-03

器具输入插座 appliance inlet

器具耦合器的一个组成部分,与器具或设备形成一体或安装在器具或设备内,或打算固定到器具或设备上的附件。

442-07-04

电线组件 cord set

由一根一端带有不可拆线插头和另一端带有不可拆线连接器的软电缆或软线组成的,用于将电器连接到电源的组件。

442-07-05

电线加长组件 cord extension set

由一根一端带有不可拆线插头和另一端带有不可拆线移动式插座的软电缆或软线组成的组件。

442-07-06

互连电线组件 interconnection cord set

由一个不可拆线的插头连接器和一个不可拆线连接器及一根软缆或软线组成的部件,该组件用以将电源从一个器具或设备互连到另一器具或设备上。

442-07-07

互连耦合器 interconnection coupler

指可以任意地将器具或设备连接到与另一器具或设备相连的软缆或软线或使这两者断开的耦合器。

442-07-08

器具输出插座 appliance outlet

将互连耦合器的一个组成部分与器具或设备形成一体或安装在器具或设备内,或打算固定到器具或设备上的附件。

442-07-09

插头连接器 plug connector

与软缆成一整体或固定到软缆上的互连耦合器的一个部件。

2.8 安装盒

442-08-01

安装盒 mounting box

暗装或明装在墙壁、地板或天花板等场合,用于容纳电器附件的盒。

442-08-02

出线盒 outlet box

允许将固定装置和可移动器具之间进行接合的连接装置。

442-08-03

端接盒　junction box

允许进行一个或若干个连接的封闭的或盒装的连接装置。

442-08-04

分接盒　tapping box

允许从一个或若干个主导体上进行一个或若干个分接头的封闭的或盒装的连接装置。

中 文 索 引

E

F

G

H

J

T

W

X

Y

Z

STANDARDS PRESS OF CHINA

英 文 索 引

ICS 01.040.29
K 04

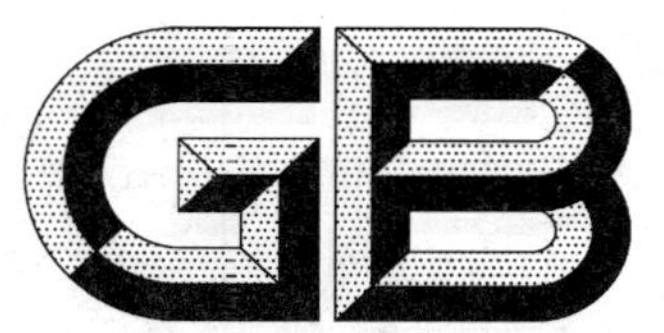

中华人民共和国国家标准

GB/T 2900.71—2008/IEC 60050-826:2004

电工术语　电气装置

**Electrotechnical terminology—
Electrical installations**

(IEC 60050-826:2004,International electrotechnical vocabulary—
Part 826:Electrical installations, IDT)

2008-03-25 发布　　2008-10-01 实施

中华人民共和国国家质量监督检验检疫总局
中国国家标准化管理委员会　发布

前　　言

本部分为 GB/T 2900 的第 71 部分，等同采用 IEC 60050(826):2004《国际电工词汇　电气装置》。

为便于使用，本部分做了下列编辑性修改：

a）删除国际标准的引言；

b）删除国际标准中英语术语以外的英文定义及其他语言的术语和定义；

本部分的术语的编号与 IEC 60050-826:2004 一致。

本部分与 GB/T 2900.70《电工术语　电器附件》和 IEC 60050-195:1998《国际电工词汇　第 195 部分：接地与电击防护》作了尽可能的协调。

本部分由全国电工术语标准化技术委员会(SAC/TC 205)提出。

本部分由全国电工术语标准化技术委员会(SAC/TC 205)和全国建筑物电器装置标准化技术委员会归口。

本部分起草单位：机械科学研究院中机生产力促进中心、中机中电设计研究院。

本部分主要起草人：杨芙、王增尧。

电工术语　电气装置

1　范围

GB/T 2900 的本部分涉及诸如住宅、工业或商业建筑物的电气装置。它不包括公众电网的配电系统、发电厂及其输电系统。

本部分适用于电工技术中涉及电气装置的科学技术领域。

2　规范性引用文件

下列文件中的条款通过 GB/T 2900 的本部分的引用而成为本部分的条款。凡是注日期的引用文件，其随后所有的修改单(不包括勘误的内容)或修订版不适用于本标准，然而，鼓励根据本部分达成协议的各方研究是否可使用这些文件的最新版本。凡是不注日期的引用文件，其最新版本适用本部分。

GB/T 2900.70—2008　电工术语　电气附件(IEC 60050-442:1998)

IEC 60050-195:1998　国际电工词汇　第 195 部分:接地和电击防护

3　术语和定义

3.1　电气装置特性

826-10-01

电气装置　electrical installation

相关电气设备的组合，具有为实现特定目的所需的相互协调的特性。

826-10-02

电气装置受电点　origin of the electrical installation

电能馈入电气装置的点。

826-10-03

环境温度　ambient temperature

设备附近的空气或其他介质的平均温度。

注：测量环境温度时，测量仪器探头要对气流和辐射加热屏蔽。

826-10-04

应急供电系统　electric supply systems for safety services

安全设施供电系统

用来维持电气设备和电气装置运行的供电系统，主要是：

——为了人体和家畜的健康和安全，和/或

——如果国家规范要求，为避免对环境或其他设备造成损失。

注：供电系统包括电源和连接到电气设备端子的电气回路。在某些场合，它也可以包括设备。

826-10-05

应急电源　electric source for safety services

安全设施电源

用作应急供电系统组成部分的电源。

826-10-06

应急电源电气回路　electrical circuit for safety services

安全设施电气回路

用作应急供电系统组成部分的电气回路。

826-10-07

备用供电系统　standby electric supply system

当正常供电中断时，由于非安全原因用来维持电气装置或其中一个或几个部分的功能所需的供电系统。

826-10-08

备用电源　standby electrical source

当正常电源断电时，由于非安全原因用来维持电气装置或其某些部分所需的电源。

826-10-09

操作通道　operating gangway

运行中用作通断、控制、设定或观察电气器件的通道。

826-10-10

维护通道　maintenance gangway

为了维护时能接近电气设备的通道。

3.2　电压和电流

826-11-01

标称电压(电气装置的)　**nominal voltage**(of an electrical installation)

用以标志和识别电气装置或其部件的电压值。

826-11-02

故障电压　fault voltage

因绝缘损坏造成的故障的给定点和参考地之间的电压。

826-11-03

预期接触电压　prospective touch voltage

人或动物尚未接触到可导电部分时，这些可能同时触及的可导电部分之间的电压。

[195-05-09]

826-11-04

约定接触电压限值　conventional prospective touch voltage limit

在规定的外界影响条件下，允许无限定时间持续存在的预期接触电压的最大值。

826-11-05

[有效]接触电压　(effective) touch voltage

人或动物同时接触到两个可导电部分之间的电压。

注：有效接触电压值可能受到与这些可导电部分发生电接触的人或动物的阻抗明显的影响。

[195-05-11]

826-11-06

线[间]电压　line-to-line voltage；phase-to-phase voltage(deprecated)

电气回路中给定点处两个线导体之间的电压。

[195-05-01]

826-11-07

相电压　line-to-neutral voltage；phase-to-neutral voltage (deprecated)

交流电气回路中给定点处相导体与中性导体之间的电压。

[195-05-02]

826-11-08

线对地电压　**line-to-earth voltage; line-to-ground voltage** (US); phase-to-earth voltage (deprecated)

电气回路中给定点处线导体与参考地之间的电压。

[195-05-03]

826-11-09

地面[对地]电压　**earth-surface voltage (to earth); ground-surface voltage (to ground)** (US)

大地表面一指定点与参考地之间的电压。

[195-05-08]

826-11-10

设计电流(电气回路的)　**design current** (of an electrical circuit)

正常运行时电气回路承载的电流。

826-11-11

故障电流　**fault current**

由于绝缘损坏而流经故障点的电流。

826-11-12

接触电流　**touch current**

当人或动物触及电气装置或电气设备的一个或多个可触及部分时,通过其躯体的电流。

826-11-13

[持续]载流量　**(continuous) current-carrying capacity; ampacity** (US)

导体、器件或电器在稳态温度不超过规定值的条件下所能持续承载的最大电流。

826-11-14

过电流　**overcurrent**

超过额定电流的电流。

注:对于导体,额定电流可认为等于载流量。

826-11-15

过负荷电流(电气回路的)　**overload current** (of an electrical circuit)

电气回路在非短路或接地故障时出现的过电流。

826-11-16

短路电流　**short-circuit current**

流经给定短路点的电流。

[195-05-18]

826-11-17

约定动作电流(保护器件的)　**conventional operating current** (of a protective device)

使保护器件在规定的时间内动作的规定电流值。

826-11-18

约定不动作电流(保护器件的)　**conventional non-operating current** (of a protective device)

使保护器件在规定时间内不动作的规定电流值。

826-11-19

剩余电流　residual current

同一时刻,在电气装置中的电气回路给定点处的所有带电体电流值的代数和。

826-11-20

泄漏电流　leakage current;earth current (deprecated)

正常运行状况下,在不期望的可导电路径内流过的电流。

[195-05-15]

826-11-21

保护导体电流　protective conductor current

出现在保护导体中的电流,如泄漏电流或由于绝缘损坏产生的电流。

3.3　电击和保护措施

826-12-01

电击　electric shock

电流通过人体或动物躯体而引起的生理效应。

[195-01-04]

826-12-02

电击防护　protection against electric shock

减小电击危险的防护措施。

[195-01-05]

826-12-03

直接接触　direct contract

人或动物与带电部分的电接触。

[195-06-03]

826-12-04

间接接触　indirect contract

人或动物与故障状况下带电的外露可导电部分的电接触。

[195-06-04]

826-12-05

基本防护　basic protection

无故障条件下的电击防护。

[195-06-01]

注:对低压装置、系统和设备而言,基本防护通常对应于直接接触防护。

826-12-06

故障防护　fault protection

单一故障条件下的电击防护。

[195-06-02]

注:对低压装置、系统和设备而言,故障防护通常对应于间接接触防护,主要与基本绝缘损坏有关。

826-12-07

附加防护　additional protection

基本防护和/或故障防护之外的保护措施。

注:附加防护通常用于可以避免或减轻由于特殊外界影响或特殊场所在某些情况下例如不慎用电时产生的致命的状况。

826-12-08

带电部分　live part

正常运行中带电的导体或可导电部分，包括中性导体，但按惯例不包括 PEN 导体、PEM 导体和 PEL 导体。

[195-02-19]

注：本概念不意味着有电击危险。

826-12-09

可导电部分　conductive part

能传导电流的部分。

[195-01-06]

826-12-10

外露可导电部分　exposed-conductive-part

设备上能触及到的可导电部分，它在正常状况下不带电，但是在基本绝缘损坏时会带电。

[195-06-10]

826-12-11

外界可导电部分　extraneous-conductive-part

装置外可导电部分

非电气装置的组成部分，且易于引入电位的可导电部分，该电位通常为局部地电位。

[195-06-11]

826-12-12

同时可触及部分　simultaneously accessible parts

能够同时被人或动物接触到的导体或可导电部分。

注：同时可触及部分可以是：

——带电体，

——外露可导电部分，

——外界可导电部分，

——保护导体，

——土壤或导电的地板。

826-12-13

危险带电部分　hazardous-live-part

在某些条件下能造成伤害性电击的带电部分。

[195-06-05]

826-12-14

基本绝缘　basic insulation

能够提供基本防护的危险带电部分上的绝缘。

[195-06-06]

注：本概念不适用于仅用作功能性目的的绝缘。

826-12-15

附加绝缘　supplementary insulation

除了基本绝缘外，用于故障防护附加的单独绝缘。

[195-06-07]

826-12-16

双重绝缘　double insulation

既有基本绝缘又有附加绝缘构成的绝缘。

[195-06-08]

826-12-17

加强绝缘　reinforced insulation

危险带电部分具有相当于双重绝缘的电击防护等级的绝缘。

[195-06-09]

注：加强绝缘可以由几个不能像基本绝缘或附加绝缘那样单独测试的绝缘层组成。

826-12-18

自动切断电源　automatic disconnection of supply

故障时，保护器件自动将受影响的一根或多根线导体断开。

[195-04-10]

826-12-19

伸臂范围　arm's reach

从人通常站立或活动的表面上的任一点延伸到人不借助任何手段，从任何方向能用手达到的最大范围。

[195-06-12]

826-12-20

外壳　enclosure

外护物

能提供预期应用上相适应的防护类型和防护等级的外罩。

[195-02-35]

826-12-21

电气外壳　electrical enclosure

电气外护物

为防止可预见到的电气危险而提供的外壳。

[195-06-13]

826-12-22

[电气]保护外壳　(electrically) protective enclosure

[电气]保护外护物

为防护从任何方向接近危险带电部分并围住设备内部部件的电气外壳。

[195-06-14]

826-12-23

[电气]保护遮栏　(electrically) protective barrier

为防止从任一通常接近方向直接接触而设置的防护物。

[195-06-15]

826-12-24

[电气]保护阻挡物　(electrically) protective obstacle

为防止无意的直接接触而设置的防护物，但并不防止有意的直接接触。

[195-06-16]

826-12-25

[电气]保护屏蔽[体]　(electrically) protective screen；(electrically) protective shield (US)

用以将电气回路和/或导体与危险带电部分隔开的导电的屏蔽体。

[195-06-17]

826-12-26

[电气]保护屏蔽　(electrically) protective screening;(electrically) protective shielding (US)

用与保护等电位联结系统连接的电气保护屏蔽体将电气回路和/或导体与危险带电部分隔开,并提供电击防护。

[195-06-18]

826-12-27

电气分隔　(electrical) separation

将危险带电部分与所有其他电气回路和电气部件绝缘以及与局部地绝缘,并防止一切接触的保护措施。

826-12-28

简单分隔　simple separation

利用基本绝缘在电气回路之间或电气回路与局部地之间进行分隔。

826-12-29

[电气]保护分隔　(electrically) protective separation

借助于下列方法将一电气回路与另一电气回路分隔:

——双重绝缘;或

——基本绝缘和电气保护屏蔽;或

——加强绝缘。

[195-06-19]

826-12-30

特低电压　extra-low voltage

ELV

不超过 GB/T 18379/IEC 60449 规定的有关Ⅰ类电压限值的电压。

826-12-31

安全特低电压系统　SELV system

SELV 系统

电压不能超过特低电压的电气系统:

——在正常条件下,和

——在单一故障条件下,包括其他电气回路的接地故障。

注:SELV 是英文"safety extra low voltage(安全特低电压)"的缩写。

826-12-32

保护特低电压系统　PELV system

PELV 系统

电压不能超过特低电压的电气系统:

——在正常条件下,和

——在单一故障条件下,不包括其他电气回路的接地故障。

注:PELV 是英文"protective extra low voltage(保护特低电压)"的缩写。

826-12-33

限流源　limited-current source

为电气回路提供电能的器件:

——用限制到无危险水平的稳态电流和电荷供电,和

——在器件输出端和任何危险带电部分之间设置电气保护分隔。

[195-06-20]

826-12-34

限制稳态电流和电荷的保护 protection by limitation of steady-state current and electric charge

对电击的防护是通过电气回路或设备的设计,使正常或故障条件下稳态电流和电荷都被限制在危险水平以下。

826-12-35

保护阻抗器 protective impedance device

元件或元件的组合,其阻抗和结构是用来将稳态接触电流和电荷限制在无危险水平。

826-12-36

非导电环境 non-conducting environment

当人或动物接触已变为危险带电的外露可导电部分时,依靠环境(如绝缘墙或绝缘地板)的高阻抗性和不存在接地的可导电部分来进行保护的措施。

[195-06-21]

3.4 接地和联结

826-13-01

参考地 reference earth;reference ground (US)

不受任何接地配置影响的、视为导电的大地的部分,其电位约定为零。

注:"大地"是指地球及其所有自然物质。

[195-01-01]

826-13-02

[局部]地 (local) earth;(local) ground (US)

大地与接地极有电接触的部分,其电位不一定等于零。

[195-01-03]

826-13-03

接地 earth (verb);**ground** (verb) (US)

在系统、装置或设备的给定点与局部地之间作电连接。

注:与局部地之间的连接可以是:

——有意的,或

——无意的或意外的;

也可以是永久性的或临时性的。

[195-01-08]

826-13-04

接地配置 earthing arrangement;grounding arrangement (US)

接地系统 earthing system (deprecated)

系统、装置和设备的接地所包含的所有电气连接和器件。

[195-02-20]

826-13-05

接地极 earth electrode;ground electrode (US)

埋入土壤或特定的导电介质(如混凝土或焦炭)中,与大地有电接触的可导电部分。

826-13-06

接地网 earth-electrode network;ground-electrode network (US)

接地配置的组成部分,仅包括接地极及其相互连接部分。

[195-02-21]

826-13-07

独立接地极　independent earth electrode;independent ground electrode (US);remote earth (deprecated)

与其他接地极之间保持一定距离,使其电位不受大地与其他接地极之间电流的显著影响的接地极。

[195-02-02]

826-13-08

基础接地极　foundation earth electrode

埋入建筑物基础下的土壤中或优先埋在建筑物基础的混凝土中的可导电部分,通常为闭合环路。

826-13-09

保护接地　protective earthing;protective grounding (US)

为了电气安全,将一个系统、装置或设备的一点或多点接地。

[195-01-11]

826-13-10

功能接地　functional earthing;functional grounding (US)

出于电气安全之外的目的,将系统、装置或设备的一点或多点接地。

[195-01-13]

826-13-11

[电力]系统接地　(power) **system earthing**;(power) **system grounding** (US)

电力系统的一点或多点的功能接地和保护接地。

[195-01-14]

826-13-12

接地导体　earth conductor;earthing conductor;grounding conductor (US);earth conductor (deprecated)

在系统、装置或设备的给定点与接地极或接地网之间提供导电通路或部分导电通路的导体。

注:在建筑物电气装置中,给定点通常是总接地端子,接地导体将该点与接地极或接地网相连接。

826-13-13

平行接地导体　parallel-earthing-conductor;parallel-grounding-conductor (US)

平行连续接地导体　parallel earth continuity conductor (deprecated)

通常沿电缆线路敷设的导体,并能在电缆线路两端接地配置之间提供低阻抗连接。

[195-02-29]

826-13-14

地回路径　earth-return path;ground-return path (US)

由接地配置之间的大地和导体或可导电部分提供的导电路径。

826-13-15

总接地端子　main earthing terminal;main grounding terminal (US)

总接地母线　main earthing busbar;main grounding busbar (US);earth circuit connector (deprecated)

接地配置组成部分的端子或母线,用于多个接地导体的电气连接。

[195-02-33]

826-13-16

对地阻抗　impedance to earth

在给定频率下,系统、装置或设备的指定点与参考地之间的阻抗。

[195-01-17]

826-13-17

对地电阻　resistance to earth;resistance to ground（US）

对地阻抗的实部。

[195-01-18]

826-13-18

等电位　equipotentiality

几个可导电部分处于电位大体上相等的状态。

[195-01-09]

826-13-19

等电位联结　equipotential bonding

为达到等电位,多个可导电部分间的电连接。

[195-01-10]

826-13-20

保护等电位联结　protective-equipotential-bonding

为了安全目的进行的等电位联结。

[195-01-15]

826-13-21

功能等电位联结　functional-equipotential-bonding

非安全目的而为运行原因进行的等电位联结。

[195-01-16]

826-13-22

保护导体　protective conductor（identification:PE）

PE

为了安全目的,如电击防护中设置的导体。

[195-02-09]

注:在电气装置中,PE 导体通常也被当作保护接地导体。

826-13-23

保护接地导体　protective earthing conductor; protective grounding conductor（US）; **equipment grounding conductor**（US）

用于保护接地的保护导体。

826-13-24

保护联结导体　protective bonding conductor

等电位联结导体　equipotential bonding conductor (deprecated)

用于保护等电位联结的保护导体。

[195-02-10]

826-13-25

PEN 导体　PEN conductor

保护接地中性导体

兼有保护接地导体和中性导体功能的导体。

[195-02-12]

826-13-26

PEM 导体　PEM conductor

保护接地中间导体

兼有保护接地导体和中间导体功能的导体。

826-13-27

PEL 导体　PEL conductor

保护接地线导体

兼有保护接地导体和线导体功能的导体。

[195-02-14]

826-13-28

功能接地导体　functional earthing conductor;functional grounding conductor（US）

用于功能接地的接地导体。

[195-02-15]

826-13-29

功能联结导体　functional bonding conductor

用于功能等电位联结的导体。

[195-02-16]

826-13-30

等电位联结系统　equipotential bonding system

EBS

为实现可导电部分之间的等电位联结而将这些部分相互连接。

[195-02-22]

注：如果等电位联结系统接地，它就成为接地配置的组成部分。

826-13-31

保护等电位联结系统　protective equipotential bonding system

PEBS

用于保护等电位联结的等电位联结系统。

[195-02-23]

826-13-32

功能等电位联结系统　functional equipotential bonding system

FEBS

用于功能等电位联结的等电位联结系统。

[195-02-24]

826-13-33

共用等电位联结系统　common equipotential bonding system

共用联结网　common bonding network

CBN

用于保护等电位联结及功能等电位联结的等电位联结系统。

826-13-34

等电位联结端子　equipotential bonding terminal

设备或器件上用来与等电位联结系统进行电连接的端子。

[195-02-32]

826-13-35

等电位联结母线　equipotential bonding busbar

电气装置中作为等电位联结系统组成部分的母线，它为了等电位目的能将多个导体进行电连接。

3.5　电气回路

826-14-01

电气回路(电气装置的)　**(electric) circuit** (of an electrical installation)

电气装置中电气设备的组合，它由同一个(组)的保护器件提供过电流保护。

826-14-02

配电回路　distribution circuit

为一个或多个配电盘供电的电气回路。

826-14-03

[建筑物]终端回路　final circuit (of buildings)

分支回路　branch circuit (US)

直接为用电设备或插座供电的电气回路。

826-14-04

中间点　mid-point

两个对称电路元件的公共点，两元件的另两端与同一电路的不同线导体相连。

[195-02-04]

826-14-05

中性点　neutral point

多相系统星型连接的公共点，或单相系统的接地中间点。

[195-02-05]

826-14-06

导体　conductor

用于承载规定电流的可导电部分。

[195-01-07]

826-14-07

中性导体　neutral conductor

电气上与中性点连接并能用于配电的导体。

[195-02-06]

826-14-08

中间导体　mid-point conductor

电气上与中间点连接并能用于配电的导体。

[195-02-07]

826-14-09

线导体　line conductor

相导体(交流系统)　phase conductor (AC) (deprecated)

极导体(直流系统)　pole conductor (DC) (deprecated)

正常运行时带电并能用于输电或配电的导体，但不是中性导体或中间导体。

[195-02-08]

826-14-10

短路　short-circuit

两个或多个可导电部分之间意外的或有意的形成的导电通路，此通路迫使这些导电部分之间的电位差等于或接近于零。

[195-04-11]

826-14-11

线对地短路　line-to-earth short-circuit

在中性点直接接地系统或中性点经阻抗接地系统中发生的线导体和大地之间的短路。

[195-04-12]

注：线对地短路是可能产生的，例如：可经接地导体和接地极而发生。

826-14-12

线间短路　line-to-line short-circuit

两根或多根线导体之间的短路，在同一处它可伴随或不伴随线对地短路。

[195-04-16]

826-14-13

接地故障　earth fault; ground fault（US）

带电导体和大地之间意外出现导电通路。

[195-04-14]

注1：导电路径可能通过有瑕疵的绝缘，通过结构物（例如杆子、脚手架、起重机、梯子）或通过植物（如大树、灌木），并具有显著的阻抗。

注2：由于运行原因，不接地的导体和大地之间的可导电路径也可认为是接地故障。

826-14-14

过电流保护器　overcurrent protective device

当电气回路中的电流在规定的时间内超过预定值时，能够断开电气回路的器件。

826-14-15

固有耐短路和接地故障（的）　**inherently short-circuit and earth fault proof, qualifier**

通过适当的设计和安装措施，使电气设备或其组合具有防护短路和接地故障能力的。

3.6　布线系统

826-15-01

布线系统　wiring system

由一根或几根绝缘导体、电缆或母线及其固定部分构成的组合，如果需要，还包括其机械保护部分。

826-15-02

建筑物孔道　building void

只能在某些点接近建筑物的结构或构件的空间。

注1：例如隔断间、架空地板、天花板的空间和某种形式的窗框、门框和踢脚板。

注2：在建筑物的一个单元内特别形成的孔道，也叫通道。

826-15-03

导管　conduit

电气或电信装置中用于绝缘导线和/或电缆的一般为圆形横截面的封闭式布线系统部件，导线或电缆可以从中穿入和/或更换。

注：导管要尽可能地紧密接合，以使只能穿入绝缘导线和/或电缆，而不能从其侧面插入。

826-15-04

电缆槽盒系统　cable trunking system

带有可移动盖子的底座组成的封闭外壳系统，用于将绝缘导线、电缆、软电线完全包围起来，和/或用于容纳包括信息技术设备在内的其他电气设备。

826-15-05

电缆管槽系统 cable ducting system

用于电气装置中的绝缘导线、电缆和软电线的非圆形横截面的封闭外护物系统，导线或电缆可在其中穿入和更换。

826-15-06

电缆沟 cable channel

布置在地面或楼板的上面或里面，为敞开的、通风的或封闭的布线系统单元，其尺寸大小不允许人员进入，但在安装时及安装后沿其整个长度方向允许触及导管和/或电缆。

注：电缆沟可以是也可以不是建筑物结构的组成部分。

826-15-07

电缆隧道 cable tunnel

其尺寸大小允许人员沿其整个长度方向随意通过的走廊，它包括电缆的支撑结构、接头和/或布线系统的其他构件。

826-15-08

电缆托盘 cable tray

带有连续底盘和翻边，但没有盖子的电缆支撑物。

注：电缆托盘可以是带孔的或是网格状的。

826-15-09

电缆梯架 cable ladder

带有牢固地固定在纵向主支撑组件上的一系列横向支撑构件的电缆支撑物。

826-15-10

电缆支架 cable brackets

仅有一端固定的、间隔安置的水平电缆支撑物。电缆安放在其上。

826-15-11

线夹 cleats

卡子 clamps

间隔安置的支撑物，用于夹住电缆或导管。

3.7 其他设备

826-16-01

电气设备 electric equipment

用于发电、变电、输电、配电或利用电能的设备，例如电机、变压器、开关设备和控制设备、测量仪器、保护器件、布线系统和用电设备。

826-16-02

用电设备 current-using equipment

用来将电能转换成其他形式的能量（例如光能、热能、机械能）的电气设备。

826-16-03

开关设备和控制设备 switchgear and controlgear

用于与电气回路连接，执行下列一项或多项功能（保护、控制、隔离、通断）的电气设备。

826-16-04

移动设备 mobile equipment；portable equipment (deprecated)

运行时可移动或在与电源相连接时易于由一处移到另一处的电气设备。

826-16-05

手持设备 hand-held equipment

正常使用时握在手中的电气设备。

826-16-06

不易移动设备 stationary equipment

固定设备或没有设置手柄且具有一定的质量不易搬动的设备。

注：在有关家用电器的 IEC 标准中，不易移动的质量是 18 kg。

826-16-07

固定设备 fixed equipment

与一个支持物牢固相接或被固定安装在指定地方的设备。

826-16-08

配电盘 distribution board

包含有一条或多条进出线回路的不同形式的开关设备和控制设备的组合，并具有中性导体和保护导体的端子。

3.8 隔离和通断

826-17-01

隔离 isolation

因为安全原因而将整个电气装置或其个别部分与每个电源彻底断开的功能。

826-17-02

机械维修分闸 switching-off for mechanical maintenance

开关器件的分闸操作，它使一台或多台通电的设备不运转，其目的是避免在设备上进行非电作业时发生危险，但不包括电击或燃弧危险。

826-17-03

紧急分闸 emergency switching-off

为了避免或减轻危险状况，开关器件将电气装置的电源断开的操作。

826-17-04

急停 emergency stopping

将已成为危险的运动状态尽快停止的操作。

826-17-05

功能切换 functional switching

为了正常运行，对电气装置或其一部分的供电进行通、断或转换的操作。

3.9 人的能力

826-18-01

熟练[电气]技术人员 (electrically) skilled person

具有相应教育和经验，能察觉和避免由于电引起危害的人员。

[195-04-01]

826-18-02

受过培训的[电气]人员 (electrically) instructed person

由熟练电气技术人员充分指导和监督的，能察觉和避免由于电引起危害的人员。

[195-04-02]

826-18-03

一般人员　ordinary person

既不是熟练技术人员,也不是受过培训的人员。

[195-04-03]

826-18-04

限制接近区域　restricted access area

只有熟练电气技术人员和受过培训的电气人员才可进入的区域。

中 文 索 引

英 文 索 引

A

B

C

D

E

M

N

O

P

ICS 01.040.29
K 04

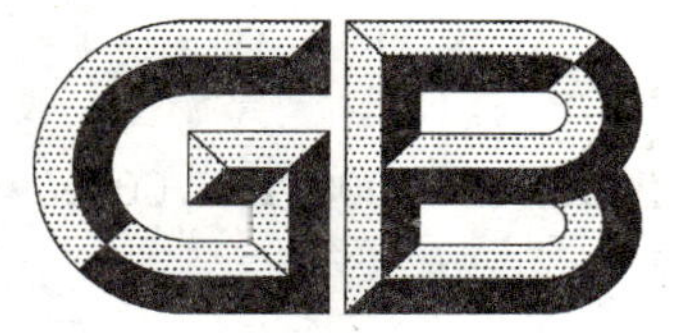

中华人民共和国国家标准

GB/T 2900.72—2008/IEC 60050-141:2004

电工术语 多相系统与多相电路

**Electrotechnical terminology—
Polyphase systems and circuits**

(IEC 60050-141:2004,International electrotechnical vocabulary—
Part 141:Polyphase systems and circuits,IDT)

2008-05-28 发布 2009-01-01 实施

中华人民共和国国家质量监督检验检疫总局
中国国家标准化管理委员会 发布

前　言

本部分为GB/T 2900的第72部分。本部分等同采用IEC 60050-141:2004《国际电工词汇　第141部分:多相系统与多相电路》。

本部分中的术语条目编号与IEC 60050-141:2004保持一致。

本部分由全国电工术语标准化技术委员会提出并归口。

本部分起草单位:机械中机生产力促进中心科学研究院、清华大学。

本部分主要起草人:肖达川、王赞基、杨芙。

本部分为首次发布。

电工术语　多相系统与多相电路

1　范围

本部分规定了用于多相系统和多相电路的一般术语。

本部分适用于涉及多相系统和多相电路的科学技术领域。

2　规范性引用文件

下列文件中的条款通过GB/T 2900的本部分的引用而成为本部分的条款。凡是注日期的引用文件，其随后所有的修改单(不包括勘误的内容)或修订版均不适用于本部分，然而，鼓励根据本部分达成协议的各方研究是否可使用这些文件的最新版本。凡是不注日期的引用文件，其最新版本适用于本部分。

GB/T 2900.58—2002　电工术语　发电、输电及配电　电力系统规划和管理(IEC 60050-603:1986,IDT)

GB/T 2900.60—2002　电工术语　电磁学(eqv IEC 60050-121:1998)

IEC 60027-1:1992　电工技术用字母符号　第1部分:总则

IEC 60050-101:1998　国际电工词汇　第101部分:数学

IEC 60050-131:2002　国际电工词汇　第131部分:电路理论

IEC 60050-151:1998　国际电工词汇　第151部分:电的和磁的器件

IEC 60050-195:1998　国际电工词汇　第195部分:接地和电击防护

IEC 60050-826:2004　国际电工词汇　第826部分:电气装置

3　术语和定义

3.1　量的多相系统

141-01-01

符号:$\boldsymbol{\theta}$

相位　phase

瞬时相位　instantaneous phase

表示正弦量的余弦函数的辐角[101-14-38]。

注1:术语“瞬时相位”仅在独立变量为时间时才用。

注2:量 $A_m\cos(\omega t+\theta_0)$ 的相位 θ 等于 $\omega t+\theta_0$。

141-01-02

符号:$\boldsymbol{\theta_0}$

初相位　initial phase

初相角　phase angle

独立变量值为零时正弦量相位的值。

注:量 $A_m\cos(\omega t+\theta_0)$ 的初相位等于 θ_0。

141-01-03

多相系统　polyphase system

***m*相系统　*m*-phase system**

m 个同类、同周期但通常有不同相位、相互关联的正弦积分量的集合，其中 m 是大于1的整数。

注 1：在某些情况下，相位差是包括零在内的 2π 的整数倍。

注 2：电压、电流和磁通链的多相系统是常见的多相系统。

注 3：$m=2,3,4,6,12$ 时，对应限定词为 2 相，3 相，4 相，6 相，12 相。

注 4：在一定条件下，多相系统概念可扩展到非正弦周期量。

141-01-04

退化多相系统　degenerated polyphase system

所有 m 个量之间的相位差都是 π 的整数倍的多相系统。

141-01-05

对称多相系统　symmetric polyphase system

具有下述性质时，由 m 个量构成的多相系统：诸量的振幅相同，初相位为 $\theta_0-2\pi\frac{(i-1)k}{m}$，$\theta_0$ 是其中任选一量的初相位，$i=1,2,\cdots,m$，k 是表示系统特征的数，是整数 $0,1,2,\cdots,m-1$ 之一。

注：对 $k=0$ 和对某些 k 和 m 的组合，系统成为退化的。

141-01-06

[相]序（对称多相系统的）　**order** (of a symmetric polyphase system)

构成多相系统各个量的初相位的表达式 $\theta_0-2\pi\frac{(i-1)k}{m}$ 中的数 k，其中 θ_0 是从 m 个量中任选一量的初相位，i 是整数 $1,2,\cdots,m$ 之一，k 是表示系统特征的数，等于整数 $0,1,2,\cdots,m-1$ 之一。

141-01-07

平衡二相系统　balanced two-phase system

仅含两个正交量的对称四相系统的子系统。

141-01-08

零序多相系统　zero-sequence polyphase system

单极系统　homopolar system

相序为零的对称多相系统。

141-01-09

正序多相系统　positive-sequence polyphase system

相序小于 $\frac{m}{2}$ 的对称多相系统，其中 m 是系统中量的数目。

141-01-10

负序多相系统　negative-sequence polyphase system

相序大于 $\frac{m}{2}$ 的对称多相系统，其中 m 是系统中量的数目。

3.2　多相元件和多相电路

141-02-01

相元件　phase element；phase (deprecated)

用于多相系统中 m 个量集合中的一个量的二端电路。

注：术语“元件”可以换为更具体的二端电路，例如相绕组、相阻抗。

141-02-02

多相元件　polyphase element

***m* 相元件　*m*-phase element**

以给定的形式相互连接，用于具有 m 个量的多相系统的 m 个相元件的集合。

注：在相元件之间可存在电感性和电容性耦合。

141-02-03

多相电路　polyphase circuit

相互连接的多相元件的集合。

141-02-04

对称多相元件　symmetric polyphase element

由 m 个具有相同电感性耦合和电容性耦合的相同的相元件组成，用于 m 个量的对称多相系统的多相元件。

注："对称"这个词在 IEC 60050-131:2002 中有另外的含义。

141-02-05

对称状态　symmetric conditions

多相元件在对称多相电压、电流系统作用下的状态。

141-02-06

星形连接　star connection

多相元件的所有相元件有一公共节点的连接。

141-02-07

Y 连接　Y-connection

三相元件的星形连接。

141-02-08

多边形连接　polygonal connection

多相元件的所有相元件形成闭合路径的连接。

141-02-09

Δ 连接　Δ-connection;delta connection

三相元件的多边形连接。

141-02-10

中性点(1)　star point;neutral point (1)

多相元件作星形连接的公共点。

注：在 IEC 60050-195:1998 中有另外定义。

141-02-11

多相中性点　polyphase neutral point

中性点(2)　neutral point (2)

连接到中性导体的中性点(1)。

注：另一定义见 IEC 60050-195:1998。

141-02-12

相[元件]电压　phase-element voltage;phase voltage

相元件两端点之间的电压。

注 1：星形连接多相元件接到线导体和中性导体上时，相元件电压，即线与中性点间的电压。

注 2：Δ 连接多相元件接到线导体上时，相元件电压即线间电压。

141-02-13

相[元件]电流　phase-element current;phase current

相元件中的电流。

注：星形接法相元件接到线导体上时，相电流即线电流。

141-02-14

符号:p

瞬时功率(多相元件的) **instantaneous power** (for a polyphase element)

多相元件的所有相元件的瞬时功率[131-11-30]之和。

注:对称多相元件在对称状态下,瞬时功率等于任一相元件瞬时功率乘以相数。

141-02-15

符号:P

有功功率(多相元件的) **active power** (for a polyphase element)

多相元件的所有相元件的有功功率[131-11-42]之和。

注:对称多相元件在对称状态下,有功功率等于任一相元件有功功率乘以相数。

3.3 多相线路

141-03-01

多相线路 polyphase line

多相电路中,连接两个或多个多相元件的一组导体组成的线路。

注:多相线路包括多相线导体,可能还包括中性导体和用于诸如保护等其他用途的导体。

141-03-02

多相线导体 polyphase-line conductor

线导体 line conductor

相导体 phase conductor (deprecated)

使多相系统的 m 个电流之一能在其中通过的、多相线路中 m 条导体之一。

注:术语"线导体"的更通用定义见 IEC 60050-195:1998。

141-03-03

中性导体 neutral conductor

连接到多相元件中性点(1)的多相线路的导体。

注:中性导体在电能配送中也起作用(见 IEC 60050-195:1998)。

141-03-04

多相线电流 polyphase line current

线电流 line current

多相线路的线导体之一中的电流。

141-03-05

中[性]线电流 neutral current

多相线路中性导体中的电流。

141-03-06

多相线[间]电压 polyphase line-to-line voltage

线[间]电压 line-to-line voltage

在多相线路上的指定处,给定两条线导体之间的电压。

注:另一定义见 IEC 60050-195:1998。

141-03-07

边电压 polygonal voltage

对称多相线路中方均根值为最小的多相线间电压。

注:对称三相线路的边电压等于线间电压。

141-03-08

对径电压　diametrical voltage

相数为偶数的对称多相线路中方均根值为最大的多相线间电压。

141-03-09

线—中性点电压　polyphase line-to-neutral voltage

多相线路的线导体和中性导体之间的电压。

注：另一定义见 IEC 60050-195:1998。

141-03-10

符号：*p*

瞬时功率(多相线路的)　**instantaneous power** (for a polyphase line)

由 m 条线导体和一条中性体组成的多相线路中，对每条线导体，由线—中性点电压和对应线电流的乘积决定的瞬时功率之和。

注：在对称状态下，多相线路的瞬时功率等于任一线—中性点电压和对应线电流的乘积乘以 m。

141-03-11

符号：*P*

有功功率(多相线路的)　**active power** (for a polyphase line)

周期状态下由 m 条线导体和一条中性体组成的多相线路中，与所有线导体有关的瞬时功率在一个周期内的平均值。

注：在对称和正弦状态下的三相线路，有功功率 $p=\sqrt{3}UI\cos\varphi$，其中 U 是任一线间电压的方均根值，I 是任一线电流的方均根值，φ 是任一线—中性点电压与对应的线电流之间的相位移角。

中 文 索 引

英 文 索 引

O

P

ICS 01.040.29
K 04

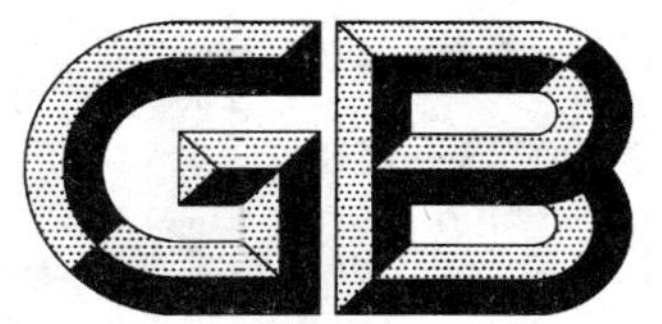

中华人民共和国国家标准

GB/T 2900.73—2008

电工术语　接地与电击防护

**Electrotechnical terminology—
Earthing and protection against electric shock**

(IEC 60050-195:1998, International electrotechnical vocabulary—
Part 195:Earthing and protection against electric shock,MOD)

2008-05-28 发布　　2009-01-01 实施

中华人民共和国国家质量监督检验检疫总局
中国国家标准化管理委员会　发布

前　言

本部分为 GB/T 2900 的第 73 部分。

本部分修改采用 IEC 60050-195:1998《国际电工词汇　接地与电击防护》及其第一次修改单(2001)。

本部分与 IEC 60050-195:1998 及其第一次修改单相比，主要差异如下：

——修改了 195-02-03 接地导体的定义，增加了“接地网”内容；

——修改了 195-02-01 接地极的定义，增加了“土壤”内容；

——修改了 195-02-30 地回路径的定义，增加了“导体或可导电部分”内容；

——修改了 195-02-39 磁屏蔽[体]的定义，增加了“亚铁磁材料”内容；

——修改了 195-04-04 限制进入区域的定义，删除了“经批准”内容。

本部分与 GB/T 2900.71《电工术语　电气装置》相关术语协调一致；与其他现行电工术语国家标准作了尽可能的协调。

本部分中术语条目编号与 IEC 60050-195:1998 保持一致。

本部分由全国电工术语标准化技术委员会提出并归口。

本部分起草单位：机械科学研究院中机生产力促进中心、中机中电设计研究院、中国电子标准化研究所、邮电工业标准化研究所、中国标准出版社。

本部分主要起草人：杨芙、王增尧、刘春勋、谭泳、张宁。

本部分为首次发布。

电工术语　接地与电击防护

1　范围

GB/T 2900 的本部分规定了接地与电击防护的基本概念、电气装置与设备、电击与阈值电流、运行、电压与电流、保护措施和电气安全等方面的术语和定义。

本部分适用于电工技术中涉及接地与电击防护的科学技术领域。

2　术语和定义

2.1　基本概念

195-01-01

参考地　**reference earth；reference ground**（US）

不受任何接地配置影响的、视为导电的大地的部分，其电位约定为零。

注："大地"是指地球及其所有自然物质。

195-01-02

电接触　**electric contact**

两个及以上可导电部分之间有意的或意外的相互接触，从而形成单一持续导电通路的状态。

195-01-03

［局部］地　**（local）earth；（local）ground**（US）

大地与接地极有电接触的部分，其电位不一定等于零。

195-01-04

电击　**electric shock**

电流通过人体或动物躯体而引起的生理效应。

195-01-05

电击防护　**protection against electric shock**

减小电击危险的防护措施。

195-01-06

可导电部分　**conductive part**

能传导电流的部分。

195-01-07

导体　**conductor**

用于承载规定电流的可导电部分。

195-01-08

接地，动词　**earth**（verb）；**ground**（verb）（US）

在系统、装置或设备的给定点与局部地之间作电连接。

注：与局部地之间的连接可以是：

——有意的，或

——无意的或意外的。

也可以是永久性的或临时性的。

195-01-09

等电位　**equipotentiality**

几个可导电部分处于电位大体上相等的状态。

195-01-10

等电位联结 equipotential bonding

为达到等电位，多个可导电部分间的电连接。

195-01-11

保护接地 protective earthing；protective grounding (US)

为了电气安全，将系统、装置或设备的一点或多点接地。

195-01-12

作业接地 earthing for work；grounding for work (US)

将已停电的带电部分接地，以便在无电击危险情况下进行作业。

195-01-13

功能接地 functional earthing；functional grounding (US)

出于电气安全之外的目的，将系统、装置或设备的一点或多点接地。

195-01-14

[电力]系统接地 (power) system earthing；(power) system grounding (US)

电力系统的一点或多点的功能接地和保护接地。

[GB/T 2900.57，2.4.11]

195-01-15

保护等电位联结 protective-equipotential-bonding

为安全目的的等电位联结。

195-01-16

功能等电位联结 functional-equipotential-bonding

非安全目的而为运行原因进行的等电位联结。

195-01-17

对地阻抗 impedance to earth

在给定频率下，系统、装置或设备的指定点与参考地之间的阻抗。

195-01-18

对地电阻 resistance to earth；resistance to ground (US)

对地阻抗的实部。

195-01-19

土壤电阻率 electric resistivity of soil

有代表性的土壤样品的电阻率。

2.2 电气装置与设备

195-02-01

接地极 earth electrode；ground electrode (US)

埋入土壤或特定的导电介质（如混凝土或焦炭）中，与大地有电接触的可导电部分。

195-02-02

独立接地极 independent earth electrode；independent ground electrode (US)；remote earth (deprecated)

与其他接地极之间保持一定距离，使其电位不受大地与其他接地极之间电流的显著影响的接地极。

195-02-03

接地导体 earth conductor；earthing conductor；grounding conductor (US)；earth conductor (deprecated)

在系统、装置或设备的给定点与接地极或接地网之间提供导电通路或部分导电通路的导体。

195-02-04

中间点 mid-point

两个对称电路元件的公共点，两元件的另两端与同一电路的不同线导体相连。

195-02-05

中性点 neutral point

多相系统星形连接的公共点，或单相系统的接地中间点。

195-02-06

中性导体 neutral conductor

电气上与中性点连接并能用于配电的导体。

195-02-07

中间导体 mid-point conductor

电气上与中间点连接并能用于配电的导体。

195-02-08

线导体 line conductor

相导体(交流系统) phase conductor (AC) (deprecated)

极导体(直流系统) pole conductor (DC) (deprecated)

正常运行时带电并能用于输电或配电的导体，但不是中性导体或中间导体。

195-02-09

保护导体 protective conductor (identification: PE)

PE(缩写词)

为了安全目的，如电击防护中设置的导体。

195-02-10

保护联结导体 protective bonding conductor; quipotential bonding conductor (deprecated)

用于保护等电位联结的保护导体。

195-02-11

保护接地导体 protective earthing conductor; protective grounding conductor (US)

用于保护接地的保护导体。

195-02-12

保护接地中性导体 PEN conductor

PEN 导体

兼有保护接地导体和中性导体功能的导体。

195-02-13

保护接地中间导体 PEM conductor

PEM 导体

兼有保护接地导体和中间导体功能的导体。

195-02-14

保护接地线导体 PEL conductor

PEL 导体

兼有保护接地导体和线导体功能的导体。

195-02-15

功能接地导体 functional earthing conductor; functional grounding conductor (US)

用于功能接地的接地导体。

195-02-16

功能联结导体　functional bonding conductor

用于功能等电位联结的导体。

195-02-17

保护接地兼功能接地导体　protective earthing and functional earthing conductor; protective grounding and functional grounding conductor (US)

兼有保护接地导体和功能接地导体功能的导体。

195-02-18

保护接地兼功能联结导体　protective earthing and functional bonding conductor; protective grounding and functional bonding conductor (US)

兼有保护接地导体和功能联结导体功能的导体。

195-02-19

带电部分　live part

正常运行中带电的导体或可导电部分，包括中性导体，但按惯例不包括 PEN 导体、PEM 导体和 PEL 导体。

注：本概念不一定意味着有电击危险。

195-02-20

接地配置　earthing arrangement; grounding arrangement

接地系统　earthing system (deprecated)

系统、装置和设备的接地所包含的所有电气连接和器件。

195-02-21

接地网　earth-electrode network; ground-electrode network (US)

接地配置的组成部分，仅包括接地极及其相互连接部分。

195-02-22

等电位联结系统　equipotential bonding system

EBS(缩写词)　**EBS** (abbreviation)

为实现可导电部分之间的等电位联结而将这些部分相互连接。

注：如果等电位联结系统接地，它就成为接地配置的组成部分。

195-02-23

保护等电位联结系统　protective equipotential bonding system

PEBS(缩写词)　**PEBS** (abbreviation)

用于保护等电位联结的等电位联结系统。

195-02-24

功能等电位联结系统　functional equipotential bonding system

FEBS(缩写词)　**FEBS** (abbreviation)

用于功能等电位联结的等电位联结系统。

195-02-25

共用等电位联结系统　common equipotential bonding system

共用联结网　common bonding network

CBN(缩写词)　**CBN** (abbreviation)

用于保护等电位联结及功能等电位联结的等电位联结系统。

195-02-26

架空地线　overhead earth wire; overhead ground wire (US)

在架空线的一些或所有杆塔处有意接地的导体，这些导体一般(但不一定)安装在线导体的上方。

195-02-27

[电气]埋地导体系统　(electric) counterpoise system

与架空线路的杆塔的塔脚有电气连接，且埋在地中的导体或导体系统。

195-02-28

地下电缆线路接地极　underground cable-route earth electrode; underground cable-route ground electrode (US); uninsulated earth conductor (deprecated)

通常沿电缆线路敷设，并沿该路径提供接地的接地极。

195-02-29

平行接地导体　parallel-earthing-conductor; parallel-grounding-conductor (US); parallel earth continuity conductor (deprecated)

通常沿电缆线路敷设的导体，并能在电缆线路两端接地配置之间提供低阻抗连接。

195-02-30

地回路径　earth-return path; ground-return path (US)

由接地配置之间的大地和导体或可导电部分提供的导电路径。

195-02-31

接地端子　earthing terminal; grounding terminal (US); earth terminal (deprecated)

设备或装置上用来与接地配置进行电气连接的端子。

195-02-32

等电位联结端子　equipotential bonding terminal

设备或器件上用来与等电位联结系统进行电连接的端子。

195-02-33

总接地端子　main earthing terminal; main grounding terminal (US)

总接地母线　main earthing busbar; main grounding busbar (US); earth circuit connector(deprecated)

接地配置组成部分的端子或母线，用于多个接地导体的电气连接。

195-02-34

接地开关　earthing switch; grounding switch (US)

电气回路中接地部分的机械开关器件，它能承受规定时间内的非正常状况，例如短路时的电流，但并不要求它承载电气回路正常状况下的电流。

注：接地开关可有一定的短路接通能力。

195-02-35

外壳　enclosure

能提供预期应用上相适应的防护类型和防护等级的外罩。

195-02-36

（在修改单1中删除此条）

195-02-37

屏蔽[体]　screen

用以减弱电场、磁场或电磁场透入给定区域的器件。

195-02-38

可导电屏蔽[体]　(conductive) screen; (conductive) shield (US)

包封或分隔电路和/或导体的可导电部分。

195-02-39

磁屏蔽[体]　magnetic screen

由铁磁材料或亚铁磁材料制成的,用以减弱磁场透入给定区域的屏蔽体。

195-02-40

电磁屏蔽[体]　electromagnetic screen

由导电材料制成的,用以减弱时变的电磁场透入给定区域的屏蔽体。

195-02-41

功能性绝缘　functional insulation

为了设备所需的正常功能,在可导电部分之间设置的绝缘。

2.3　电击与阈值电流

195-03-01

电灼伤　electric burn

电流流经皮肤或器官表面或通过它们所引起的灼伤。

195-03-02

[电击]痉挛　(electrical) tetanization

由电刺激引起肌肉最大程度或接近最大程度的收缩。

注：反复电刺激的间隔时间若比单一刺激引起的肌肉痉挛时间短,将导致肌肉持续性痉挛。

195-03-03

纤维性颤动　fibrillation

单个肌肉纤维之间不能相互协调动作引起的肌肉抽动。

195-03-04

心脏纤维性颤动　cardiac fibrillation

一个或多个心室的肌肉纤维性颤动,引起心脏机能的紊乱。

195-03-05

心室纤维性颤动　ventricular fibrillation

只发生在心室中的心脏纤维性颤动,造成血液循环无效和心脏故障。

195-03-06

电击致死　electrocution

致命的电击。

195-03-07

感知电流阈值　perception-threshold-current;threshold current (deprecated)

人体或动物身体能感知的流过其身体的最小电流值。

195-03-08

痉挛电流阈值　tetanization threshold (current);freezing current (deprecated)

对一固定频率和波形的电流,引起肌肉持续、无意识、不可克服地痉挛时的最小值。

195-03-09

摆脱电流阈值　let-go threshold (current);releasing current (deprecated);let-go current (US) (deprecated)

人体能自主摆脱的通过人体的最大电流值。

195-03-10

心室纤维性颤动电流阈值　threshold of ventricular fibrillation;ventricular fibrillation threshold (current);fibrillating current (deprecated)

引起心室纤维性颤动的最小电流值。

注：心室纤维性颤动可引起血液循环停止。

2.4 运行

195-04-01

熟练[电气]技术人员 (electrically) skilled person

具有相应教育和经验,能察觉和避免由于电引起危害的人员。

195-04-02

受过培训的[电气]人员 (electrically) instructed person

由熟练电气技术人员充分指导或监督的,能察觉和避免由于电引起危害的人员。

195-04-03

一般人员 ordinary person

既不是熟练技术人员,也不是受过培训的人员。

195-04-04

限制进入区域 restricted access area

只有熟练电气技术人员和受过培训的电气人员可进入的区域。

195-04-05

中性点接地方式 neutral point treatment;neutral point connection (deprecated)

中性点与参考地的电连接方式。

195-04-06

中性点直接接地系统 solidly earthed neutral system;solidly grounded neutral system (US)

至少有一个中性点直接接地的系统。

195-04-07

中性点不接地系统 isolated neutral system

除保护或测量用途采用高阻抗接地之外,中性点不接地的系统。

195-04-08

中性点阻抗接地系统 impedance earthed neutral system;impedance grounded neutral system (US)

至少有一个中性点是经具有能限制线对地短路电流的阻抗器接地的系统。

195-04-09

中性点消弧线圈接地系统 arc-suppression-coil earthed neutral system;arc-suppression-coil grounded neutral system (US);**resonant earthed neutral system;resonant grounded neutral system** (US)

至少有一个中性点是经具有在发生单相接地故障时能大致抵消线对地电容的器件的系统。

195-04-10

自动切断电源 automatic disconnection of supply

故障时,保护器件自动将受影响的一根或多根线导体断开。

195-04-11

短路 short-circuit

两个或多个导电部分之间意外的或有意的形成的导电通路,此通路迫使这些导电部分之间的电位差等于或接近于零。

195-04-12

线对地短路 line-to-earth short-circuit

在中性点直接接地系统或中性点经阻抗接地系统中发生的线导体和大地之间的短路。

注:线对地短路是可能产生的,例如:可经接地导体和接地极而发生。

195-04-13

(在修改单1中删除此条)

195-04-14

接地故障　earth fault;ground fault (US)

带电导体与大地之间意外出现导电通路。

注 1：导电路径可能通过有瑕疵的绝缘，通过结构物（例如杆子、脚手架、起重机、梯子）或通过植物（如大树、灌木），并具有显著的阻抗。

195-04-15

开路故障　(conductor) continuity fault;open circuit fault;series fault (deprecated)

同一导体两点之间意外出现具有相对高阻抗特性的状态。

195-04-16

线间短路　line-to-line short-circuit

两根或多根线导体之间的短路，在同一处它可伴随或不伴随线对地短路。

2.5　电压与电流

195-05-01

线[间]电压　line-to-line voltage;phase-to-phase voltage (deprecated)

电气回路中给定点处两个线导体之间的电压。

195-05-02

相电压　line-to-neutral voltage;phase-to-neutral voltage (deprecated)

交流电气回路中给定点处相导体与中性导体之间的电压。

195-05-03

线对地电压　line-to-earth voltage;line-to-ground voltage (US);phase-to-earth voltage (deprecated)

电气回路中给定点处线导体与参考地之间的电压。

195-05-04

中性点位移电压　neutral-point displacement voltage

多相系统中，实际的或等效的中性点与参考地之间的电压。

195-05-05

短路时对地电压　voltage to earth during a short-circuit;voltage to ground during a short-circuit (US)

在给定短路点和短路电流值条件下的指定点与参考地之间的电压。

195-05-06

接地故障时对地电压　voltage to earth during an earth fault;voltage to ground during a ground fault (US)

在给定接地故障点和接地故障电流值条件下的指定点与地之间的电压。

195-05-07

接地导体(对地)电压　earthing-conductor voltage (to earth);grounding-conductor voltage (to ground) (US)

接地导体和地之间的电压。

195-05-08

地面(对地)电压　earth-surface voltage (to earth);ground-surface voltage (to ground) (US)

大地表面一指定点与参考地之间的电压。

195-05-09

预期接触电压　prospective touch voltage

人或动物尚未接触到可导电部分时，这些可能同时触及的可导电部分之间的电压。

195-05-10

约定接触电压限值　conventional prospective touch voltage limit

在规定的外界影响条件下，允许无限定时间持续存在的预期接触电压的最大值。

195-05-11

[有效]接触电压　(effective) touch voltage

人或动物同时接触到两个可导电部分之间的电压。

注：有效接触电压值可能受到与这些可导电部分发生电接触的人或动物的阻抗明显的影响。

195-05-12

跨步电压　step voltage

大地表面相距 1 m(人的步距)的两点之间的电压。

注：在我国有关跨步电压规范中，人的步距取 0.8 m。

195-05-13

信号接触电位　signal-touch-potential

预期被人接触的供信号或控制用的带电部分的电位。

195-05-14

接地故障因数　earth fault factor; ground fault factor (US)

在给定系统结构的三相系统中某一给定点处，发生了影响系统任一点上的一根或多根导线的接地故障，在未故障导线上线对地的最大工频电压方均根值与未发生接地故障时导线上线对地的工频电压方均根值之比。

195-05-15

泄漏电流　leakage current; earth current (deprecated)

正常运行状况下，在不期望的可导电路径内流过的电流。

195-05-16

杂散电流　stray current

因有意或无意的接地，在大地中或埋在地下的金属物体中产生的泄漏电流。

195-05-17

部分短路电流　partial short-circuit current

由于另一点短路而流经该电网给定点的电流。

[GB/T 2900.57,2.2.26]

195-05-18

短路电流　short-circuit current

流经给定短路点的电流。

195-05-19

部分[导体]持续故障电流　partial (conductor) continuity fault current

由于另一点导体持续故障而流经该电网给定点的电流。

[GB/T 2900.57,2.2.25]

195-05-20

[导体]持续故障电流　(conductor) continuity fault current

引起导体持续故障的阻抗内的电流。

195-05-21

接触电流　touch current

当人或动物触及电气装置或电气设备的一个或多个可触及部分时，通过其躯体的电流。

2.6 电气安全的防护措施

195-06-01

基本防护　basic protection

无故障条件下的电击防护。

195-06-02

故障防护　fault protection

单一故障条件下的电击防护。

195-06-03

直接接触　direct contact

人或动物与带电部分的电接触。

195-06-04

间接接触　indirect contact

人或动物与故障状况下带电的外露可导电部分的电接触。

195-06-05

危险带电部分　hazardous-live-part

在某些条件下能造成伤害性电击的带电部分。

195-06-06

基本绝缘　basic insulation

能够提供基本防护的危险带电部分上的绝缘。

注：本概念不适用于仅用作功能性目的的绝缘。

195-06-07

附加绝缘　supplementary insulation

除了基本绝缘外，用于故障防护附加的单独绝缘。

195-06-08

双重绝缘　double insulation

既有基本绝缘又有附加绝缘构成的绝缘。

195-06-09

加强绝缘　reinforced insulation

危险带电部分具有相当于双重绝缘的电击防护等级的绝缘。

注：加强绝缘可以由几个不能像基本绝缘或附加绝缘那样单独测试的绝缘层组成。

195-06-10

外露可导电部分　exposed-conductive-part

设备上能触及到的可导电部分，它在正常状况下不带电，但是在基本绝缘损坏时会带电。

195-06-11

外界可导电部分　extraneous-conductive-part

装置外可导电部分

非电气装置的组成部分，且易于引入电位的可导电部分，该电位通常为局部地电位。

195-06-12

伸臂范围　arm's reach

从人通常站立或活动的表面上的任一点延伸到人不借助任何手段，从任何方向能用手达到的最大范围。

195-06-13

电气外壳　electrical enclosure

为防止可预见到的电气危险而提供的外壳。

195-06-14

[电气]保护外壳 (electrically) protective enclosure

为防护从任何方向接近危险带电部分并围住设备内部部件的电气外壳。

195-06-15

[电气]保护遮栏 (electrically) protective barrier

为防止从任一通常接近方向直接接触而设置的防护物。

195-06-16

[电气]保护阻挡物 (electrically) protective obstacle

为防止无意的直接接触而设置的防护物，但并不防止有意的直接接触。

195-06-17

[电气]保护屏蔽[体] (electrically) protective screen;(electrically) protective shield (US)

用以将电气回路和/或导体与危险带电部分隔开的导电的屏蔽体。

195-06-18

[电气]保护屏蔽 (electrically) protective screening;(electrically) protective shielding (US)

用与保护等电位联结系统连接的电气保护屏蔽体将电气回路和/或导体与危险带电部分隔开，并提供电击防护。

195-06-19

[电气]保护分隔 (electrically) protective separation

借助于下列方法将一电路与另一电路分隔：

——双重绝缘，或

——基本绝缘和电气保护屏蔽，或

——加强绝缘。

195-06-20

限流源 limited-current source

为电路提供电能的器件：

——用限制到无危险水平的稳态电流和电荷供电，和

——在设备输出端和任何危险带电部分之间设置电气保护分隔。

195-06-21

非导电环境 non-conducting environment

当人或动物接触已变为危险带电的外露可导电部分时，依靠环境（如绝缘墙或绝缘地板）的高阻抗性和不存在接地的可导电部分来进行防护的措施。

中 文 索 引

英 文 索 引

A

B

L

M

N

T

U

V

W

ICS 01.040.29
K 04

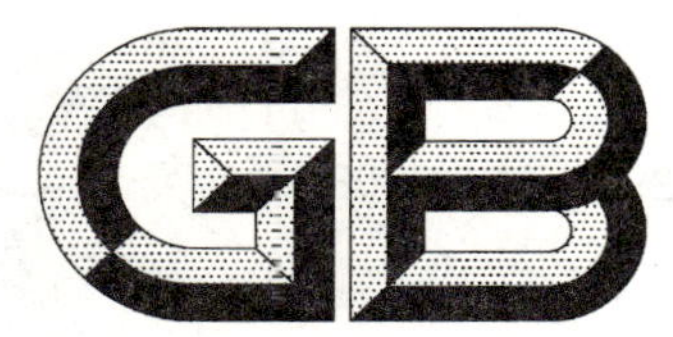

中华人民共和国国家标准

GB/T 2900.74—2008

电工术语 电路理论

Electrotechnical terminology—Circuit theory

(IEC 60050-131:2002, International electrotechnical vocabulary—Part 131:Circuit theory, MOD)

2008-05-28 发布 2009-01-01 实施

中华人民共和国国家质量监督检验检疫总局
中国国家标准化管理委员会 发布

前　言

本部分为 GB/T 2900 的第 74 部分。本部分修改采用 IEC 60050-131:2002《国际电工词汇　第 131 部分:电路理论》及其第一号修改单(1/2051/FDIS:2007)。

本部分与 IEC 60050-131:2002 和 1/2051/FDIS:2007 相比,存在如下技术差异:

——131-11-48 增加了注 2,指出相位移角不限于用于正弦状态下施加在线性二端元件或二端电路的电压和该元件和电路中的电流的相位差,一般情况下也可以指正弦状态下电路中两个量(如电压、电流、磁通链等)之间的相位差。

——131-12-34 的定义作了修改。在 IEC 60050-131 中,"电感矩阵"的定义不正确。在 1/2051/FDIS:2007 中,IEC 参考我国意见作了修改,但仍存在问题。

——131-12-78 的注 1 作了修改。在 1/2051/FDIS:2007 中,NOTE 1: An ideal transformer can be considered as a linear inductive 2-terminal-pair element characterized by a singular inductance matrix. 原文的意思不清楚,修改为:"理想变压器没有电感矩阵。"

——131-13-16、131-13-22、131-15-10 分别增加了一个注,指出 IEC 60050-131 将"mesh"定义为"基本回路",但是中国大部分书籍中"基本回路"对应英语中的"fundamental loop",而"mesh"一词指平面图的"网孔"。

——131-13-21 增加了注 2,指出按照本术语定义,在中国多数教科书中称为增广关联矩阵,对应的英文是 augmented branch-node incidence matrix 的情况。

——131-15-07 关于等效电路加了注 2,指出 n 端口的等效电路又可定义为另一个内部结构较简单的 n 端口,且二者有相同的端口特性。

本部分与 GB/T 2900.61—2002《电工术语　物理和化学》、GB/T 2900.60—2002《电工术语　电磁学》、GB/T 14733.7—1993《电信术语　振荡、信号和相关器件》和 GB/T 14733.2—1993《电信术语　传输线与波导》作了尽可能的协调。

本部分中术语条目编号与 IEC 60050(131):2002 保持一致。

本部分由全国电工术语标准化技术委员会提出并归口。

本部分起草单位:机械科学研究院中机生产力促进中心、清华大学、北京理工大学。

本部分主要起草人:肖达川、龚绍文、王赞基、杨芙。

本部分为首次发布。

电工术语　电路理论

1　范围

本部分规定了用于电路和磁路理论中的基本术语，以及与电路元件及其特性、网络拓扑学、二端口与 n 端口网络和电路理论方法有关的基本术语。

本部分适用于涉及电工技术的所有科学技术领域。

2　规范性引用文件

下列文件中的条款通过 GB/T 2900 的本部分的引用而成为本部分的条款。凡是注日期的引用文件，其随后所有的修改单(不包括勘误的内容)或修订版均不适用于本部分，然而，鼓励根据本部分达成协议的各方研究是否可使用这些文件的最新版本。凡是不注日期的引用文件，其最新版本适用于本部分。

GB/T 2900.61—2002　电工术语　物理和化学(eqv IEC 60050-111:1996)

GB/T 2900.60—2002　电工术语　电磁学(eqv IEC 60050-121:1998)

GB/T 14733.7—1993　电信术语　振荡、信号和相关器件

GB/T 14733.2—1993　电信术语　传输线与波导(eqv IEC 60050-726:1982)

IEC 60027-1:1992　用于电工技术中的字母符号　第一部分:一般符号

IEC 60027-1:1992　第 1 次修改(1997)

IEC 60027-2:2000　用于电工技术中的字母符号　第二部分:电信和电子

IEC 60050-101:1998　国际电工词汇　101 部分:数学

IEC 60050-151:2001　国际电工词汇　151 部分:电器件和磁器件

3　术语和定义

3.1　一般术语

131-11-01

积分量(电磁学中的)　**integral quantity** (in electromagnetism)

电磁场相关的量的线、面或体积分。

注 1：电磁场相关的量例如有:电场强度，电通密度，磁场强度，磁通密度，体电荷密度，电流密度，磁矢位。
电磁场相关的量的积分量例如有:电压，电流，电荷，磁通，磁压，磁链(参见 GB/T 2900.60—2002)。

注 2：在 IEC 60050-101:1998 中有线、面和体积分的定义。

131-11-02

电路理论　**circuit theory**

网络理论　**network theory**

研究电与磁系统的理论，该理论用积分量描述电与磁现象。

注：电路理论是基于场量的更具普遍性理论的简化(参见 IEC 60050-101:1998 和 GB/T 2900.60—2002)。

131-11-03

路元件　**circuit element**

在电磁学中，用积分量之间的一个或几个关系来表征的器件的数学模型。

131-11-04

电路元件　**electric circuit element**

只涉及电积分量之间的关系的路元件。

131-11-05

磁路元件　magnetic circuit element

只涉及磁积分量之间的关系的路元件。

131-11-06

路(1)　circuit

相互连接的路元件的集。

131-11-07

电路　electric circuit

电网络　electric network

仅由电路元件组成的路。

注1：在IEC 60050-151:2001中,"电路"和"电网络"两个词具有与器件和介质有关的另外的含义。

注2：没有限定词的"网络"一词也用于网络拓扑中。(参见131-13-03)

131-11-08

磁路　magnetic circuit

仅由磁路元件组成的路。

注：在IEC 60050-151:2001中,"磁路"一词具有与磁介质有关的另外的含义。

131-11-09

集总的　lumped

描述一个路元件,其积分量之间的关系可以用函数,或对时间的导数,或对时间的积分,或它们的组合来表达。

注：对于集总路元件,认为其尺寸相对于电磁场的相应波长可以忽略不计。

131-11-10

分布的　distributed

描述一个路元件,其积分量之间的关系包含对空间坐标的导数。

131-11-11

端子　terminal

电路元件、电路或网络(131-13-03)与其他电路元件、电路或网络相互连接的点。

注1：对于电路元件,端子就是在其上或在其间定义有关积分量的点。在每个端子仅有一个电流由外部进入元件。

注2：在IEC 60050-151:2001中;"端子"一词有相关的含义。

131-11-12

n端的　n-terminal

描述一具有n个端子的电路元件、电路或网络(131-13-03),其中n一般大于2。

131-11-13

n端电路元件　n-terminal circuit element

具有n个端子的电路元件,其中n一般大于2。

注：对于n端电路元件：

1)　任何瞬时从这n个端子进入该元件的电流的代数和为零;

2)　积分量之间有$n-1$个独立的关系。

131-11-14

n端电路　n-terminal circuit

具有n个端子的电路,其中n一般大于2。

131-11-15

二端电路　two-terminal circuit

具有两个端子的电路。

131-11-16

二端元件　two-terminal element

具有两个端子的电路元件。

131-11-17

非时变的　time-independent

描述一个路元件或路，其积分量之间的关系与时间无关。

131-11-18

线性的　linear

描述一个路元件或路，其积分量之间的关系是线性的。

注 1：两个量 x 和 y 之间的关系 $y=F(x)$，如果满足

$$F(\alpha x_1+\beta x_2)=\alpha F(X_1)+\beta F(x_2)$$

称关系 $y=F(x)$ 是线性的，其中 F 是算子，α 和 β 为实数或复数。

注 2：在 GB/T 2900.61—2002 的 111-12-09 和 111-14-58 中，英语"linear"一词有另外的含义。

131-11-19

非线性的　non-linear

描述一个路元件或路，其积分量之间的关系不全是线性的。

131-11-20

对称的　symmetric

描述一个二端元件或二端电路，如果每个积分量的值都用它的负值代替，积分量之间的关系不变。

注 1：由瞬时电压与瞬时电流之间的奇函数关系表征的电阻元件是一例。

注 2：对于二端口网络(见 131-12-70)或多相系统，"对称的"一词有另外含义。

131-11-21

非对称的　asymmetric

描述一个二端元件或二端电路，如果每个积分量的值都用它的负值代替，积分量之间的诸关系中至少有一个不成立。

注 1：理想二极管是一例。

注 2：对于二端口网络(见 131-12-71)，"非对称的"一词有另外含义。

131-11-22

直流电流　direct current

不随时间变化的电流，或广义理解为以直流分量为主的周期电流。

注：在 IEC 60050-151:2001 中定义了限定词 DC(直流)。

131-11-23

直流电压　direct voltage;direct tension

不随时间变化的电压，或广义理解为以直流分量为主的周期电压。

注：在 IEC 60050-151:2001 中定义了限定词 DC(直流)。

131-11-24

交流电流　alternating current

对时间作周期性变化而直流分量为零，或广义理解为直流分量可以忽略的电流。

注：在 IEC 60050-151:2001 中定义了限定词 AC(交流)。

131-11-25

交流电压　alternating voltage;alternating tension

对时间作周期性变化而直流分量为零，或广义理解为直流分量可以忽略的电压。

注：在 IEC 60050-151:2001 中定义了限定词 AC(交流)。

131-11-26

相量　phasor

正弦积分量的复数量表示：复数量的辐角为所代表的积分量的初相位，复数量的模为所表示的正弦

量的方均根值。[101-14-62 MOD]

注1：对于量 $a(t)=A\sqrt{2}\cos(\omega t+\theta_0)$，其相量为 $A\exp(j\theta_0)$。

注2：复数量的模等于正弦量的幅值的相似表示，有时候也称为“相量”。

注3：相量也可以用相量图表示。

131-11-27

周期状态　periodic conditions

电路元件或电路的一种状态，其特征为所有电流和电压均为具有相同周期的时间周期函数。

131-11-28

正弦状态　sinusoidal conditions

线性电路元件或电路的一种状态，其特征为所有电流和电压均为具有相同频率的时间正弦函数。

131-11-29

电流方向　direction of electric current

按惯例，净正电荷从一端子流到另一端子的方向。

注：通常的情况是，载流子带负电荷，电流的方向与这些载流子流动的方向相反。

131-11-30

瞬时功率(二端电路的)　**instantaneous power** (for a two terminal circuit)

p

对于端子为A和B的二端元件或电路，端子间的瞬时电压 u_{AB}(131-11-56)与该元件或电路中瞬时电流 i 的乘积

$$p = u_{AB} \cdot i$$

式中，元件或电路中的电流，当其方向是由A到B时 i 前取正号，否则冠以负号。

注1：电流方向的定义如131-11-29所述。

注2：在电路理论中，一般讲，电场强度是无旋的，即有 $u_{AB}=V_A-V_B$，其中 V_A 和 V_B 分别为端子A和B处的电位。

131-11-31

瞬时功率(n 端电路的)　**instantaneous power** (for an n-terminal circuit)

选择诸端子中一个端子为公共端子，其余每一端子均可与该端子形成一个端对时，这 $n-1$ 个端对的瞬时功率之和。

注：瞬时功率的值与公共端子的选择无关。

131-11-32

瞬时吸收功率　instantaneous absorbed power

二端电路或 n 端电路的正值瞬时功率。

131-11-33

瞬时供给功率　instantaneous supplied power

二端电路或 n 端电路的负值瞬时功率。

131-11-34

无源的　passive

描述电路元件或电路，其瞬时功率在初次对之供给电能之前的某一瞬时开始的任何时间间隔内的时间积分为非负的。

注1：周期状态下，积分区间可以取整数个周期，不必从负无穷开始积分。

注2：一般情况下，无源电路不含电压源或电流源。

131-11-35

耗能的　dissipative

描述无源电路元件或无源电路，其瞬时功率在初次对之供给电能之时开始的任何时间间隔内的时间积分是正的。

注：周期状态下，积分区间可以取整数个周期，不必从负无穷开始积分。

131-11-36

非耗能的　non-dissipative

描述无源电路元件或无源电路，其瞬时功率在初次对之供给电能之前的某一瞬时开始的任何时间间隔内的时间积分不总是正的。

注：周期状态下，积分区间可以取整数个周期，不必从负无穷开始积分。此时，瞬时功率的时间积分为零。

131-11-37

无功的　reactive

描述正弦状态下的电路元件或电路，其瞬时功率在整数周期内的时间积分为零。

注：无功的电路元件或电路是无源的和非耗能的。

131-11-38

有源的　active

描述不是无源的电路元件或电路。

注1：有源电路通常含有电压源或电流源。

注2：131-11-42 中，英语"active"一词有另外含义。

131-11-39

复功率　complex power

复视在功率　complex apparent power

复表观功率

$\underline{S}$

正弦状态下，代表线性二端元件或二端电路端子间电压的相量 $\underline{U}$ 与代表该元件或电路中电流的相量 $\underline{I}$ 的共轭复数的乘积：

$$\underline{S} = \underline{U}\,\underline{I}^*$$

注：在国际单位制(SI)中，复功率的单位是伏安。

131-11-40

复交流功率　complex alternating power

交流功率　alternating power

$\underline{S}_\sim$

正弦状态下，代表线性二端元件或二端电路端子间电压的相量 $\underline{U}$ 与代表该元件或电路中电流的相量 $\underline{I}$ 的乘积：

$$\underline{S}_\sim = \underline{U}\,\underline{I}$$

注：在国际单位制(SI)中，复交流功率的单位是伏安。

131-11-41

视在功率　apparent power

表观功率

S

二端元件或二端电路端子间电压的方均根值 U 与该元件或电路中的电流的方均根值 I 的乘积：

$$S = UI$$

注1：正弦状态下，视在功率是复功率的模。

注2：在国际单位制(SI)中，视在功率的单位为伏安。

131-11-42

有功功率　active power

P

周期状态下，瞬时功率 p 在一个周期 T 内的平均值：

$$P = \frac{1}{T}\int_0^T p\mathrm{d}t$$

注1：在正弦状态下，有功功率是复功率的实部。

注2：在国际单位制(SI)中，有功功率的单位是瓦特。

131-11-43

非有功功率　non-active power

$Q_{\sim}$

对于周期状态下的二端元件或二端电路，其量值等于视在功率与有功功率的平方差再取平方根的量：

$$Q_{\sim} = \sqrt{S^2 - P^2}$$

式中 S 是视在功率，P 是有功功率。

注1：正弦状态下，非有功功率是复功率虚部的绝对值。

注2：在国际单位制(SI)中，非有功功率的单位是伏安，在 IEC 60027-1:1992 中给出了此量专用单位的名称"乏"和符号"var"。

131-11-44

无功功率　reactive power

Q

对于正弦状态下线性二端元件或二端电路，其量值等于视在功率 S 和(端子间电压对电流的)相位移角 φ(131-11-48)的正弦之乘积的量：

$$Q = S\sin\varphi$$

注1：无功功率的绝对值等于非有功功率。

注2：在国际单位制(SI)中，无功功率的单位是伏安。在 IEC 60027-1:1992 中给出了此量专用单位的名称"乏"和符号"var"。

131-11-45

乏　var

在非有功功率和无功功率的情况下，伏安的专用名称。

131-11-46

功率因数　power factor

λ

周期状态下，有功功率 P 的绝对值与视在功率 S 的比值：

$$\lambda = \frac{|P|}{S}$$

注：正弦状态下，功率因数是有功因数的绝对值。

131-11-47

非有功功率因数　non-active power factor

$\lambda_{\sim}$

周期状态下，非有功功率 $Q_{\sim}$ 与视在功率 S 的比值：$\lambda_{\sim} = \frac{Q_{\sim}}{S}$

注：正弦状态下，非有功功率因数等于无功因数的绝对值。

131-11-48

相位移角　displacement angle

相位差角　phase difference angle

φ

正弦状态下，施加在线性二端元件或二端电路的电压和该元件或电路中的电流之间的相位差。

注1：相位移角的余弦是有功因数。

注2：一般说来，相位移角指正弦状态下电路中两个量(例如电压、电流、磁通链)之间的相位差。

131-11-49

有功因数　active factor

对于正弦状态下的二端元件或二端电路，有功功率与视在功率的比值。

注：有功因数等于（端子间电压对电流的）相位移角（131-11-48）的余弦。

131-11-50

无功因数　reactive factor

对于正弦状态下的二端元件或二端电路，无功功率与视在功率的比值。

注：无功因数等于（端子间电压对电流的）相位移角（131-11-48）的正弦。

131-11-51

有功电流　active current

对于由周期电压供电的二端元件或二端电路，与电压成比例的电流分量，且比例系数等于有功功率除以电压的方均根值的平方。

注：正弦电压下，有功电流是元件或电路中的、与电压同频率同相位的电流分量。

131-11-52

非有功电流　non-active current

由周期电压供电的二端元件或二端电路的电流与有功电流之差。

注：非有功电流与电压正交，即二者的乘积在一个周期内的积分值为零。

131-11-53

无功电流　reactive current

正弦状态下的非有功电流。

注：无功电流是其相量与电压相量垂直的电流分量，即与电压的相位差为±π/2 的分量。

131-11-54

［电］感性电流　inductive current

其相位滞后于电压 π/2 的无功电流。

131-11-55

［电］容性电流　capacitive current

其相位超前于电压 π/2 的无功电流。

131-11-56

电压（电路理论中）　voltage (in circuit theory)；**electric tension** (in circuit theory)

u

在端子 A 与 B 之间，其量值 u_{AB} 等于 A 端电位 V_A 与 B 端电位 V_B 之差的量：

$$u_{AB} = V_A - V_B$$

注：在电路理论中，电场强度假设为无旋的。因此，本定义与电磁学术语中给出的更一般性的定义一致（见 GB/T 2900.60—2002 中的 121-11-27）。

3.2　电路元件及其特性

131-12-01

电阻性 *n* 端元件　resistive *n*-terminal element

无源 n 端电路元件，其特性由任两端子间电压和各端子处电流的函数关系表征。

注：n 端电阻性元件吸收的电能不能以电能形式从端子释放出来。

131-12-02

电阻性二端元件　resistive two-terminal element

无源二端元件，其特性由端子间电压和元件中电流的函数关系表征。

注：电阻性二端元件吸收的电能不能以电能形式从端子释放出来。

131-12-03

理想电阻器 ideal resistor

线性二端电阻性元件。

注 1：理想电阻器的电压除以电流的商是一正值常数。

注 2：“电阻器”的定义见 IEC 60050-151：2001。

131-12-04

电阻(1) **resistance** (1)

R

对于端子为 A 和 B 的电阻性二端元件或二端电路，端子间电压 u_{AB}(131-11-56)除以元件或电路中电流 i 的商：

$$R=\frac{u_{AB}}{i}$$

式中，如果电流 i 的方向从 A 到 B，则电流 i 前取正号，否则冠以负号。

注 1：电阻不可为负。

注 2：“电阻”的另一意义见 131-12-45。

131-12-05

微分电阻 differential resistance

R_d

对于端子为 A 和 B 的电阻性二端元件或二端电路，端子间电压 u_{AB}(131-11-56)对元件或电路中电流 i 的导数：

$$R_d=\frac{du_{AB}}{di}$$

式中，如果电流 i 的方向从 A 到 B，则等号右端项取正号，否则冠以负号。

注：理想电阻器的微分电阻 R_d 等于其电阻 R。

131-12-06

电导(1) **conductance** (1)

G

对于端子为 A 和 B 的电阻性二端元件或二端电路，元件或电路中电流 i 除以端子间电压 u_{AB}(131-11-56)的商：

$$G=\frac{i}{u_{AB}}$$

式中，如果电流 i 的方向从 A 到 B，则电流 i 前取正号，否则冠以负号。

注 1：电导是电阻的倒数。

注 2：“电导”的另一意义见 131-12-53。

131-12-07

微分电导 differential conductance

G_d

对于端子为 A 和 B 的电阻性二端元件或二端电路，元件或电路中电流 i 对端子间电压 u_{AB}(131-11-56)的导数：

$$G_d=\frac{di}{du_{AB}}$$

式中，如果电流 i 的方向从 A 到 B，则等号右端项取正号，否则冠以负号。

注：理想电阻器的微分电导 G_d 等于其电导 G。

131-12-08

理想二极管　ideal diode

非对称电阻性二端元件，其特征是电流方向从端子 A 指向端子 B 时端子闫电压为零，端子 A 的电位低于或等于端子 B 的电位时电流为零。

注：电压 u_{AB} 和电流 i 的函数关系是：

$$i \geqslant 0 \text{ 时}, u_{AB} = 0$$
$$u_{AB} \leqslant 0 \text{ 时}, i = 0$$

其中，电流的参考方向由 A 到 B。

131-12-09

电容性 *n* 端元件　capacitive *n*-terminal element

无源 n 端电路元件，其特性由 $n-1$ 个端子分别对参考端子的电压(131-11-56)与 $n-1$ 个端子的电荷(131-12-11)的函数关系表征。

注：电容性 n 端元件吸收的电能以静电形式储存起来，并可全部释出。

131-12-10

电容性二端元件　capacitive two-terminal element

无源二端元件，其特性由端子间电压和电荷(131-12-11)的函数关系表征。

注：电容性二端元件吸收的电能以静电形式储存起来，并可全部释出。

131-12-11

电荷(电路理论中)　**electric charge** (in circuit theory)

二端元件或 n 端元件的某个端子电流的时间积分：

$$q(t) = \int_{t_0}^{t} i(\tau)\mathrm{d}\tau$$

式中，t_0 是第一次输入电能之前的任一时刻。

131-12-12

理想电容器　ideal capacitor

线性电容性二端元件。

注 1：理想电容器的电荷除以电压的商是正值常数。

注 2：英语里的"capacitor"(电容器)的定义见 IEC 60050-151:2001。

131-12-13

电容　capacitance

C

对于端子为 A 和 B 的电容性二端元件，电荷 q 除以端子间电压 u_{AB}(见 131-11-56)的商：

$$C = \frac{q}{u_{AB}}$$

式中，q 的符号由定义电荷的时间积分中的电流决定，如果电流的方向从 A 到 B，则 q 前取正号，否则冠以负号。

注：电容不可为负。

131-12-14

微分电容　differential capacitance

C_d

端子为 A 和 B 的电容性二端元件的电荷 q 对电压 u_{AB}(见 131-11-56)的导数：

$$C_d = \frac{\mathrm{d}q}{\mathrm{d}u_{AB}}$$

式中，q 的符号由定义电荷的时间积分中的电流决定，如果电流的方向从 A 到 B，则等号右端项取正号，否则冠以负号。

注：理想电容器的微分电容 C_d 等于其电容 C。

131-12-15

电感性 *m* 端对元件　inductive *m*-terminal-pair element

无源 m 端对电路元件，其特性由每一端对处瞬时电流和每对端子间的磁通链（131-12-17）的函数关系表征。

注：电感性 m 端对元件吸收的电能以磁形式储存起来，并可全部释出。

131-12-16

电感性二端元件　inductive two-terminal element

无源二端元件，其特性由元件电流和磁通链（131-12-17）的函数关系表征。

注：电感性二端元件吸收的电能以磁形式储存起来，并可全部释出。

131-12-17

磁通链（电路理论中）　**linked flux** (in circuit theory)

磁链

二端或 n 端元件的两个端子 A 与 B 之间电压 u_{AB}（见 131-11-56）的时间积分：

$$\Psi(t)=\int_{t_0}^{t}u_{AB}(\tau)\mathrm{d}\tau$$

式中，t_0 是第一次输入电能之前的任一时刻。

131-12-18

理想电感器　ideal inductor

线性电感性二端元件。

注1：理想电感器的磁通链除以电流的商是正值常数。

注2：英语里的“inductor”（电感器）的定义见 IEC 60050-151:2001。

131-12-19

电感　inductance

L

对于端子为 A 和 B 的电感性二端元件，磁通链 Ψ 除以元件中电流 i 的商：

$$L=\frac{\Psi}{i}$$

式中，Ψ 的符号决定于令定义该磁通链的时间积分中的电压为 A、B 两端的电位差；如果电流的方向从 A 到 B，则电流 i 前取正号，否则冠以负号。

注：电感不可为负。

131-12-20

微分电感　differential inductance

L_d

对端子为 A 和 B 的电感性二端元件，磁通链 Ψ 对元件电流 i 的导数：

$$L_d=\frac{\mathrm{d}\Psi}{\mathrm{d}i}$$

式中，Ψ 的符号决定于令定义磁通链的时间积分中的电压为 A、B 两端的电位差；如果电流的方向从 A 到 B，则等号右端项取正号，否则冠以负号。

注：理想电感器的微分电感 L_d 等于其电感 L。

131-12-21

理想电压源　ideal voltage source; ideal tension source

端子间电压与元件中电流无关的二端元件。

注：理想电压源是有源元件。

131-12-22

电源电压　source voltage;source tension

电动势(过时)　electromotive force (obsolete)

u_s

理想电压源端子间的电压。

131-12-23

理想电流源　ideal current source

电流与端子间电压无关的二端元件。

注：理想电流源是有源元件。

131-12-24

电源电流　source current

i_s

理想电流源的电流。

131-12-25

独立源　independent source

输出量和任何外部电压或电流无关的理想电压源或理想电流源。

131-12-26

受控源　controlled source

输出量和外部电压或电流有关的理想电压源或理想电流源。

注：晶体管等效电路里的流控电流源是受控源的例子。

131-12-27

磁阻元件　reluctant element

其特性是由磁压和磁通间的函数关系来表征的磁路元件。

注：磁压的定义见GB/T 2900.60—2002,121-11-57,其值为磁场强度沿连接两点的指定路径的线积分。若磁场强度是无旋的,则磁压即为磁位差。

131-12-28

磁阻　reluctance

R_m

磁阻元件的磁压 V_m 除以磁通 Φ 的商：

$$R_m = \frac{V_m}{\Phi}$$

注：磁阻是磁导的倒数。

131-12-29

磁导　permeance

Λ

磁阻元件的磁通 Φ 除以磁压 V_m 的商：

$$\Lambda = \frac{\Phi}{V_m}$$

注1：磁导是磁阻的倒数。

注2：国际单位制(SI)中,磁导的单位名称是亨利。

注3：用电路等效磁路时,磁导用电导代替,磁通用电流代替,磁压用电压代替。

131-12-30

耦合(电路理论中的)　**coupling** (in circuit theory)

两电路元件间的相互作用,其特性由一元件的积分量和另一元件的积分量之间的关系表征。

131-12-31

电容性耦合　capacitive coupling

一元件的端子间电压引起另一元件的电荷的、电路元件间的耦合。

131-12-32

电容矩阵　capacitance matrix

C

对于线性电容性 n 端元件，记 $m=n-1$，用于将这 m 个端子处的电荷 q_i(131-12-11)表达为该 m 个端子与第 n 个端子之间电压 u_{jn}(131-11-56)的函数关系的 $m\times m$ 矩阵：

$$\begin{pmatrix} q_1 \\ q_2 \\ \vdots \\ q_i \\ \vdots \\ q_m \end{pmatrix} = \begin{pmatrix} C_{11} & C_{12} & \cdots & C_{1j} & \cdots & C_{1m} \\ C_{21} & C_{22} & \cdots & C_{2j} & \cdots & C_{2m} \\ \vdots & \vdots & \ddots & \vdots & \ddots & \vdots \\ C_{i1} & C_{i2} & \cdots & C_{ij} & \cdots & C_{im} \\ \vdots & \vdots & \ddots & \vdots & \ddots & \vdots \\ C_{m1} & C_{m2} & \cdots & C_{mj} & \cdots & C_{mm} \end{pmatrix} \begin{pmatrix} u_{1n} \\ u_{2n} \\ \vdots \\ u_{jn} \\ \vdots \\ u_{mn} \end{pmatrix}$$

注 1：电容矩阵总是对称正定矩阵。

注 2：对于任意两个电路元件之间有电容性耦合的一组电容元件，也有电容矩阵。

131-12-33

电感性耦合　inductive coupling

一元件的电流引起另一元件的端子间磁通链的、电路元件间的耦合。

注：在电磁学里，电感性耦合定义如下：由一闭合路径中电流链引起的、穿过另一闭合路径所限定的任意面的磁通的磁相互作用。

131-12-34

电感矩阵　inductance matrix

L

对于线性电感性 n 端元件，记 $m=n-1$，用于将这 m 个端子与第 n 个端子之间磁通链 Ψ_i(131-12-17)表达为该 m 个端子处的电流 i_j 的函数关系的 $m\times m$ 矩阵：

$$\begin{pmatrix} \Psi_1 \\ \Psi_2 \\ \vdots \\ \Psi_i \\ \vdots \\ \Psi_m \end{pmatrix} = \begin{pmatrix} L_{11} & L_{12} & \cdots & L_{1j} & \cdots & L_{1m} \\ L_{21} & L_{22} & \cdots & L_{2j} & \cdots & L_{2m} \\ \vdots & \vdots & \ddots & \vdots & \ddots & \vdots \\ L_{i1} & L_{i2} & \cdots & L_{ij} & \cdots & L_{im} \\ \vdots & \vdots & \ddots & \vdots & \ddots & \vdots \\ L_{m1} & L_{m2} & \cdots & L_{mj} & \cdots & L_{mm} \end{pmatrix} \begin{pmatrix} i_1 \\ i_2 \\ \vdots \\ i_j \\ \vdots \\ i_m \end{pmatrix}$$

注 1：电感矩阵总是对称正定矩阵。

注 2：对于任意两个电路元件之间有电感性耦合的一组电感元件，也有电感矩阵。

131-12-35

自感　self-inductance

L_{ii}

电感矩阵中对角线上的元素。

注 1：圈数为 N_i、沿同一路径绕制的线圈的自感和自磁导的关系如下：

$$L_{ii} = N_i^2 \Lambda_{ii}$$

注 2：理想电感器的自感等于 131-12-19 中定义的电感。

131-12-36

互感　mutual inductance

L_{ij}

电感矩阵中非对角线上的元素。

注：圈数为 N_i、N_j 且沿相同路径绕制的两线圈的互感和互磁导的关系如下：

$$L_{ij} = N_i N_j \Lambda_{ij}$$

131-12-37

磁导矩阵　permeance matrix

Λ

由 n 个磁路元件构成的磁路里，用诸元件电流链 Θ_j 表示诸元件磁通 Φ_i 的矩阵

$$\begin{pmatrix} \Phi_1 \\ \Phi_2 \\ \vdots \\ \Phi_n \end{pmatrix} = \begin{pmatrix} \Lambda_{11} & \Lambda_{12} & \cdots & \Lambda_{1n} \\ \Lambda_{21} & & & \vdots \\ \vdots & & & \vdots \\ \Lambda_{n1} & \cdots & \cdots & \Lambda_{nn} \end{pmatrix} \begin{pmatrix} \Theta_1 \\ \Theta_2 \\ \vdots \\ \Theta_n \end{pmatrix}$$

注 1：磁导矩阵总是对称正定矩阵。

注 2：在电磁学里，磁导矩阵可定义如下：在一组闭合路径里，表示穿过路径所限定面的磁通和路径中电流链之间线性关系的矩阵。

131-12-38

自磁导　self-permeance

Λ_{ii}

磁导矩阵中对角线上的元素。

注：理想磁阻元件的自磁导等于 131-12-29 中定义的磁导。

131-12-39

互磁导　mutual permeance

Λ_{ij}

磁导矩阵中非对角线上的元素。

131-12-40

漏磁导　leakage permeance

$\Lambda_{\sigma ij}$

磁路元件 i 的自磁导 Λ_{ii}，和此元件与另一闭合元件 j 之间的互磁导 Λ_{ij} 的绝对值之差：

$$\Lambda_{\sigma ij} = \Lambda_{ii} - |\Lambda_{ij}|$$

131-12-41

电感性耦合因数　inductive coupling factor

k_{ij}

两个路元件 i 和 j 的互磁导 Λ_{ij} 的绝对值，和两元件的自磁导 Λ_{ii}、Λ_{jj} 的几何平均值之比：

$$k_{ij} = \frac{|\Lambda_{ij}|}{\sqrt{\Lambda_{ii}\Lambda_{jj}}}$$

注：电感性耦合因数也可表示如下

$$k_{ij} = \frac{|L_{ij}|}{\sqrt{L_{ii}L_{jj}}}$$

其中，L_{ii} 和 L_{jj} 是元件自感，L_{ij} 是元件间互感。

131-12-42

漏磁因数　inductive leakage factor

σ_{ij}

1 减磁导比例之差，此比例为：两个路元件 i 和 j 间的互磁导 Λ_{ij} 的平方，除以两元件的自磁导 Λ_{ii}、Λ_{jj} 乘积的商：

$$\sigma_{ij} = 1 - \frac{\Lambda_{ij}^2}{\Lambda_{ii}\Lambda_{jj}}$$

注：漏磁因数 σ_{ij} 和电感性耦合因数 k_{ij} 的关系如下：

$$k_{ij}^2 = 1 - \sigma_{ij}$$

131-12-43

阻抗　impedance

$\underline{Z}$

端子为 A 和 B 在正弦状态下的线性二端元件或二端电路里，表示端子间电压的相量 $\underline{U}_{AB}$ 和表示元件或电路里电流的相量 $\underline{I}$ 之比：

$$\underline{Z} = \frac{\underline{U}_{AB}}{\underline{I}}$$

其中，以向量 $\underline{U}_{AB}$ 代表的正弦电压 $u_{AB} = V_A - V_B$ 是 A 端电位 V_A 与 B 端电位 V_B 之差；元件或电路里以相量 $\underline{I}$ 代表的正弦电流的方向由 A 到 B，则相量 $\underline{I}$ 前取正号，否则冠以负号。

注 1：阻抗是导纳的倒数。

注 2：加上合适限定词，阻抗一词可用来构成与阻抗同种量的复合词，如转移阻抗、特性阻抗。

131-12-44

视在阻抗　apparent impedance

表观阻抗

Z

二端元件或二端电路端子间电压方均根值和元件或电路中电流的方均根值之比。

注：正弦状态下，表观阻抗是阻抗的模。

131-12-45

电阻(2)　resistance (2)

R

阻抗 $\underline{Z}$ 的实部。

$$R = \mathrm{Re}(\underline{Z})$$

注：“电阻”一词的另一意义见 131-12-04。

131-12-46

电抗　reactance

X

阻抗 $\underline{Z}$ 的虚部。

$$X = \mathrm{Im}(\underline{Z})$$

131-12-47

感抗　inductive reactance

正值电抗。

131-12-48

容抗　capacitive reactance

负值电抗。

131-12-49

损耗角　loss angle

δ

其正切是阻抗的电阻 R 和电抗 X 的绝对值之比的角度。

$$\delta = \arctan \frac{R}{|X|}$$

131-12-50

阻抗角　impedance angle

θ

其正切是阻抗的电抗 X 和电阻 R 之比的角度。

$$\theta = \arctan \frac{X}{R}$$

131-12-51

导纳　admittance

$\underline{Y}$

端子为 A 和 B 在正弦状态下的线性二端元件或二端电路里，表示元件或电路的电流的相量 $\underline{I}$ 与表示端子间电压的相量 $\underline{U}_{AB}$ 之比：

$$\underline{Y} = \frac{\underline{I}}{\underline{U}_{AB}}$$

其中，以向量 $\underline{U}_{AB}$ 代表的正弦电压 $u_{AB} = V_A - V_B$ 是 A 端电位 V_A 与 B 端电位 V_B 之差；以相量 $\underline{I}$ 表示的正弦电流方向由 A 到 B，则相量 $\underline{I}$ 前取正号，否则冠以负号。

注：导纳是阻抗的倒数。

131-12-52

视在导纳　apparent admittance

表观导纳

Y

二端元件或二端电路的电流的方均根值和端子间电压方均根值之比。

注：正弦状态下，表观导纳是导纳的模。

131-12-53

电导(2)　conductance (2)

G

导纳 $\underline{Y}$ 的实部

$$G = \mathrm{Re}(\underline{Y})$$

注："电导"一词的另一意义见 131-12-06。

131-12-54

电纳　susceptance

B

导纳 $\underline{Y}$ 的虚部

$$B = \mathrm{Im}(\underline{Y})$$

131-12-55

感纳　inductive susceptance

负值电纳。

131-12-56

容纳　capacitive susceptance

正值电纳。

131-12-57

导抗　immittance

阻抗或导纳。

131-12-58

输入端 input terminal

一物的端子，用于连接能向该物供给电能或电信号的电路或器件。

131-12-59

输出端 output terminal

一物的端子，用于连接能从该物获得电能或电信号的电路或器件。

131-12-60

端口 port

在器件或网络里，可提供或获得电磁能量或信号之处，或器件或网络变量可被观察或被测量之处。

注：端对即端口之一例。

131-12-61

输入端口 input port

可从外部电路或器件获得电磁能量或信号的端口。

131-12-62

输出端口 output port

可向外部电路或器件提供电磁能量或信号的端口。

131-12-63

端对 terminal pair

由两个端子构成的端口，使得从外电路或器件指向一个端子的电流，等于从另一端子指向外电路或器件的电流。

131-12-64

一端口 one-port

只有一个端口的器件或网络。

注 1：空腔谐振器，二端网络是一端口的例子。

注 2："一端口"一词也可作限定词用。

131-12-65

二端口 two-port

有两个分离端口的器件或网络。

注 1：一节波导，二端对网络是二端口的例子。

注 2：只关注两个端口行为时，n 端口也可当作二端口。

131-12-66

二端对网络 two-terminal-pair network

由四个端子构成两个端对的网络。

131-12-67

n 端对网络 n-terminal-pair network

有 n 端对的 $2n$ 端网络，或端子数大于 $2n$ 但只关注其中 n 端对行为的网络。

131-12-68

n 端口 n-port

多端口 multiport

分离端口数为 n 的器件或网络。

131-12-69

平衡二端对网络 balanced two-terminal-pair network

把输入两端子交换，同时把输出两端子交换后，不影响外部电路运行的二端对网络。

131-12-70

对称二端口网络　symmetric two-port network

交换两个端口，不影响外部电路运行的二端口网络。

131-12-71

非对称二端口网络　asymmetric two-port network

交换两个端口，影响外部电路运行的二端口网络。

注：用于二端元件或电路的“非对称”一词有另一定义（见 131-11-21）。

131-12-72

闭合电路　closed circuit

对给定端对，在端对两端子间有一条连续路径的电路。

131-12-73

开路　open circuit

对给定端对，在端对两端子间没有连续路径的电路。

131-12-74

连接　connection

相互连接着的网络的特定安排方式。

注 1：串联（串连接），并联（并连接），级联（级连接）是连接的例子。

注 2：英语中“连接”一词的其他意义见 IEC 60050-151：2001。

131-12-75

串联　series connection

两个或两个以上二端网络形成单一路径的连接。

注 1：串联谐振电路是串联一例。

注 2：所有串联二端网络的电流是同一电流。

131-12-76

并联　parallel connection

两个或两个以上二端网络接到公共端对的连接。

注 1：并联谐振电路是并联一例。

注 2：加到所有并联二端网络的电压是同一电压。

131-12-77

级联　cascade connection

除最末网络外，每个网络的输出端口接到下一个网络的输入端口的诸二端口网络的连接。

131-12-78

理想变压器　ideal transformer

两端对处瞬时功率之和恒等于零，且输入电压和输出电压之比等于常数 K 的二端对网络。

注 1：理想变压器没有电感矩阵。

注 2：理想变压器的输入电压 u_1、输出电压 u_2、输入电流 i_1 和输出电流 i_2 满足关系式：

$$\frac{u_1}{u_2} = \frac{i_2}{i_1} = K$$

注 3：正弦状态下，从输入端口看过去的阻抗 $\underline{Z}_1$，等于输出端口连接的阻抗 $\underline{Z}$ 和常数 K 平方的乘积

$$\underline{Z}_1 = K^2 \underline{Z}$$

注 4：理想变压器是既不储存能量也不消耗能量的电路元件。作为器件，变压器的定义见 IEC 60050-151：2001。

131-12-79

理想回转器　ideal gyrator

两端对处瞬时功率之和恒等于零，且输入电压对输出电流的比值等于常数 R 的二端对网络。

注1：理想回转器的输入电压 u_1、输出电压 u_2、输入电流 i_1 和输出电流 i_2 满足关系式：

$$\frac{u_1}{i_2} = -\frac{u_2}{i_1} = R$$

注2：正弦状态下，从输入端口看过去的阻抗 $\underline{Z}_1$，等于输出端口连接的导纳 $\underline{Y}$ 和常数 R 平方的乘积

$$\underline{Z}_1 = R^2\underline{Y}$$

注3：理想回转器是既不储存能量也不消耗能量的电路元件。作为器件的回转器定义见 GB/T 14733.2—1993。

131-12-80

理想衰减器　ideal attenuator

一个端口的输出功率小于另一端口的输入功率，且输出电压与输入电压之比或输出电流与输入电流之比是不变的无源二端对网络。

注：作为二端口器件，衰减器的定义见 GB/T 14733.2—1993。

131-12-81

理想放大器　ideal amplifier

一个端口的输出功率大于另一端口的输入功率，且输出电压与输入电压之比或输出电流与输入电流之比是不变的有源二端对网络。

注：作为器件，放大器的定义见 IEC 60050-151:2001。

131-12-82

理想阻抗转换器　ideal impedance convertor

从输入端口看过去的阻抗和输出端口连接的阻抗之比为常数的二端对网络。

注：理想阻抗转换器可以是互易的或非互易的。

131-12-83

负阻抗转换器　negative impedance convertor

NIC(缩写词)　**NIC** (abbreviation)

从输入端口看过去的阻抗和输出端口连接的阻抗之比为负实常数的理想阻抗转换器。

131-12-84

串联谐振电路　series-resonant circuit

由一电感性元件和一电容元件性串联成一条路径的谐振电路。

注：谐振电路一词的定义见 IEC 60050-151:2001。

131-12-85

并联谐振电路　parallel-resonant circuit

由两条并联路径构成的谐振电路，一条含电感性元件，另一条含电容性元件。

注：谐振电路一词的定义见 IEC 60050-151:2001。

131-12-86

传输线　transmission line

具有单位长度电感 l、单位长度电容 c、单位长度电阻 r 和单位长度电导 g 表征的一维分布二端对电路元件，所有这些单位长度量都可能是同一空间坐标 x 的函数，电压 $u(x,t)$ 和电流 $i(x,t)$ 满足如下偏微分方程

$$-\frac{\partial u(x,t)}{\partial x} = ri + l\frac{\partial i(x,t)}{\partial t}$$

$$-\frac{\partial i(x,t)}{\partial x} = gu + c\frac{\partial u(x,t)}{\partial t}$$

其中，t 是时间。

131-12-87

均匀传输线　uniform transmission line

单位长度电感、单位长度电容、单位长度电阻和单位长度电导四特性参数沿线为常数的传输线。

3.3 网络拓扑学

131-13-01

网络拓扑学 network topology

研究表示电路的理想电路元件的相对位置和相互连接的学科。

131-13-02

网络拓扑 topology of a network

表示电路的理想电路元件的相对位置和相互连接的结构方式。

131-13-03

网络 network

网络拓扑学中,将理想电路元件及其相互连接作为整体看待的集。

注:"电网络"一词的定义见 131-11-07 和 IEC 60050-151:2001。

131-13-04

***n* 端网络 *n*-terminal network**

具有 n 个端子的网络,一般 n 大于 2。

131-13-05

二端网络 two-terminal network

具有两个端子的网络。

注:只关注 n 端网络中由两个端子构成的端对的行为时,该网络可当成二端网络。

131-13-06

支路 branch

一种网络的子集,含一个电路元件或电路元件的组合的二端电路。

131-13-07

节点 node;vertex (US)

连接于或不连接于一个或多个其他支路的支路端点。

131-13-08

路径 path

路(2)

在网络的给定两节点间,按 1,2,…编号的诸支路的有序集:第 i 号支路的一个端点和第 $i-1$ 号支路相连,另一端点和第 $i+1$ 号支路相连。

注:如两给定节点是同一个,则路径称为闭合路径。

131-13-09

[网络]图 graph (of a network)

支路用线段代表、节点用点代表的、由集总电路元件构成的网络的图形表示。

131-13-10

连通网络 connected network

任意两节点间存在路径的网络。

131-13-11

非连通网络 unconnected network

不允许任意节点和任何其他节点之间都存在路径的网络。

131-13-12

回路 loop

其中每一个节点只经过一次的闭合路径。

注:下图给出一 8 节点网络,其中的回路是:12651,1237651,123487651,23762,2348762 和 34873。

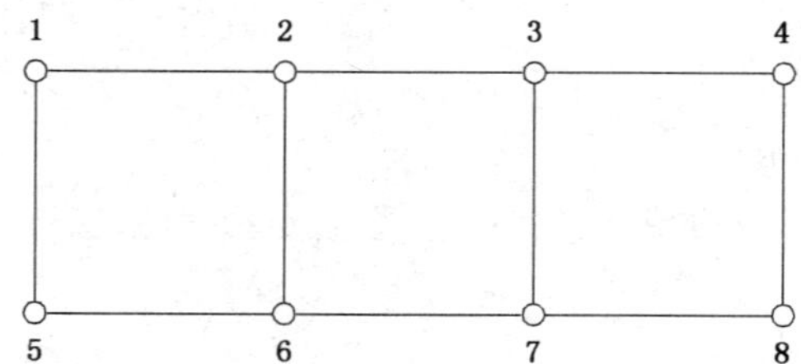

131-13-13

树　tree

连接网络所有节点、又不形成回路的诸支路的连通集。

注：下图 A,B,C 和 D 代表 131-13-12 中插图的 4 个树。

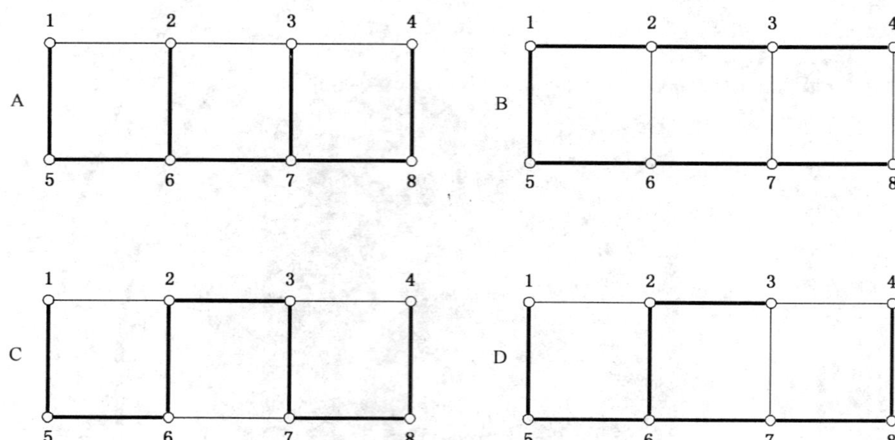

131-13-14

余树　co-tree

不在所选树中的网络诸支路的集。

注：131-13-13 中插图的四个树的余树分别是：

A：1-2，2-3，3-4

B：2-6，3-7，4-8

C：1-2，6-7，3-4

D：1-2，3-4，3-7

131-13-15

连支(网络拓扑学中的)　**link** (in network topology)

余树的支路。

注：在 131-13-13 插图 A 中，连支是：1-2，2-3 和 3-4。

131-13-16

基本回路　mesh

组成回路且仅含给定余树的一条连支的各支路的集合。

注 1：在 131-13-13 的插图中，基本回路分别为

A 和 C：12651，23762，34873

B：26512，3765123，487651234

D：12651，3487623，37623

注：在 IEC 60050-131 中，"mesh"一词定义为"基本回路"。但是中国大部分书籍中"基本回路"对应"fundamental loop"，而"mesh"一词指平面图的"网孔"。

131-13-17

基本回路电流　mesh current

定义给定基本回路的连支中电流。

注：见 131-13-16 注。

131-13-18

平面图　planar graph

可画在平面上而且诸支路不交叉的图。

注：下图中，左边是平面图；右边是非平面图，支路 1-5 和 2-3 交叉。

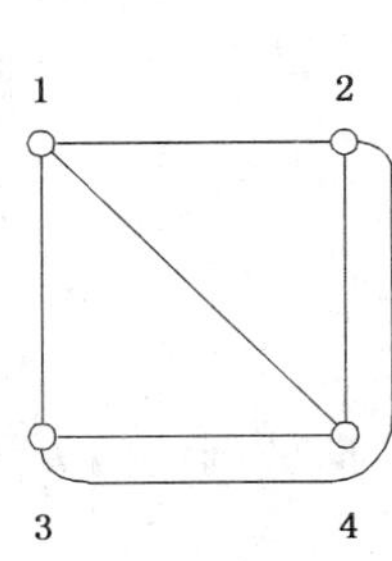

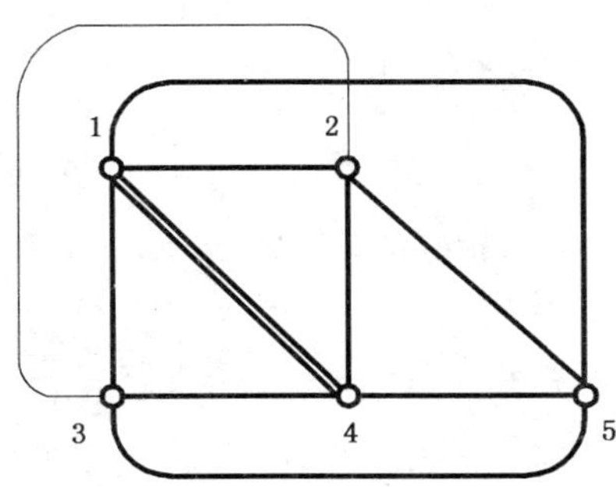

131-13-19

割集　cut-set

具有下述性质的图的支路集：割断此集中所有支路后，图的不连通部分的数目增加，但恢复该集中的任一支路，该图的不连通部分的数目不增加。

注：下图中网络的两个割集是(2-3,6-7)和(1-5,2-6,3-7,3-4)

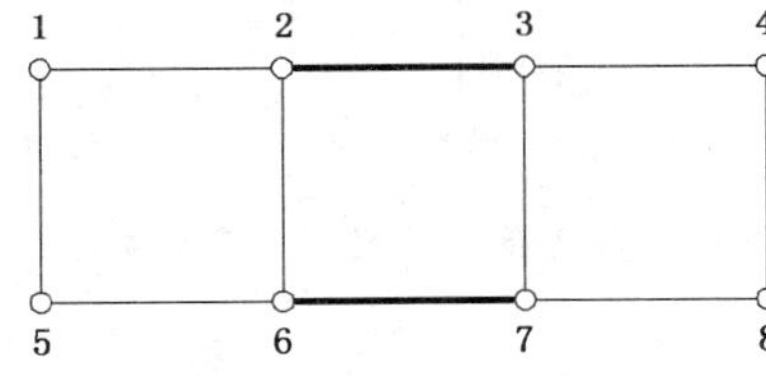

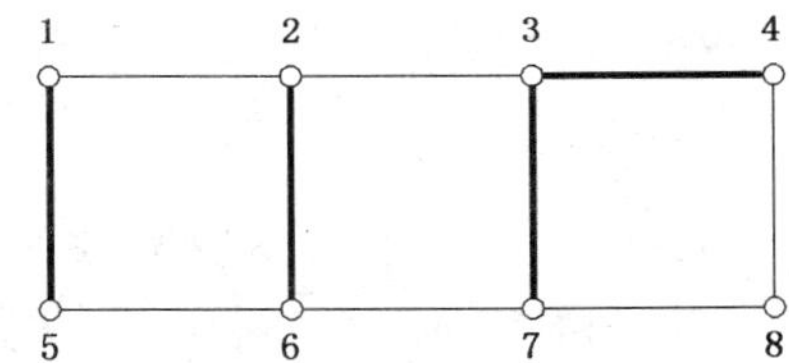

131-13-20

邻接矩阵　adjacency matrix

对应于具有 n 个节点、每条支路有一参考方向的网络的 n 阶方阵，其元素 a_{ij} 表示从节点 i 指向节点 j 的支路数。

注：下图给出网络和对应的邻接矩阵。

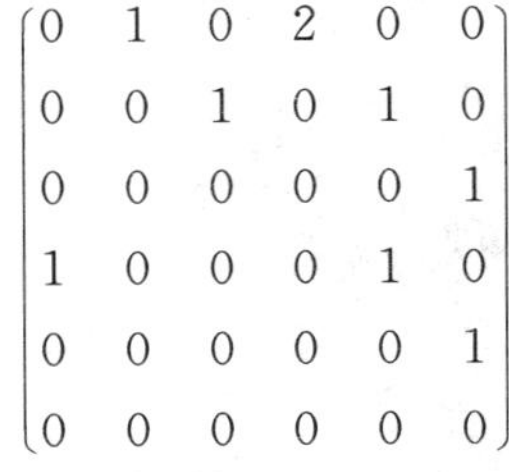

$$\begin{pmatrix} 0 & 1 & 0 & 2 & 0 & 0 \\ 0 & 0 & 1 & 0 & 1 & 0 \\ 0 & 0 & 0 & 0 & 0 & 1 \\ 1 & 0 & 0 & 0 & 1 & 0 \\ 0 & 0 & 0 & 0 & 0 & 1 \\ 0 & 0 & 0 & 0 & 0 & 0 \end{pmatrix}$$

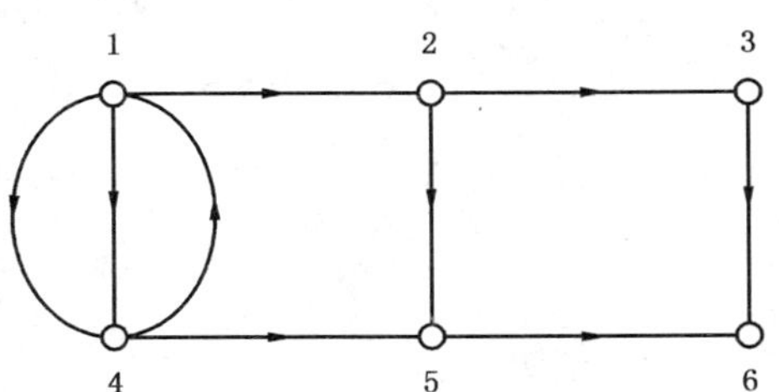

131-13-21

支路-节点关联矩阵　branch-node incidence matrix

关联矩阵

对应于具有 n 个节点和 b 条支路、每条支路有参考方向的网络的 $n\times b$ 矩阵，其元素 a_{ij} 为：

0　　支路 j 与节点 i 无关联

1　　支路 j 离开节点 i

−1　支路 j 指向节点 i

注 1：图示给出网络和支路节点关联矩阵。

$$\begin{pmatrix} 1 & 0 & 1 & 1 & -1 & 0 & 0 & 0 & 0 \\ -1 & 1 & 0 & 0 & 0 & 1 & 0 & 0 & 0 \\ 0 & -1 & 0 & 0 & 0 & 0 & 1 & 0 & 0 \\ 0 & 0 & -1 & -1 & 1 & 0 & 0 & 1 & 0 \\ 0 & 0 & 0 & 0 & 0 & -1 & 0 & -1 & 1 \\ 0 & 0 & 0 & 0 & 0 & 0 & -1 & 0 & -1 \end{pmatrix}$$

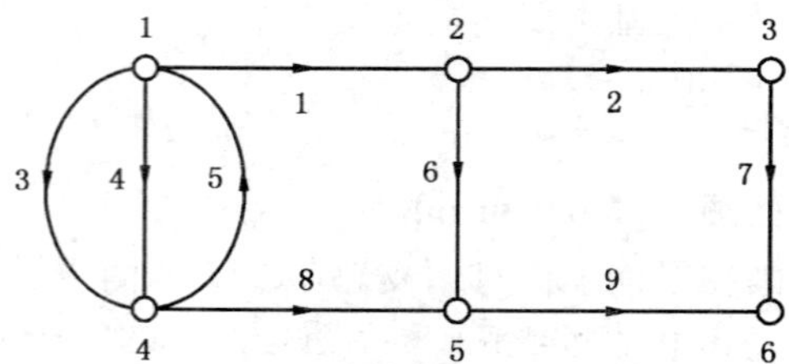

注 2：按照本术语定义，在中国多数教科书中称为增广关联矩阵，对应的英文是 augmented branch-node incidence matrix。

131-13-22

支路-回路关联矩阵　branch-loop incidence matrix

回路矩阵

对应于具有 l 个有向回路和 b 条支路、每条支路有一参考方向的网络的 $l \times b$ 矩阵，其元素 a_{ij} 为：

0　　支路 j 不在回路 i 中

1　　支路 j 在回路 i 中且二者同方向

−1　支路 j 在回路 i 中且二者方向相反

注 1：下图给出网络和对应的支路-回路关联矩阵，回路 1、2 的方向为反时针方向。

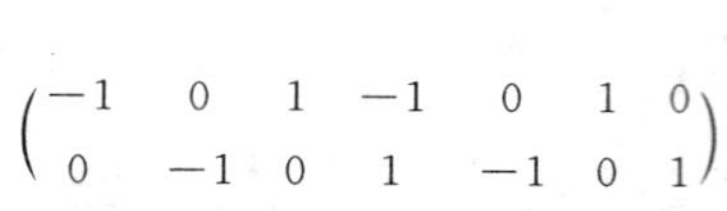

$$\begin{pmatrix} -1 & 0 & 1 & -1 & 0 & 1 & 0 \\ 0 & -1 & 0 & 1 & -1 & 0 & 1 \end{pmatrix}$$

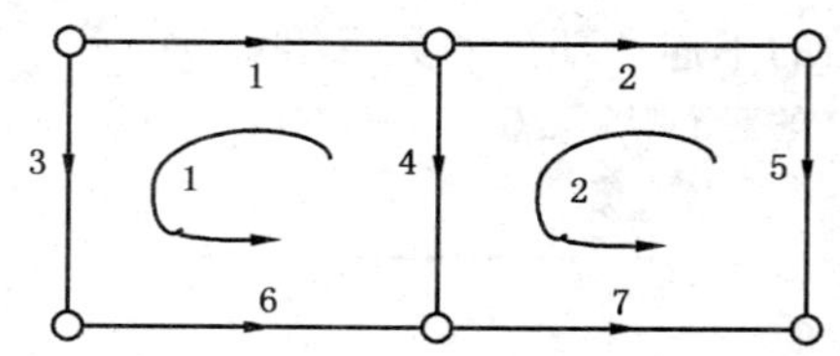

注：在 IEC 60050-131 中，“mesh”一词定义为“基本回路”。但是中国大部分书籍中“基本回路”对应“fundamental loop”，而“mesh”一词指平面图的“网孔”。

131-13-23

L 形网络　L-network

Γ 形网络　Γ-network

由有公共节点的两条支路构成的二端对网络，一个末端节点接到两个等位端子，其中一等位端子和公共节点构成输入端对，另一等位端子和另一末端节点构成输出端对。

注：据常见电路图形画法，选用“L 形网络”（见下图）或“Γ 形网络”一词。

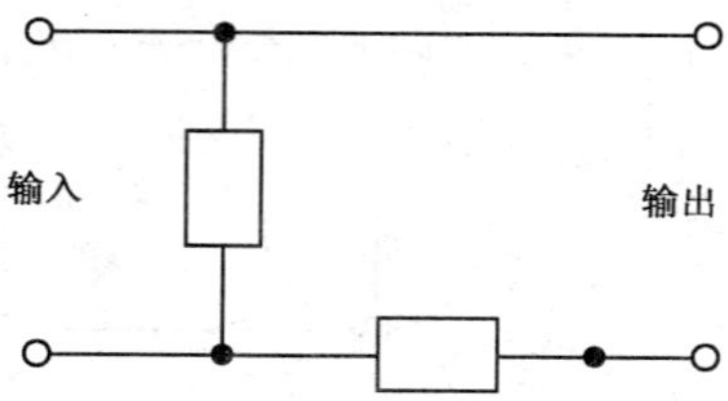

131-13-24

镜像 L 形网络　mirror L-network

镜像 Γ 形网络　mirror Γ-network

由有公共节点的两条支路构成的二端对网络，一个末端节点接到两个等位端子，其中一等位端子和公共节点构成输出端对，另一等位端子和另一末端节点构成输入端对。

注：据常见电路图形画法，选用“镜像 L 形网络”（见下图）或“镜像 Γ 形网络”一词。

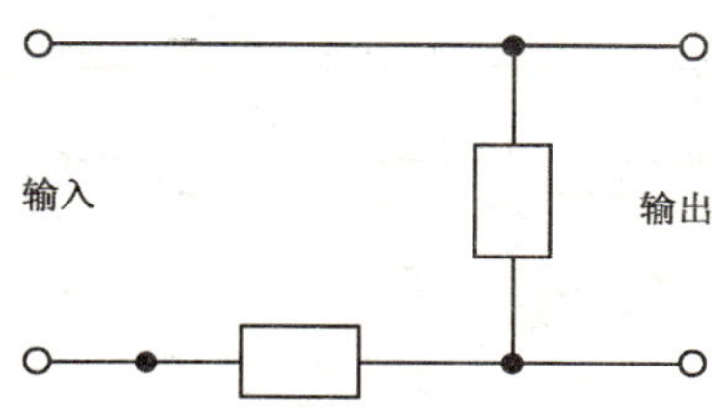

131-13-25

T 形网络　T-network

由有公共节点的三条支路构成的二端对网络，一个末端节点接到两个等位端子，每个等位端子和其他两个末端节点之一构成端对。

注：见下图。

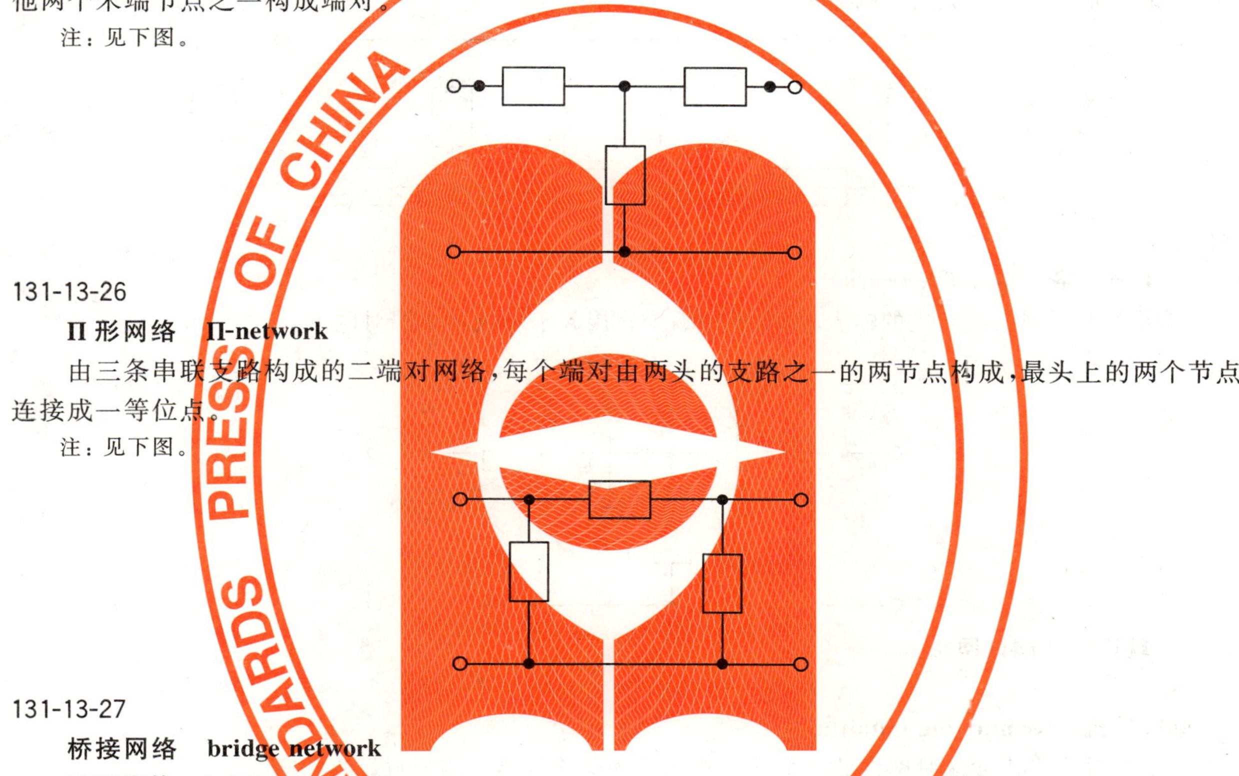

131-13-26

Π 形网络　Π-network

由三条串联支路构成的二端对网络，每个端对由两头的支路之一的两节点构成，最头上的两个节点连接成一等位点。

注：见下图。

131-13-27

桥接网络　bridge network

X 形网络　lattice network

由四条成回路的支路形成，每个端对由不相邻的两节点构成的二端对网络。

注：下图中，左侧是桥接网络图形，右侧是 X 形网络图形。

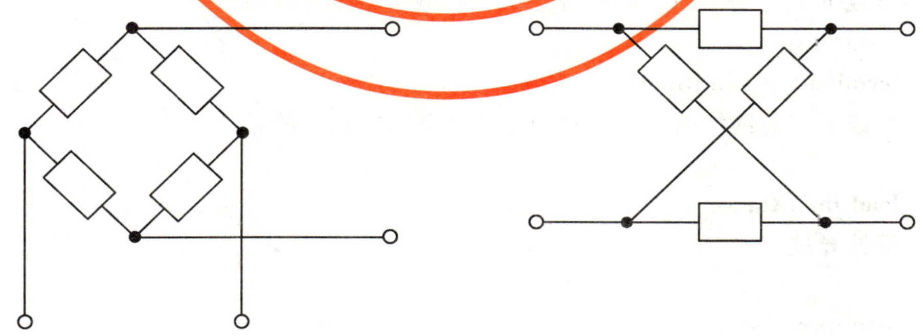

131-13-28

桥接 T 形网络　bridged T-network

由 T 形网络和第四条支路构成的二端对网络，该支路接到两个端对的不直接相连的端子上。

注：见下图。

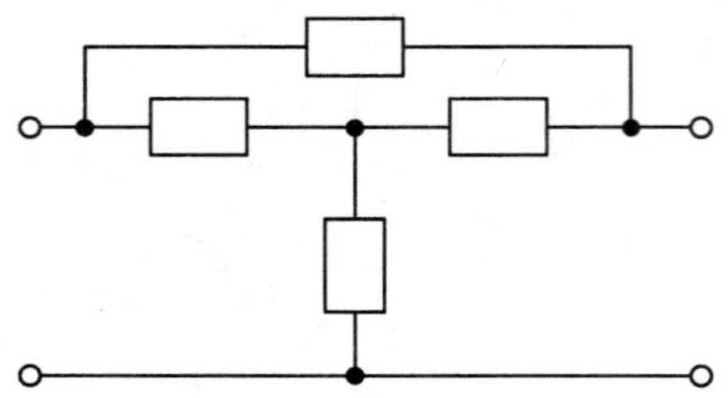

131-13-29

梯形网络　ladder network

由诸 L 形网络级联成的二端对网络。

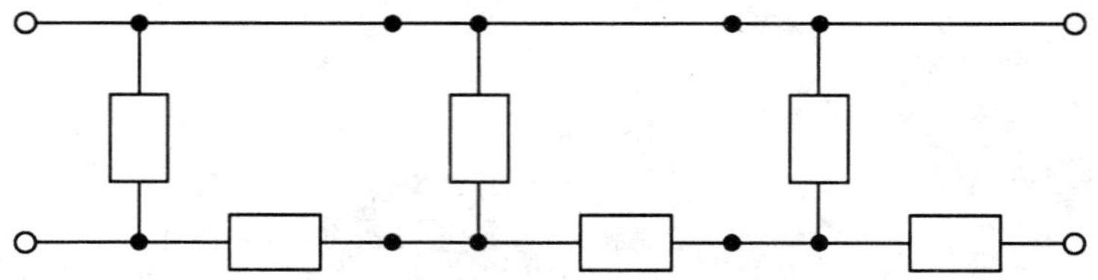

131-13-30

双 T 形网络　twin-T network

将两个 T 形网络的对应的输入端子、输出端子连接起来形成的二端对网络。

注：见下图。

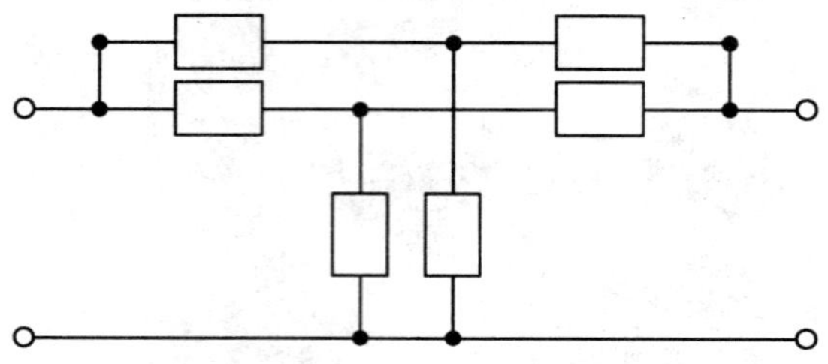

3.4　二端口和 *n* 端口网络

131-14-01

端接导抗　terminating immittance

与二端对网络或 *n* 端对网络的一个端对相连接的电路或器件的导抗。

131-14-02

端接阻抗　terminating impedance

与二端对网络或 *n* 端对网络的一个端对相连接的电路或器件的阻抗。

131-14-03

端接导纳　terminating admittance

与二端对网络或 *n* 端对网络的一个端对相连接的电路或器件的导纳。

131-14-04

负载导抗　load immittance

输出端口的端接导抗。

131-14-05

负载阻抗　load impedance

输出端口的端接阻抗。

131-14-06

负载导纳　load admittance

输出端口的端接导纳。

131-14-07

输入导抗　input immittance

策动点导抗　driving-point immittance

所有其他端口都连上规定的端接导抗时，从输入端口两端看到的网络的导抗。

131-14-08

输入阻抗　input impedance

$\underline{Z}_1$

所有其他端口都连上规定的端接导抗时，从输入端口两端看到的网络的阻抗。

131-14-09

输入导纳　input admittance

$\underline{Y}_1$

所有其他端口都连上规定的端接导抗时，从输入端口两端看到的网络的导纳。

131-14-10

输出导抗　output immittance

所有其他端口都连上规定的端接导抗时，从输出端口两端看到的网络的导抗。

131-14-11

输出阻抗　output impedance

$\underline{Z}_2$

所有其他端口都连上规定的端接导抗时，从输出端口两端看到的网络的阻抗。

131-14-12

输出导纳　output admittance

$\underline{Y}_2$

所有其他端口都连上规定的端接导抗时，从输出端口两端看到的网络的导纳。

131-14-13

[正向]转移阻抗　forward transfer impedance

[正向]传递阻抗　transfer impedance

对于线性二端对网络或 n 端对网络，当所有其他端口都连上规定的端接导抗时，代表输出端口电压的相量除以代表输入端口电流的相量之商。

注：输出通常是开路的。

131-14-14

反向转移阻抗　reverse transfer impedance

反向传递阻抗

对于线性二端对网络或 n 端对网络，当所有其他端口都连上规定的端接导抗时，代表输入端口电压的相量除以代表输出端口电流的相量之商。

注：输入通常接到理想电压源。

131-14-15

[正向]转移导纳　forward transfer admittance

[正向]传递导纳　transfer admittance

对于线性二端对网络或 n 端对网络，当所有其他端口都连上规定的端接导抗时，代表输出端口的电流的相量除以代表输入端口电压的相量之商。

注：输出通常是短路的。

131-14-16

反向转移导纳　reverse transfer admittance

反向传递导纳

对于线性二端对网络或 n 端对网络，当所有其他端口都连上规定的端接导抗时，代表输入端口电流的相量除以代表输出端口电压的相量之商。

注：输入通常接到理想电流源。

131-14-17

转移导抗　transfer immittance

传递导抗

正向或反向转移阻抗或导纳。

注：转移导抗是一转移函数，其中一个信号是电压，另一个是电流。

131-14-18

[正向]转移比　forward transfer ratio；transfer ratio

[正向]传递比

对于线性二端口，代表输出端口的量的相量除以代表输入端口的同种量的相量之商。

注：按照量的种类，例如有开路正向电压转移比，短路正向电流转移比。

131-14-19

反向转移比　reverse transfer ratio

反向传递比

对于线性二端口，代表输入端口的量的相量除以代表输出端口的同种量的相量之商。

注：按照量的种类，例如有开路反向电压转移比，短路反向电流转移比。

131-14-20

短路的　short-circuited

描述端接阻抗为零的端对。

131-14-21

短路，限定词　**short circuit**，qualifier

描述其他端口的端接阻抗皆为零时的输入导抗、输出导抗或转移导抗，或描述对应于比值分子的端口的端接阻抗为零时的正向转移比或反向转移比。

注：在 IEC 60027-2：2000 中的例子有：短路输入导纳，短路输入阻抗，短路反向电流转移比。

131-14-22

开路的　open-circuited

描述端接导纳为零时的端对。

131-14-23

开路，限定词　**open-circuit**，qualifier

描述其他端口的端接导纳皆为零时的输入导抗、输出导抗或转移导抗，或描述对应于比值分子的端口的端接导纳为零时的正向转移比或反向转移比。

注：在 IEC 60027-2：2000 中的例子有：开路输出阻抗，开路输出导纳，开路反向电压转移比。

131-14-24

阻抗矩阵　impedance matrix

$\boldsymbol{Z}$

对于二端对网络或 n 端对网络，表示端口电压对端口电流依赖关系的矩阵。

注：阻抗矩阵中各元素的名称和符号见 IEC 60027-2：2000。

131-14-25

导纳矩阵　admittance matrix

Y

对于二端对网络或 n 端对网络，表示端口电流对端口电压依赖关系的矩阵。

注：导纳矩阵中各元素的名称和符号见 IEC 60027-2:2000。

131-14-26

导抗矩阵　immittance matrix

描述二端对网络或 n 端对网络的端口电流与电压之间线性关系的、其中每个元素是阻抗或是导纳的矩阵。

注：阻抗矩阵和导纳矩阵是导抗矩阵的例子。

131-14-27

互易性　reciprocity

由对称的阻抗矩阵或导纳矩阵表征的二端对网络或 n 端对网络的性质。

131-14-28

互易的　reciprocal

描述具有互易性的二端对网络或 n 端对网络。

注：互易的二端对网络的特点是其两个开路转移阻抗相等或两个短路转移导纳相等。

131-14-29

***H* 矩阵　*H*-matrix**

H

对于二端对网络，表示输入电压和输出电流对输入电流和输出电压依赖关系的矩阵。

注：H 矩阵中各元素的名称和符号见 IEC 60027-2:2000。

131-14-30

***K* 矩阵　*K*-matrix**

K

对于二端对网络，表示输入电流和输出电压对输入电压和输出电流依赖关系的矩阵。

注：K 矩阵中各元素的名称和符号见 IEC 60027-2:2000。

131-14-31

链接矩阵　chain matrix

传输矩阵

A

对于二端对网络或 n 是偶数的 n 端对网络，表示输入电压和电流对输出电压和电流依赖关系的矩阵。

注：链接矩阵中各元素的名称和符号见 IEC 60027-2:2000。

131-14-32

逆链接矩阵　reverse chain matrix

逆传输矩阵

B

对于二端对网络，表示输出电压和电流对输入电压和电流依赖关系的矩阵。

注：逆链接矩阵中各元素的名称和符号见 IEC 60027-2:2000。

131-14-33

入射散射变量　incident scattering variable

入射波量　incident wave quantity

$\underline{M}$

在网络的端口上与入射波相关的复数量。

注：散射变量是代表电压和电流的相量的线性组合，这些组合依赖于每个端口处所选的基准阻抗。

131-14-34

输出散射变量　output scattering variable

输出波量　output wave quantity

$\underline{N}$

在网络的端口上与输出波相关的复数量。

注：散射变量是代表电压和电流的相量的线性组合，这些组合依赖于每个端口处所选的基准阻抗。

131-14-35

散射矩阵　scattering matrix

$\boldsymbol{S}$

对于二端口或 n 端口网络，表示与输出波相关的复数量对与入射波相关的复数量的依赖关系的矩阵。

注：散射矩阵的元素是复反射因子或波传输因子(见 IEC 60027-2：2000)。

131-14-36

散射参数　scattering parameter

散射系数　scattering coefficient

$\underline{S}_{ij}$

散射矩阵的元素。

注：散射参数是复反射因子或波传输因子(见 IEC 60027-2：2000)。

131-14-37

波传输因子　wave transfer factor

振幅传输因子　amplitude transmission factor

对于二端口或 n 端口网络，当所有其他端口处入射波皆为零时，一个端口处的输出散射变量与另一个端口处的入射散射变量的比值。

131-14-38

波链接矩阵　wave chain matrix

波传输矩阵

$\boldsymbol{T}$

对于二端口或 n 端口网络，表示输入端口处的散射变量对输出端口处的散射变量依赖关系的矩阵。

注：波链接矩阵中各元素的符号见 IEC 60027-2：2000。

3.5　电路理论方法

131-15-01

网络分析　network analysis

确定以合适量表征的网络状态的工作。

注：电网络的合适量，例如是电压，电流，功率；磁网络的合适量，例如是电流链，磁通量，磁能。

131-15-02

节点法　node method

以相对于所选参考节点电位的诸节点电位为独立变量建立方程的网络分析方法。

131-15-03

基本回路法　mesh method

以所选树的基本回路集合的基本回路电流为独立变量建立方程的网络分析方法。

注：见 131-13-16 注。

131-15-04

割集法　cut-set method

以所选割集中诸支路端点间电压为独立变量建立方程的网络分析方法。

131-15-05

网络综合　network synthesis

为得到指定的运行特性，确定网络的拓扑和诸电路元件值的工作。

131-15-06

电路模型　electric circuit model

表示电器件或磁器件的、由理想元件组成的电路。

131-15-07

等效电路　equivalent electric circuit

由理想电路元件构成的电路，在其端子或端口处，电路的工作情况等效于给定电路、磁路或电器件、磁器件的工作情况。

注1：等效电路也可用来表示别种器件或现象。

注2：n 端口的等效电路又可定义为另一个内部结构较简单的 n 端口，且二者有相同的端口特性。

131-15-08

欧姆定律　Ohm law

电学基本定律，其内容为理想电阻器端电压正比于电阻器中电流。

注：欧姆定律可推广到正弦状态下的线性二端网络，即表示电压和电流的相量成正比。

131-15-09

基尔霍夫电流定律　Kirchhoff law for nodes; Kirchhoff current law

电路理论的定理，其内容为指向电网络任一节点的诸支路电流的代数和为零。

131-15-10

基尔霍夫电压定律　Kirchhoff law for loops; Kirchhoff voltage law; Kirchhoff tension law

电路理论的定理，其内容为，沿电网络的任一闭合路径，无源电路元件的端电压和电源电压的代数和为零。

注：在 IEC 60050-131 中，"mesh"一词定义为"基本回路"。但是中国大部分书籍中"基本回路"对应"fundamental loop"，而"mesh"一词指平面图的"网孔"。

131-15-11

互易定理　reciprocity theorem

电路理论定理，其内容为，如果网络中一支路的电源电压在第二个支路中引起电流，则作用于第二个支路中的相同电源电压在第一个支路中引起相同电流。

注：在电流电源作用下，有相似的互易定理。

131-15-12

叠加定理　superposition theorem

电路理论定理，其内容为，在若干个以任意方式分布于电路里的电源电压或电源电流同时作用下，无源线性网络中任一支路电流和任意两点间电位差等于单个电源电压或电源电流单独分别作用下该支路中诸电流的代数和及该节点间诸电位差的代数和。

131-15-13

戴维南定理　Thevenin theorem

正弦状态下的电路理论定理，其内容为，无源线性二端网络接到线性网络任意二端时的电流等于连接之前的二端点间电压，除以两个阻抗之和，其中一个是二端网络的阻抗，另一个是连接之前从两端点看进去的网络阻抗。

注：戴维南定理可推广到非正弦状态。

131-15-14

诺顿定理　Norton theorem

正弦状态下的电路理论定理，其内容为，无源线性二端网络接到线性网络任意二端时的端电压等于连接之前二端间的短路电流，除以两个导纳之和，其中一个是二端网络的导纳，另一个是连接之前从两端点看进去的网络导纳。

注：诺顿定理可推广到非正弦状态。

131-15-15

补偿定理　compensation theorem

正弦状态下的电路理论定理，其内容为，无源线性网络一支路的阻抗值改变时，任一支路的电流变化等于将一电源电压置于变动支路中产生的电流，此电源电压等于阻抗改变前该支路电流和阻抗变化值的乘积。

注：补偿定理可推广到非正弦状态。

131-15-16

特勒根定理　Tellegen theorem

电路理论定理，其内容为，对于有相同支路数和相同连接方式的两个网络，取一网络支路端电压和另一网络对应支路中电流的乘积，所有支路这些乘积的代数和为零。

注1：第一个网络每条支路电压极性是相对于第二个网络对应支路中电流的参考方向选定的。所有支路的电压极性应遵循同一选定方式。

注2：如果这两个网络分别具有同一网络在同一瞬时的电压和电流分布，则特勒根定理说明功率守恒。

131-15-17

母线导纳矩阵　bus admittance matrix

节点导纳矩阵　node admittance matrix

表示指向节点的支路电流依赖于节点相对于参考节点的电位的矩阵。

131-15-18

母线阻抗矩阵　bus impedance matrix

节点阻抗矩阵　node impedance matrix

母线导纳矩阵的逆。

131-15-19

基本回路阻抗矩阵　mesh impedance matrix

表示基本回路中支路端电压依赖于基本回路电流的矩阵。

注：见131-13-16注。

131-15-20

转移函数　transfer function

传递函数

线性非时变二端口中，输出处用复频率表示的时变量的复数量和表示对应输入量的复数量的比值。两个复数量按相同方式定义。

注：复数量通常指时变量的拉普拉斯变换。在这一情况下，转移函数是冲激响应的拉普拉斯变换。

131-15-21

频率响应　frequency response

复数量是时变量的傅里叶变换时的转移函数。

注：频率响应是冲激响应的傅里叶变换。

131-15-22

最小相位网络　minimum-phase network

频率相应之倒数的角度是频率的奇函数，且对于给定的幅度，每一正频率下该角度具有可能最小值的二端口网络。

注：用复频率的函数表示集总元件最小相位网络的转移函数时，它在(复频率的)右半平面内无零点。

131-15-23

影像阻抗　image impedance

$\underline{Z}_{i}$

线性无源二端对网络的两个阻抗 $\underline{Z}_{i1}$ 和 $\underline{Z}_{i2}$ 中的每一个：当端口 2 接上阻抗 $\underline{Z}_{i2}$ 时，端口 1 的输入阻抗是 $\underline{Z}_{i1}$；当端口 1 接上阻抗 $\underline{Z}_{i1}$ 时，端口 2 的输入阻抗是 $\underline{Z}_{i2}$。

131-15-24

累接阻抗　iterative impedance

$\underline{Z}_{k}$，$\underline{Z}_{it}$

从线性无源二端对网络的输入端看进去的阻抗等于负载阻抗时的负载阻抗。

131-15-25

影像传输系数　image transfer coefficient

线性无源二端对网络接上影像阻抗时，表示输入端电压和电流的相量 $\underline{U}_1$ 和 $\underline{I}_1$ 的乘积，除以表示输出端电压和电流的相量 $\underline{U}_2$ 和 $\underline{I}_2$ 的乘积后，取其自然对数的二分之一：

$$\frac{1}{2}\ln\frac{\underline{U}_1\underline{I}_1}{\underline{U}_2\underline{I}_2}$$

注：对数的虚部须适当选取。

131-15-26

影像衰减　image attenuation

影像传输系数的实部。

131-15-27

影像相位变化　image phase change

影像传输系数的虚部。

131-15-28

特性阻抗　characteristic impedance

$\underline{Z}_{0}$，$\underline{Z}_{c}$

均匀传输线的输入阻抗等于负载阻抗时的负载阻抗。

注 1：在对称二端口网络里，此名词可用来表示取同一值的两个影像阻抗和两个累接阻抗。

注 2：另一定义见 GB/T 14733.2—1993，对自由空间的另一意义见 GB/T 14733.9—1993《电信术语　无线电波传播》。

131-15-29

插入转移函数　insertion transfer function

插入传递函数

将二端对网络插入给定正弦电压源或电流源与给定负载之间，表示负载直接接到电源时负载的电压相量或电流相量对表示负载经网络接到电源后负载的电压相量或电流相量的比值。

注：应指明选定的是电压源还是电流源，负载处选定的是电压还是电流。

131-15-30

插入衰减　insertion attenuation

插入转移函数的自然对数的实部。

131-15-31

插入相位变化　insertion phase change

插入转移函数的自然对数的虚部。

131-15-32

复电流反射因数　complex current reflection factor

复电流反射系数(拒用)　complex current reflection coefficient(deprecated)

$\underline{r}_I$

在电网络的一个端口或靠近传输线的不连续处,表示反射电流的相量和表示入射电流的相量之比。

注1:如果可定义有关阻抗,则复电流反射因数等于:

$$\underline{r}_I = \frac{\underline{Z} - \underline{Z}'}{\underline{Z} + \underline{Z}'}$$

其中,$\underline{Z}$ 是不连续处之前的传输线特性阻抗或电源阻抗,而 $\underline{Z}'$ 是不连续处之后的阻抗或者是从电源与负载之间连接处看过去的负载阻抗。

注2:在合适的上下文中,复电流反射因数一词中的"复"字可省略。

131-15-33

复电压反射因数　complex voltage reflection factor

复反射系数(拒用)　complex reflection coefficient (deprecated)

$\underline{r}$,$\underline{r}_U$

在电网络的一个端口或靠近传输线的不连续处,表示反射电压的相量和表示入射电压的相量之比。

注1:按惯例,在电网络的端口处,复电压反射因数等于复电流反射因数的负值。

注2:如果可定义有关阻抗,则复电压反射因数等于:

$$\underline{r} = \frac{\underline{Z}' - \underline{Z}}{\underline{Z}' + \underline{Z}}$$

其中,$\underline{Z}$ 是不连续处之前的传输线特性阻抗或电源阻抗,而 $\underline{Z}'$ 是不连续处之后的阻抗或者是从电源与负载之间连接处看过去的负载阻抗。

注3:在合适的上下文中,复电压反射因数一词中的"复"和/或"电压"可省略。

131-15-34

反射损耗因数　reflection loss factor

特定电源与某负载的交界面处反射因数为零时,该负载从电源获得的视在功率和给定负载直接接到同一电源时获得的视在功率之比。

131-15-35

反射损耗　reflection loss

反射损耗因数的对数。

注1:反射损耗通常用分贝表示。

注2:如反射损耗为负值,取相反符号后称"反射增益"。

131-15-36

反射增益因数　reflection gain factor

反射损耗因数的倒数。(131-15-34)

131-15-37

反射增益　reflection gain

反射增益因数的对数。(131-15-36)

注:反射增益通常用分贝表示。

131-15-38

理想滤波器　ideal filter

在一个或更多的频带上,转移函数的模等于1,在所有其他频率处等于零的二端口网络。

注:频带定义见 IEC 60050-101:1998 和 GB/T 14733.7—1993。

131-15-39

原型 L 节滤波器　prototype L-section filter

用于综合梯形滤波器基本单元的电抗 L 形网络，它的两支路阻抗的乘积为一个具有电阻量纲的常数 K 的平方。

131-15-40

***m* 诱导型 L 节滤波器　*m*-derived L-section filter**

由原型 L 节滤波器导出的电抗 L 形网络，导出方式是使通带和阻带不变；有且仅有一个同侧的影像阻抗维持不变。

注：或者是串联支路阻抗乘以 m，或者是并联支路阻抗除以 m。

131-15-41

影像参数滤波器　image-parameter filter

作滤波器用，在一个或更多的指定频带上影像衰减因子为零，在所有其他频带上则大于零的电抗二端对网络。

131-15-42

定 *K* 型滤波器　constant *K* filter

由一些相同的原型 L 节滤波器级联而成，且使每相邻两个 L 节构成 T 形网络或 Π 形网络的影像参数滤波器。

131-15-43

插入参数滤波器　insertion parameter filter

作滤波器用，并使接入虚部为零的阻抗时其插入衰减为频率的指定函数的电抗二端对网络。

131-15-44

有源 RC 滤波器　active RC filter

仅由理想电阻器、理想电容器和线性有源元件组成的滤波器。

131-15-45

开关电容滤波器　switched capacitor filter

由有源 RC 滤波器导出的滤波器。有源 RC 滤波器中的理想电阻器由理想电容器和周期动作的开关所组成的电路代替。

注：模拟电阻一般是两个电容的比值的函数，因为在集成电路中，控制此比值比控制电容的值较有效。

中 文 索 引

B

C

D

英 文 索 引

A

D

E

G

H

I

K

L

M

N

P

S

ICS 01.040.33;33.160.01
M 70

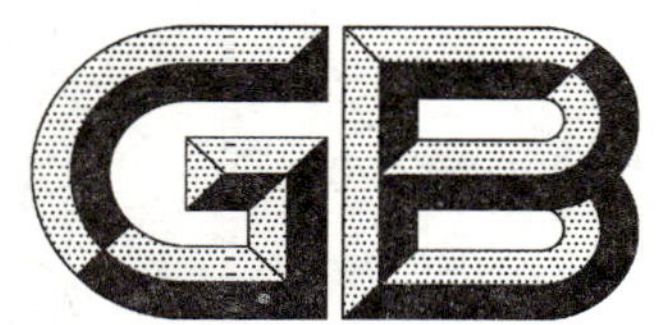

中华人民共和国国家标准

GB/T 2900.75—2008
部分代替 GB/T 4013—1995

电工术语　数字录音和录像

Electrotechnical Terminology—Digital recording of audio and video signals

(IEC 60050-807:1998,International Electrotechnical Vocabulary—Part 807:Digital recording of audio and video signals,MOD)

2008-06-18 发布　　2009-05-01 实施

中华人民共和国国家质量监督检验检疫总局
中国国家标准化管理委员会　发布

前　言

本部分为GB/T 2900的第75部分。

本部分修改采用IEC 60050-807:1998《国际电工词汇　第807部分:数字录音和录像》。

本部分与IEC 60050-807:1998相比,增加了附录A(规范性附录)补充术语,其他内容与IEC 60050-807:1998一致。

本部分中术语条目编号与IEC 60050-807:1998保持一致。

本部分与GB/T 2900.76—2008《电工术语　音频和视频的记录与重放》共同代替GB/T 4013—1995《录音录像术语》。

本部分与GB/T 4013—1995《录音录像术语》对应部分相比,标准结构变化较大,删除了一些术语,增加了一些新的术语。

本部分由全国电工术语标准化委员会(SAC/TC 232)提出并归口。

本部分起草单位:信息产业部电子第三研究所、中国传媒大学、机械科学研究院、北京电视设备厂。

本部分主要起草人:刘宪坤、张永辉、杨芙、武世鹏、李倜、晁淑芳。

本部分所代替标准的历次版本发布情况:

——GB/T 4013—1995《录音录像术语》。

电工术语　数字录音和录像

1　范围

本部分规定了数字录音和录像的常用术语及定义。

本部分适用于数字光盘录音录像及数字磁带录音录像。

2　术语和定义

2.1　数字记录——信号及编码

807-01-01

数字记录系统　digital recording system

数字音频/视频录/放系统　digital audio/video recording/reproducing system

按数字形式记录和/或重放音频和/或视频信号的一种系统。

807-01-02

分辨率　resolution (in digital processing)

分辨力

系统辨别两个数字信号样本量值大小的精度计量。

注：分辨率通常以二进制形式表示系统可以辨别的最大可能的信号电平差的比特数。

807-01-03

帧　frame

数字码元序列的一种结构，其中每个码元的位置可以用参考同步字(形成序列的一部分)识别。

807-01-04

同步字　synchronization word

同步码型　synchronization pattern

数据流内提供相对时间基准的特定比特序列。

807-01-05

透明通道　transparent channel

输出码流等于其输入码流的数据通道。

807-01-06

过抽样　oversampling

使用为正常需要的采样频率的 2^n(n 为大于 1 的正整数)倍的频率对模拟信号进行的抽样。

注：过抽样可提高采样精度或简化后置滤波。

807-01-08

禁止拷贝比特　copy prohibition bits

加入到数字记录数据上以防止数字拷贝用的附加比特。

807-01-09

脉峰偏移　peak shift

记录的数字比特序列脉冲峰的非人为暂时移动。

807-01-10

比特周期　bit period; Tch (abbreviation)

传送 1 比特所需要的时间。

注：Tch 为"时间变化"的缩写。

807-01-11

通道编码 channel encoding;channel coding

信道编码

将信源编码后的二进制信号变换成与记录媒体或传输通道特征匹配的码的过程或方法。

注：通道编码形成的通道码可以是不归零码(NRZ)、双二进制码或8-14调制码等。

807-01-12

8-14调制 eight-to-fourteen modulation

EFM（缩写词） **EFM**（abbreviation）

用于CD系统的通道编码,用每字14个比特代替每字8个比特,以使通道的数据通过能力最佳化。

807-01-13

循环冗余检验 cyclic redundancy check

CRC（缩写词） **CRC**（abbreviation）

利用附加数据和代数处理的一种检错方法。

807-01-14

交织 interleaving

交错 shuffling

将待记录的数据字有规则地重组,以使原来连续的字分散开来,从而使连续误码变成平均分布的误码,以便容易纠正。

807-01-15

交叉交织里德索罗门码 cross interleaved Reed-Solomon code

CIRC（缩写词） **CIRC**（abbreviation）

有良好检错和纠错性能的一种以字节为单位的分组码。

807-01-16

误码掩蔽 error concealment

用另外的样本取代发生错误的数字信号样本的一种技术,是减小误码影响的一种方法。

807-01-17

多次通过误码率 multipass error rate

在规定条件下多次通过相应的数据录/放系统后,记录媒体引入的误码率。

807-01-18

数字有效行 digital active line

传输数字视频信号的那一部分电视行。

807-01-19

段 segment

电视场或相关音频信号或辅助数据分割后的一部分,它可作为一组相关数据进行数据处理。

807-01-20

外[纠错]码 outer（error correction）code; outer ECC

乘积码中双重纠错方案用的一种纠错码。

注：在记录过程中,先形成外纠错码,随后生成内纠错码。

807-01-21

内[纠错]码 inner（error correction）code; inner ECC

乘积码中双重纠错方案用的一种纠错码。

注：在记录过程中,内纠错码在外纠错码形成后生成。

807-01-22

外[误码]检验数据　outer (error code) check data

在形成外纠错码过程中附加在记录信息上的一组误码检验数据。

807-01-23

内[误码]检验数据　inner (error code) check data

在生成内纠错码过程中附加在外纠错码数据上的一组误码检验数据。

807-01-24

扇区阵列　sector array

以扇区的阵列形式或数字数据组形式构成的概念性排列。

807-01-25

扇区子阵　sector sub-array

构成扇区阵列之一部分的多组纵列。

807-01-26

外码块　outer code block

扇区阵列或扇区子阵列的列。

807-01-27

内码块　inner code block

附加到扇区子阵列行上的内误码检验数据。

807-01-28

同步块　sync block

扇区内包含的数据块，由若干个含有视频、音频或其他数据的内部码块组成，其前面有同步和识别用的数据。

2.2 轨迹和记录媒体参量

807-02-01

轨迹（数字记录媒体上）　**track** (on a digital recording medium)

安排在记录媒体上的物理路径（直线、螺旋线等），信息沿此路径存储和读取。

注：在英语中，“track”一词可用于“physical”track（相当于法语“piste”）或用于光盘的一部分（法语的“plage”）。轨迹在CD数字音频系统中的定义，见807-02-02条。

807-02-02

轨迹（CD数字音频系统中）　**track** (in the compact disc digital audio system)

CD节目素材的规定部分。

注：轨迹可细分为项目(items)，索引功能指示轨迹中的特定部分。

807-02-03

扇区　sector

将视频与音频数据与同步、识别和纠错用的数据结合在一起配置的数字数据序列，并以轨迹为单位记录而不分开。

807-02-04

轨迹节距　track pitch

两条相邻轨迹中心线之间的距离或螺旋形轨迹上相邻圈中心线之间的距离。

807-02-05

记录密度　recording density

记录媒体上每单位面积记录的比特数。

807-02-06

轨迹密度　track density

垂直于轨迹轴线方向计量的每单位长度内的轨迹数。

注：轨迹密度是轨迹节距的倒数。

807-02-07

线记录密度　linear recording density

轨迹上每单位长度内记录的比特数。

807-02-08

自动寻迹　automatic track finding

自动跟踪　ATF (abbreviation)

自动循迹

利用所记录的控制信号自动探测和跟踪轨迹的方法。

807-02-09

块间间隙（DAT 系统中）　**interblock gap** (in DAT system) ;**IBG** (abbreviation)

用来分开不同类型数据的未录轨迹的区域。

807-02-10

参考轨迹　reference track

包含有同步和附加信号的辅助记录轨迹。

注：此轨迹用于 IEC 61120:1991 公告的 B 格式所定义的数字音频固定磁头记录系统。

807-02-11

轨迹号　track number

一条轨迹上所记录标题的项目号。

807-02-12

索引（CD 或 DAT 系统中）　**index** (in CD or DAT system)

每条轨迹内包含的设计用来便于访问轨迹内节目素材用的特定部分上的一种编号系统。

807-02-13

节目区（CD 或 DAT 系统中）　**programme area** (in CD or DAT system)

记录媒体上记录节目信号的部分。

807-02-14

目录表（CD 和 DAT 系统中）　**table of contents** (in CD and DAT system) ; **TOC** (abbreviation)

记录在媒体上的节目项目及其计时的表。

807-02-15

用户目录表　user's table of contents; U-TOC (abbreviation)

由用户定义和记录的目录表。

807-02-16

引入区（CD 或 DAT 系统中）　**lead-in area** (in CD or DAT system)

导入区

数字记录媒体上处在节目区之前的区域，它包含有辅助数据，例如目录表。

807-02-17

引出区（CD 或 DAT 系统中）　**lead-out area** (in CD or DAT system)

导出区

数字记录媒体上处在节目区之后的区域，它包含有可用来控制播放机的辅助数据信号。

807-02-18

起始 ID start ID

指示节目项开始的标志比特。

807-02-19

跳越 ID skip ID

告知系统停止读取信号并跳到下一个标志上的标志比特。

807-02-20

跳越区 skip area

跳越 ID 和下一个起始标志之间的区域。

注：例如，在 DAT 系统中是指跳越 ID 和起始 ID 之间的区域。

807-02-21

绝对时间 absolute time；A. time (abbreviation)

从记录开始处计量的记录素材所经历的时间。在 CD 数字音频系统和数字磁带录音或录像等系统中用来提供时间码。

807-02-22

节目位置时间（CD 和 DAT 系统中） **point time** (in CD and DAT system)；**P. time** (abbreviation)

用绝对时间标度的节目开始点。

807-02-23

主码 main code

由一定的比特识别的信息，该信息是决定记录信号主要目的的数据。

807-02-24

种类码（DAT 系统中） **category code** (in the DAT system)

表明所录信息类型(例如音乐或数据)的码。

807-02-25

前置码 preamble

前同步信号

位于一条轨迹的数据区起点前面的特定比特码型。

807-02-26

后置码 postamble

后同步信号 postscript

在一条轨迹的数据区终点后面的特定比特码型。

注：在美国采用术语“postscript”。

807-02-27

写后直读 direct read after write

DRAM（缩写词） **DRAW** (abbreviation)

存储系统用的一般术语，在记录后可立即重放信息。

807-02-28

一次写多次读 write once read many

WORM（缩写词） **WORM** (abbreviation)

数据只能写一次但可重放多次的记录媒体。

807-02-29

国际标准记录码 international standard recording code

ISRC（缩写词） **ISRC** (abbreviation)

数字记录媒体制造厂使用的码，由国家码、用户码、记录年份和记录编号等构成。

807-02-30

扇区定时误差 sector timing error

在新记录和先前记录之间的扇区的定时偏移。

807-02-31

编辑间隔 edit gap

一条记录轨迹上相邻扇区之间的间距，它提供编辑时的绝对扇区计时误差。

2.3 数字光盘记录

807-03-01

坑（CD 系统中） **pit**（in CD system）

在光盘的反射层中形成螺旋形轨迹的一连串浅的凹槽。

807-03-02

台 land

光记录媒体上坑之间凸起的空间。

807-03-03

夹持区 clamping area

光盘上靠近中心的环形部分，用于将光盘夹持到驱动机构上。

807-03-04

数字唱片系统 digital audio disk system

DAD 系统 DAD system（abbreviation）

将声音信号变换成数字形式后进行记录和重放的唱片录放系统。

807-03-05

激光唱片数字音频系统 compact disc digital audio system

CD 数字音频系统 CD（abbreviation）

记录和重放已变换成数字形式的音频信号的系统，也称 CD 格式。在此系统中，信号以螺旋形轨迹的坑列安排在小尺寸的圆盘上，可由激光束读出。

807-03-06

可录激光唱片系统 compact disc recordable system

CD-R（缩写词） **CD-R**（abbreviation）

允许用户在光盘上记录且可在标准 CD 唱机或 VCD 视盘机上重放的系统。

注：此种系统包括可擦写盘和单次写入盘。

807-03-07

交互激光唱片系统 compact disc interactive system

CD-I（缩写词） **CD-I**（abbreviation）

CD 数字音频系统的扩展，它允许用户和一些记录数据，例如音频、静止图像、活动图像、图文或图形之间具有交互性。

807-03-08

图像激光唱片系统 compact disc video system

CD-V（缩写词） **CD-V**（abbreviation）

CD 数字音频系统的扩展，它允许包括模拟视频信号。

807-03-09

图文激光唱片系统 CD plus graphics system

利用 CD 格式的子码通道 R～W 提供附加图形和文字的 CD 数字音频系统。

807-03-10

恒定角速度系统　constant angular velocity system

CAV 系统　CAV system (abbreviation)

光盘以恒定的旋转速率旋转，每转一圈需要相同的时间的一种光盘记录和重放系统。

注：此种系统便于"静止帧"操作。

807-03-11

恒定线速度系统　constant linear velocity system

CLV 系统　CLV system (abbreviation)

扫描光点和轨迹之间的相对速度维持一个恒定值，以保持整个光盘上的数据线密度一致的一种光盘记录和重放系统。

注：此种系统可使光盘的记录容量达到最大。

807-03-12

径向差动信号　Radial differential signal

RD 信号　RD (abbreviation)

当扫描光斑稍微偏离轨迹时，衍射进激光头物镜与轨迹中心线相对的两边光强不相等，其差称为径向差动信号。

807-03-13

径向偏移（CD 系统中）　**radial offset** (in a CD system)

光束在半径方向对轨迹中心线的偏移。

807-03-14

子码（在 CD 和 DAT 系统中）　**subcode** (in CD and DAT system)

在数字系统中用于控制和显示目的的辅助数据信号。

注：在 CD 数字音频系统中，8 个子码通道分别命名为 P，Q，R，S，T，U，V，W 通道。

807-03-15

P 通道（CD 系统中）　**P channel** (in CD system)

CD 数字音频系统的 8 个子码通道之一，它是指示节目信号存在的标志。

807-03-16

Q 通道（CD 系统中）　**Q channel** (in CD system)

CD 数字音频系统的 8 个子码通道之一，它规定时间码和光盘识别。

807-03-17

光盘绝对地址　absolute disk address

光盘上扇区的地址，以分、秒和扇区号表示。

807-03-18

扇区绝对地址　absolute sector address

相对于光盘绝对地址的扇区头地址部分。

807-03-19

唱片集说明　album descriptor

识别唱片集（一组唱片）内容的 CD 交互系统标签数据部分。

807-03-20

用户比特　user bits

向用户开放由用户定义的数字信号比特。

807-03-21

连接比特　merging bits

将字连接起来构成数据块但本身不包含信息内容的附加比特。

807-03-22

辅助数据区　auxiliary data field

用于检错、纠错或可用作用户数据区的扇区的一部分。

注：在 CD-I 系统中，最后 288 字节的一个扇区形成辅助数据。

2.4　数字磁带记录

807-04-01

数字磁带录音系统　digital audio tape recording system

在磁带上记录数字音频信号的录/放系统。

注：也见 807-04-02“DAT 系统”。

807-04-02

数字磁带录音系统　DAT system

DAT 系统　DAT (abbreviation)

采用盒带和旋转磁头的特定型式的数字磁带录音系统，音频信号同附加数字数据组合一起以数字形式记录。

807-04-03

固定磁头数字磁带录音系统　S-DAT

S-DAT 系统

采用盒带、固定磁头和多条纵向轨迹形式的数字磁带录音系统。

807-04-04

数字音频固定磁头系统　digital audio stationary heads system

采用固定磁头和多条纵向轨迹形式的开盘式数字磁带录音系统。

注：现在专业数字磁带录音用的有两种系统，即 A 格式(Prodigi)和 B 格式(DASH)。

807-04-05

数字磁带录像系统　digital video tape recording system

DVTR 系统　DVTR (abbreviation)

在磁带上记录数字视频及相关声音信号的记录系统。

807-04-06

重写（数字音频、视频中）　**overwrite** (in digital audio and video)

改写

无需单独擦去先前的记录而可覆盖记录新的数字信号的记录方式。

807-04-07

基准记录电流　reference recording current

在规定条件下利用基准带测得的记录电流，便于不同磁带能够进行比较。

注：此电流值表示该基准带的工作点。

附　录　A
（规范性附录）
补 充 术 语

A-01　数字记录——信号及编码术语

A-01-01

［码］流　stream

比特流　bitstream

通常指数字编码后预定作连续处理用的一系列不间断的、稳定的数据传输，也称数据流或比特流。

A-01-02

像素　pixel；pel

一幅画面的最小图像元素，它们是构成图像的点阵的一个个单点。数字显示器的分辨率和层次由像素数（宽×高）和色浓度（每个像素的比特数）决定。

A-01-03

像块　block

在 MPEG 视频编解码中，由例如一个 8×8 的像素矩阵表示的亮度或色度信号的样点小块。

注：在 4∶2∶0 采样格式的 MPEG-2 视频编解码中，由 6 个像块——4 个亮度块加 2 个色度块构成一个宏像块。

A-01-04

宏［像］块　macroblock

在 MPEG MP@ML 中，由视频帧内 16×16 像素矩阵形成的 4 个 8×8 亮度信息像块加上 2 个 8×8 色度信息像块组成一个宏像块。

A-01-05

字节　byte

由 8 比特构成的数据或数据存储空间的一种单位，通常表示一个字符。数字数据存储量通常以字节（B）、千字节（kB）、兆字节（MB）为单位。

A-01-06

字幕　subtitle

在视频节目中屏幕上的文字表示。见子图像。

A-01-07

子图像　subpicture

在视频中采用的重叠的图形位图（bitmap），以形成字幕、标题、卡拉 OK 歌词和菜单等的高光效果。

A-01-08

Δ 图像　delta picture

Δ 帧　delta frame

一种基于关键图像经运动预测得到的视频图像，例如 MPEG 中的 P 图像或 B 图像。可以作为运动预测基准的图像称为关键图像。

A-01-09

关键图像　key picture

关键帧　key frame

与 Δ 图像相比较，包含有完整的图像内容（帧内编码）而不涉及与其他图像（帧间编码）之间差别的视频图像。MPEG 中 I 图像就是关键图像。

A-01-10

B 图像　B picture

B 帧　B frame

MPEG 视频编解码中采用的三种图像类型之一。B 图像由其前一幅图像和后一幅图像通过双向运动预测得到。比之 I 图像和 P 图像，B 图像占用的比特数通常最少。B 图像不传播误码，因为它们不用作运动预测的参考图像。

A-01-11

I 图像　I picture

I 帧　I frame

在 MPEG 视频编解码中，仅进行帧内压缩编码的图像。由于只采用了没有运动补偿的变换编码(DCT、量化和 VLC)，压缩程度不高。I 图像为相关的 P 图像和 B 图像提供参考图像，并允许对其压缩的视频流进行随机访问。

A-01-12

P 图像　P picture

P 帧　P frame

在 MPEG 视频编解码中，P 图像是由前一个参考图像经运动预测得到的预测图像。P 图像又可为其后面的 P 图像或其前后的 B 图像提供参考图像。

A-01-13

MPEG 视频　MPEG Video

按照 MPEG 编码系统压缩的视频。MPEG-1 典型地应用于低数据率视频，例如 VCD。MPEG-2 应用于高质量视频，特别是隔行扫描视频，例如 DVD 或 HDTV。

A-01-14

MPEG 音频　MPEG audio

按照 MPEG 感知编码系统压缩的音频。MPEG 音频典型地具有两个声道，这两个声道可以形成环绕声格式。MPEG-2 音频可以提供独立的多声道音频。

A-01-15

4∶1∶1 格式　4∶1∶1 format

一种分量数字视频格式，这种格式每 4 个 Y 样本配以 1 个 Cb 样本和 1 个 Cr 样本。与 4∶2∶2 相比，采用 4∶1 水平降频采样(downsampling)，但没有垂直隔行采样。对每一行色度信号进行采样，但仅对应于每 4 个亮度信号像素采样一次。

A-01-16

4∶2∶0 格式　4∶2∶0 format

一种分量数字视频格式，与 4∶2∶2 相比，这种格式采用 2∶1 水平降频采样和 2∶1 垂直隔行采样，对于每 2×2 个 Y 样本矩阵有 1 个 Cb 样本和 1 个 Cr 样本。

A-01-17

4∶2∶2 格式　4∶2∶2 format

电视演播室中通用的分量数字视频格式，这种格式对于水平方向每 2 个 Y 样本有 1 个 Cb 样本和 1 个 Cr 样本，即采用 2∶1 水平降频采样，没有垂直隔行采样。

A-01-18

4∶4∶4 格式　4∶4∶4 format

电视演播室中一种高级的分量数字视频格式，其中 Y，Cb，Cr 以同等的频率和空间位置采样。

A-01-19

525/60 制式　525/60 system

每帧525行、每秒60场(30帧)的隔行扫描制式。

A-01-20

625/50 制式　625/50 system

每帧625行、每秒50场(25帧)的隔行扫描制式。

A-01-21

8-16 调制　8-16 modulation

用于DVD系统的通道编码,用每字16个比特代替每字8个比特,以使通道的数据通过能力最佳化。

A-01-22

Firewire 规范　Firewire

IEEE 1394 总线　IEEE 1394

在外围设备(包括消费音频和视频装置)之间传输数字数据的一种标准,基于苹果(Apple)计算机公司原来设计的Firewire规范。正式的名称是IEEE1394总线。

A-01-23

S 视频　S-Video

在4针小型DIN连接器上提供分离的亮度和色度信号视频的一种接口标准,也称Y/C视频。S视频的信号质量比复合视频好,因为解码时不需要用梳状滤波器来分离亮度和色度信号,但其信号质量不如分量视频好。

A-01-24

YCbCr 信号　YCbCr signal

包含有一个亮度分量和两个色度分量的分量数字视频信号。亮度和色度分量的参数一般符合ITU-R BT .601建议的数字编码标准。DVD-Video的MPEG-2编码是基于4∶2∶0格式的YCbCr信号。

A-01-25

比特流记录器　bitstream recorder

一种能记录但不必能处理这些比特流的装置。

A-01-26

编解码器　codec

能将视音频信号进行编码和解码的电路或计算机软件。

A-01-27

编码　encode

为了储存或传输大容量的数据而对数据进行的处理,通常采用能消除冗余度或减少复杂性的压缩处理方法。大多数压缩都基于一种或几种编码方法。

A-01-28

编码器　encoder

(1)　将音频或视频进行压缩编码的电路或程序;

(2)　将分量数字视频变换成复合模拟视频的电路;

(3)　将多声道音频变换成双声道矩阵音频的电路或程序。

A-01-29

采样速率　sampling rate

每秒采样所得的数字样本数。采样理论表明,为了能没有混叠地恢复原模拟信号,采样频率必须大于最高信号频率的两倍。

A-01-30

参考图像 reference picture

参考帧 reference frame

用作为运动预测参考的编码帧，根据它们可产生相关的 P 帧或 B 帧。在 MPEG-2 中，I 图像和 P 图像都可用作为参考图像。

A-01-31

抽栅 decimation

一种间隔拾取现存样本的亚采样方式。在空间抽栅或时间抽栅情况下，结果得到的信息容量可减少，但可能产生混叠干扰。

A-01-32

调制 modulation

使信号按预定方式改变形式以利于传输或记录的数据处理措施。

A-01-33

多段记录 multisession

只写一次记录技术中的一种技术，它允许在前一段数据被写入后再加附加数据。

A-01-34

方块效应 blocking

与 MPEG 压缩视频有关的特殊块状结构的画面表现。当压缩比足够大时，8×8 像素块的样本被充分平均，块状结构变得明显，会引起方块状的亮度和色度突变，俗称马赛克。

A-01-35

防拷贝管理系统 copy guard management system

CGMS（缩写词） **CGMS** (abbreviation)

防止拷贝或控制允许连续拷贝数的一种方法。CGMS/A 是增加一个模拟信号，例如在 NTSC 的 21 行中。CGMS/D 是增加一个数字信号，例如在 IEEE 1394 中。

A-01-36

分级 scaling

改变单个图像的空间分辨率，以增大或减小数据规模；或改变一个图像系列的时间分辨率，以增大或减低显示速率。此技术包括抽栅、内插、运动补偿、复制、再采样和亚采样等。大多数分级操作法会引入人为假像。

A-01-37

分量视频 component video

一种含有三个独立的彩色分量信号——红/绿/蓝（RGB）基色分量或亮度/色差（YCbCr，YPbPr，YUV）分量的模拟或数字形式的视频系统。DVD 所用的 MPEG-2 编码系统就是基于色差分量的数字视频编码系统。

A-01-38

复合视频 composite video

结合了图像信息（含彩色信息）和同步信息的视频信号。

A-01-39

多路复用 multiplexing (mux)

将多路信号或数据流组合成单一路信号或数据流，简称复用。

A-01-40

复用速率　mux-rate

在MPEG中，一个节目内所有打包基本流的合成速率。例如DVD的复用速率为10.08 Mbps。

A-01-41

感知编码　perceptual coding

基于人的视觉、听觉的感知研究形成的无损压缩技术。感知编码系统中鉴别并去除一般观察者很少可能发现的信息。

A-01-42

高级音频编码方式　advanced audio coding

AAC（缩写词）　**AAC**（abbreviation）

供MPEG-2用的一种音频编码标准，它与MPEG-1音频不能后向兼容。

A-01-43

哈夫曼编码　Huffman coding

对已知概率的一组事件分配可变长码的一种无损压缩技术。对频繁产生的事件分配最短的码。MPEG中采用具有固定编码表的哈夫曼编码的变型，常常称为可变长编码。

A-01-44

恒定比特率　constant bit rate

CBR（缩写词）　**CBR**（abbreviation）

将信息数据压缩成具有固定数据率的码流。其压缩比可变（例如改变量化表），以匹配分配的数据率，但在高压缩比下信号质量会受到损失。换句话说，以信号质量的变化换取数据率的恒定。

A-01-45

活动图像专家组　moving pictures expert group

MPEG（缩写词）　**MPEG**（abbreviation）

国际上一个为制定活动图像压缩系统标准而成立的国际专家组织。

A-01-46

基本流　elementary stream

音频或视频等编码比特流的通用术语。基本流由包构成，一个包又可包含有许多小包。

A-01-47

级　level

在MPEG-2中，与档相比较，级规定了图像源的分解力、比特率和帧频参量。

A-01-48

假象　artifact

在原来的视频或音频信号中不存在的因某种处理或外部作用而引起的信号中一种非自然效应。假象可能由许多因素引起，包括数字压缩、电影—视频转换、传输误码、数据读出错误、电干扰、模拟信号噪声和模拟信号串扰等。数字压缩中假象可能是飞蚊噪声、方块噪声和视频噪声。

A-01-49

检错码　error detection code

EDC（缩写词）　**EDC**（abbreviation）

在信息记录、传输之前加入适当的附加信息码，以便在重现、接收中发生错误时据以检知错误的码。

A-01-50

档　profile

在MPEG-2中规定的句法子集，它表明图像压缩编码中采用的工具类型。

A-01-51

简档　simple profile

SP（缩写词）　**SP**（abbreviation）

为简单和廉价应用(例如软件)而设计的 MPEG-2 视频标准体系中档内的一个子集。SP 中没有 B 图像。见档。

A-01-52

主档　main profile

MP（缩写词）　**MP**（abbreviation）

MPEG 中档内的一个子集,在数字电视、DVD 等的信源编码中得到主流应用。

A-01-53

主档主级　main profile at main level

MP@ML（缩写词）　**MP@ML**（abbreviation）

在主级上的主档。是 DVD 等中通用的 MPEG-2 格式。

A-01-54

主级　main level

ML（缩写词）　**ML**（abbreviation）

MPEG-2 视频标准中级内的一个子集,其图像分辨率为 720×576×30(ITU-R BT.601)。(见级)。

A-01-55

简档主级　Simple profile at main level

SP@ML（缩写词）　**SP@ML**（abbreviation）

DVD 可采用的一种简单的 MPEG-2 格式。大多数 DVD 等采用 MP@ML。SP 中没有 B 图像。

A-01-56

解码器　decoder

(1)　将压缩的音频或视频信号解码,得到编码前的原始输入码流并产生输出（例如音频或视频）的一种电路;

(2)　将复合视频变换成分量视频或将矩阵变换过的音频变换成多声道音频的一种电路。

A-01-57

纠错码　error correction code

ECC（缩写词）　**ECC**（abbreviation）

将附加信息加到数据中,以便能检知出和纠正错误的码。

A-01-58

可变长编码　variable length coding

VLC（缩写词）　**VLC**（abbreviation）

见哈夫曼编码。

A-01-59

空间分辨率　spatial resolution

图像清晰程度或细节多少的度量。

A-01-60

离散余弦变换　discrete cosine transform

DCT（缩写词）　**DCT**（abbreviation）

一种可逆的离散数字量的正交变换,是在 MPEG-Video 编码中采用的一种数学处理。它把像块内的像素值变换成空间频率值，使低频分量参数组排到矩阵的左上角，而高频分量参数组排到右下角。

A-01-61

连续拷贝管理系统　serial copy management system

SCMS（缩写词）　**SCMS**（abbreviation）

DAT、MD 和其他数字记录系统采用的旨在控制拷贝（复制）和限制再拷贝次数的管理系统。

A-01-62

量化　quantize

用整数标度将一个连续的数值范围区分成一定量的离散值。量化后的值可以恢复到（用数模变换法）接近原来的值，但不可能恰好相同。量化是模数变换中的基本技术之一。

A-01-63

里德-索罗门码　Reed-Solomon（RS）code

一种纠错编码系统，它通过数字变换使数据循环多次，以增强对连续误码的纠错能力。

A-01-64

里德-索罗门乘积码　RS-PC（Reed-Solomom product code）

DVD 等用的一种纠错编码系统，它利用里德-索罗门编码的行和列二维处理提高纠错能力。

A-01-65

每个像素比特数　bits per pixel

在一个位图中，用于表示每个像素的彩色值或亮度值的比特数目。一个比特能反映两个值（黑和白），两个比特能反映 4 个值，等等。也叫彩色浓度或比特深度。

A-01-66

色度亚采样　chroma subsampling

采用比亮度样本数要少的色度样本数以适应低的色度分辨率。（见 4：1：1 和 4：2：0）。

A-01-67

熵编码　entropy coding

平均信息量编码

数字信号的可变长无损编码，用以最大程度地减少信息冗余。MPEG-2 中采用预定的码表来实施熵编码。

A-01-68

时间分辨率　temporal resolution

一幅活动图像或运动物体的清晰程度，或是运动视频信息变化速率的度量。

A-01-69

时间码　time code

随音频或视频一起记录以指示相对时间位置的信息。通常由时（h）、分（m）、秒（s）和帧（f）值构成，也称 SMPTE/EBU 时间码。

A-01-70

数字化　digitize

经采样、量化、编码将模拟信息变换成数字信息的信息处理。

A-01-71

数字色差信号　digital colour difference signal

图像中蓝色和红色信息的数字色差视频信号的分量，它们是蓝和红基色信号中减去亮度信号（Y）后产生的 B-Y 和 R-Y 色差信号。

A-01-72

数字信号处理器　digital signal processor

DSP（缩写词）　**DSP**（abbreviation）

一种可以进行编程以执行数字数据处理任务的处理器，例如解码或音频效果处理的数字电路。

A-01-73

索尼动态数字声　Sony Dynamic Digital Sound

SDDS（缩写词）　**SDDS**（abbreviation）

索尼公司为剧场、影院用多声道音频开发的一种环绕声音频编码系统。

A-01-74

通道数据　channel data

在纠错编码和调制后，实际上记录在光盘上的数据比特，其中还有外加的信息和处理数据，故通道数据大于所包含的有效用户数据。

A-01-75

同步　synchronization

SYNC（缩写词）　**SYNC**（abbreviation）

指光盘上或磁带上用加特定(同步)信号的方法将信号格式化的操作，此格式化了的数据可以帮助读出系统识别位置和特定的数据结构。

A-01-76

图像组　group of pictures

GOP（缩写词）　**GOP**（abbreviation）

在 MPEG 视频中，由一个 I 图像之后跟随若干 P 和 B 图像共同组成的图像集合。图像组是 MPEG 视频中可以访问的最小单位。

A-01-77

位图　bitmap

一种由两维像素格栅构成的图像。每一个数字视频帧都可以看作是一个位图，其中一些彩色信息通常由一个以上的像素共用。

A-01-78

噪声　noise

由记录媒体或传输媒体或者由编码/解码过程对信号加上的(与信息)无关的、随机的错误信息。数字格式比模拟格式的优点之一是可以消除噪声(尽管可能由压缩引入新的噪声)。

A-01-79

飞蚊噪声　mosquitoes

视频压缩后在陡峭的边缘(高的空间频率分量)附近可能出现的模糊的绒毛状点，也称为吉布斯效应(Gibbs Effect)。

A-01-80

线性脉码调制　linear PCM

未压缩的数字数据的一种编码表示法。线性脉码调制在从最高到最低的整个幅度范围内均匀分级地安排采样数据。

A-01-81

非线性脉码调制　nonlinear PCM

将更多的分级分配给更重要的幅度范围的编码方法。

A-01-82

小型计算机系统接口 small computer systems interface

SCSI（缩写词） **SCSI**（abbreviation）

将内部或外部设备，例如 DVD-ROM 驱动器连接到计算机并进行控制的一种电接口和指令组。此接口的指令组由 SFF 8090 规范扩展到 DVD-ROM 装置。

A-01-83

压缩 compression

消除数字数据中的冗余度以减少存储或传输时所需数据量的过程。压缩可分为无损压缩和有损压缩。

A-01-84

压缩比 compression ratio

压缩前和压缩后表示信号的数据量之比。

A-01-85

有损压缩 lossy compression

永久性丢掉一些次要数据而尽可能保存最重要信息，以达到高的压缩比的压缩技术。有损压缩中采用了使数据损失限制到不大可能被人感知到的感知编码技术。

A-01-86

无损压缩 lossless compression

能无损耗地恢复原数据的压缩技术。

A-01-87

亚采样 subsampling

降频采样 downsampling

使所取的样本比原来样本空间分辨率低，或者使所取的样本比原来样本时间分辨率低的处理过程，也称降频采样。见色度亚采样。

A-01-88

样本 sample

样值

模拟信息的时间离散表示和数字计量。一个连续模拟波形的即时采样。

A-01-89

样本大小 sample size

用于表示样本的比特数。也称量化分辨率。一般来说，对每个样本分配的比特数越多，模拟信号幅度的重现性越好。音频样本大小决定了信号动态范围，视频样本大小决定了灰度层次和色浓度。

A-01-90

句法 syntax

管理有条理的信息系统的构造或形成的规则。例如，MPEG 视频编码规范的体系规定，数据及有关命令如何被解码器采用，以形成视频图像。

A-01-91

运动补偿 motion compensation

在 MPEG 中，根据先前的帧或未来的帧判别像块是否改变了位置的过程，然后将运动矢量应用于运动预测。

A-01-92

运动矢量 motion vector

MPEG 中运动补偿用的两维空间矢量，它根据参考图像（I 或 P）中的编码像块位置对预测位置（P

或B图像中的编码像块)提供补偿。

A-01-93

运动预测 motion estimation

在MPEG编码期间,预测运动矢量的过程。此术语常与运动补偿互换使用。

A-01-94

信源编码 source encoding

对来自信号源的信号进行数字化处理,并通过一定的编码方法将原信号以较少的数据表示,或以较少的数据表示原信号的主要有效信息。

A-01-95

再采样 resampling

在不同的空间分辨率或不同的时间分辨率之间采样变换的过程。它可以基于以较高或较低分辨率对源信息作简单采样,或者可以包括内插以校正像素幅形比的差异,以及调整显示速率的差别。

A-01-96

帧间 interframe

在多个视频帧之间发生的状态变化。帧间压缩可较大地减低信息冗余度。

A-01-97

帧内 intraframe

在一个视频帧内发生的状态变化。帧内压缩不减少时间冗余度,对每个帧可进行独立处理或访问。(见I图像(A-01-11))。

A-01-98

帧内MPEG Intraframe MPEG

I-MPEG(缩写词) **I-MPEG**(abbreviation)

一种仅采用帧内压缩的MPEG视频编码方式。DV系统中采用了此种编码方式。

A-02 轨迹和记录媒体参量术语

A-02-01

打包基本流 packetized elementary stream

PES(缩写词) **PES**(abbreviation)

含有基本码流(例如音频或视频)的MPEG小包的低级码流。

A-02-02

标题的篇 part of title

在视频和音频中,标题中表现一个场景的一段,也称章(chapter),篇的编号通常为01-99。

A-02-03

层 layer

光盘上以微坑图的形式记录信息的平面。DVD光盘的每个基片上可包含一或两层。第一层最靠近读出面,为层0;第二层为层1。

A-02-04

数据区 data area

盘片上引入区和引出区(或中间区)之间的物理区域,它容纳盘片上存储的数据内容。

A-02-05

并行轨迹路径 parallel track path;PTP

一种DVD双层盘格式,与OTP不同,两层都是从盘的中心处开始读出,是为独立的节目(例如在同一盘面上有宽屏幕和摇移扫描两种型式)或者在第二层上有变化的节目设计的。对于DVD-ROM随机访问，其应用也最有效。

A-02-06

相反轨迹路径　opposite track path；OTP

DVD 双层盘上的一种结构布局，与并行轨迹路径不同，在第一层上，从光盘中心开始读出，向光盘外缘移动，然后转到第二层，面向中心移动。此种结构是为长时间连续播放节目而设计的，也称 RSDL (reverse-spiral dual-layer)。

A-02-07

中间区　middle area

双层相反轨迹路径盘上与数据区外侧相邻的两层间宽度 1.0 mm 或更宽的物理区域。

A-03　数字光盘记录术语

A-03-01

自适应变换声学编码　Adaptive Transform Acoustic Coding

ATRAC（缩写词）　**ATRAC** (abbreviation)

是小型磁光盘(MD)系统中利用人耳听觉特性(掩蔽效应)进行声音信号压缩的一种编码方式。

A-03-02

激光唱机　CD player

CD 唱机

专为播放激光唱片用的声音播放机。因其通过激光头发出的激光束读取记录在激光唱片上的信息坑，故又称激光唱机。

A-03-03

激光唱片　compact disc

CD 唱片　CD (abbreviation)

在直径 12 cm、厚 1.2 mm 的透明圆盘上，以坑列形式沿以几何中心为圆心的螺旋形轨迹记录有数字音频信号的小型唱片。读出时一般利用波长 780 nm 的红外激光束，故又称激光唱片。

A-03-04

激光唱片只读存储器　CD-ROM

CD-ROM（缩写词）

激光唱片数字音频格式的扩展，它能以数字格式存储计算机数据，具体格式由黄皮书标准规定。

A-03-05

激光唱片只读存储器扩展结构　CD-ROM XA

CD-ROM　XA（缩写词）

CD 的一种混合版本，允许音频和视频交错排列。

A-03-06

数字影院声格式　DTS (digital theater sound)

DTS 格式

一种为影院开发的声音感知编码系统。在 DVD-Video 中是一种可选的音频轨迹格式。

A-03-07

数字多用盘系统　DVD (digital versatile disc) system

DVD 系统

由 DVD 论坛共同确定的利用 DVD 光盘作为记录载体(数字信号以坑列的形式沿螺旋形轨迹记录)，利用波长 635～650 nm 的红激光器作为读出光束的一系列 DVD 光盘格式，包括 DVD-ROM、DVD-Video、DVD-Audio、DVD-R 和 DVD-RAM 等。

A-03-08

可录数字多用盘　DVD-R

DVD-R（缩写词）

可以记录一次数据的一种DVD格式，它利用了染料升华记录技术。

A-03-09

可擦除数字多用盘　DVD-RAM

DVD-RAM（缩写词）

利用相变或磁光记录技术，可以多次记录数据的DVD格式。

A-03-10

数字多用盘只读存储器　DVD-ROM

DVD-ROM（缩写词）

数字多用盘的基本格式。DVD-ROM指标准DVD-ROM光盘和只读DVD-Video光盘。

A-03-11

数字视盘　DVD-Video disc

DVD视盘

根据DVD视频标准记录有按照MPEG-2视频标准压缩的活动图像信号和按照杜比AC-3或MPEG-2多声道标准压缩的多声道音频信号的数字视盘。

A-03-12

数字视盘机　DVD-Video player

DVD视盘机

用于播放DVD视盘的光盘播放机，通常也能兼容播放CD唱片和VCD视盘，甚至是超级VCD视盘。

A-03-13

数字视盘格式　DVD-Video

DVD视频　DVD-V (abbreviation)

基于MPEG视频、杜比数字(AC-3)和/或MPEG音频以及其他有专利权的数据格式，在DVD-ROM盘上存储和再现音频与视频的一种标准。

A-03-14

音频数字多用盘格式　DVD-Audio

DVD音频　DVD-A (abbreviation)

只记录音频数据的DVD格式。

A-03-15

小型磁光盘系统　mini disc system

MD系统　MD system (abbreviation)

利用磁光记录原理在直径64 mm的小型磁光盘上可记录(垂直磁记录)74分钟按自适应变换声学编码(ATRAC)方式压缩的音频信号的一种小型磁光盘系统。

A-03-16

磁光盘　magnetic optical disc

MO（缩写词）　**MO** (abbreviation)

一种大容量可擦写存储媒体。它利用聚焦激光束加热盘面上的磁性单元，在加热瞬间用较弱的磁场改变磁性单元的磁化极性进行记录。读出时利用激光反射的偏振方向来辨别磁化极性，确定读出的数据(0,1)。

A-03-17

视频激光唱片系统　Video CD

VCD 系统　VCD (abbreviation)

按照 MPEG-1 标准将活动图像和双声道立体声信息大幅度压缩后记录在激光唱片上的一种数字光盘系统。

A-03-18

视频激光唱片　Video-CD disc

VCD 视盘

将按照 MPEG-1 标准压缩的活动图像和一路立体声信号记录在激光唱片上(最长可达 74 min)制成的一种低分辨率(约 250 水平线,相当于 VHS 录像带)数字视盘。

A-03-19

视频激光唱片播放机　Video-CD player

VCD 视盘机

能播放 VCD 视盘的一种视频/音频播放机。通常,VCD 视盘机都能兼容播放 CD 唱片。

A-03-20

包　pack

光盘节目流中的一组 MPEG 小包(packet)。每个扇区包含有一个包。

A-03-21

标题　title

光盘内容的最大单位,通常是一部电影、TV 节目、音乐集等。一张光盘通常可以容纳最多 99 个标题,每个标题均可从光盘菜单中选择。

A-03-22

标题密钥　title key

用来将 DVD 视盘上的用户数据加密和解密的数值。

A-03-23

超级视频激光唱片系统　Super VCD

超级 VCD

采用 CD 记录格式和 CD-ROM/XA 数据结构,按照 MPEG-2 可变码率(VBR)编码记录的活动图像及伴音系统,图像水平清晰度可达 350 线(2/3 D1)。

A-03-24

超级视频激光唱片　Super Video-CD disc

超级 VCD 视盘

将按照 MPEG-2 可变码率(VBR)编码的活动图像(2/3 D1 格式)和一路或两路立体声伴音记录在 CD 盘上制成的一种图像分辨率比 VCD 格式高(约 350 水平线)的数字视盘。

A-03-25

超级视频激光唱片播放机　Super Video-CD player

超级 VCD 视盘机

能播放超级 VCD 视盘的一种视频/音频播放机。通常,超级 VCD 视盘机都能兼容播放 CD 唱片和 VCD 视盘。

A-03-26

磁光　magneto-optical

利用激光加热某个部位,再用磁场改变该部位磁性的一种可录光盘技术。其他可录技术还有染料升华和相变方式。

A-03-27

单元　cell

在 DVD-Video 中，一种从零点几秒到规定时间长度的视频单位，使视频信号可以编组，以便在不同节目间实现内容共享和多角度交错等。

A-03-28

杜比数字　Dolby Digital

杜比 AC-3　Dolby AC-3

由杜比实验室开发并认可为国际标准的一种音频感知编码系统。杜比数字是 DVD-Video 中最通用的音频编码系统，采用 5.1 声道格式。

A-03-29

多角度　multiangle

包含有在播放期间允许对一个场景从多个角度进行不同观察的 DVD 视频节目。

A-03-30

多声道　multichannel

多个音频声道，通常包含有供不同扬声器用的不同音频信号，可产生环绕声场。

A-03-31

多语种　multilanguage

包含有一种以上语言的声音轨迹和字幕轨迹的 DVD 视频节目。

A-03-32

父母管理　parental management

DVD 视频系统中的一种可选特性，它可以根据设置在播放机中的父母等级(parental level)，禁止儿童观看节目或节目中的不同场景。父母管理要求把父母等级信息和附加素材(如有必要)编码到光盘中。

A-03-33

光盘菜单　disc menu

光盘的主菜单，据此可选择标题(title)。也称系统菜单(system menu)或标题选择菜单(title selection menu)。

A-03-34

光盘密钥　disc key

用来对 DVD 视盘上的标题密钥加密和解密的一种数值。

A-03-35

轨迹缓冲器　track buffer

光盘播放机的电路(含有存储器)，它将来自光盘以恒定速率读出(当访问光盘上的不同部分而数据被中断时除外)的数据流变成可变速率数据流提供给系统解码器。

A-03-36

画面摇移扫描　pan & scan

利用剪裁部分图像的方法形成不同幅形比的图像再构成技术。DVD 视盘机利用对于视频编码的水平偏移，可以自动地由宽屏幕视频生成 4∶3 摇移扫描显示型式。

A-03-37

节目　program

一般意义上，是一个音频或视频序列。从 DVD-Video 的技术意义上说，是指节目链中的一组单元。

A-03-38

节目链　program chain（PGC）

在DVD视频中，相互连接以产生连续显示的一批节目或一组单元。

A-03-39

可变比特率　variable bit rate

VBR（缩写词）　**VBR**（abbreviation）

按照随时间变化的速度读出和处理数据。它是一种数据压缩技术，可产生出在固定最小和最大速率之间的数据流。一般在保持恒定的压缩水平，同时根据被编码数据的复杂性（空间和时间能量的总和）需要增加或减小带宽时采用。与CBR不同，CBR数据率保持恒定，而质量允许变化。

A-03-40

可录数字多用盘　DVD-Recordable

可录 DVD

一般指DVD-R和DVD-RAM。

A-03-41

口令密钥　challenge key

在DVD-ROM驱动器和主计算机之间信息交流过程中，为鉴别密钥（authentication key）所用的数据，由一方确定另一方是否包含有为通过加密数据所必要的授权密钥和算法。

A-03-42

染料升华　dye-sublimation

利用高功率激光将可读标记烧进一层有机染料的光盘记录技术，其他记录技术还有磁光记录和相变记录。

A-03-43

扫描速度　scanning velocity

激光头沿着光盘的螺旋形轨迹移动的相对速度。

A-03-44

视频目标　video object（VOB）

DVD视频数据存贮器的一个小的物理单位，通常为GOP。

A-03-45

数值孔径　numerical aperture（NA）

表示镜头收集和聚焦光线能力的一个无量纲值。数值孔径1表示平行光线通过镜头后没有变化，此值越大，聚焦能力越强。

A-03-46

缩混　downmix

用环绕声处理程序使声道组合，将多声道音频轨迹变换成双声道立体声轨迹。

A-03-47

无缝播放　seamless playback

DVD视频的一种特性，一个节目可以从光盘上的一处跳到另一处而没有任何视频中断。通过共用公共部分，允许不同种类的节目放在一张光盘上。

A-03-48

物理格式　physical format

光盘标准的低级特性，包括盘上的坑、数据的地址和随着物理状况而不同的数据结构。

A-03-49

相变 phase-change

一种利用物理效应的可擦写光盘技术。这种技术用激光束把记录材料加热到可从非晶态变到结晶态或作相反变换的可逆变化区域，继续加热记录材料到刚超过熔点，就会造成晶态（擦除），而高热后随即快速冷却，又会形成非晶态（一种标记）。

A-03-50

小包 packet

光盘数据存储的一个低级单位，包含有属于单一基本流——如视频、音频、控制等的数据字节。小包聚集形成包（pack）。

A-03-51

信箱 letterbox

视频的一种处理方法或形式，使显示区域的顶部和底部呈现水平黑条，以便产生出与所用显示器不同幅型比的视频显示帧。信箱法与摇移扫描显示不同，它可以保持完整的视频图像。DVD 视盘机可以自动将宽屏幕图像进行信箱处理，以便在标准 4∶3 电视上显示。

A-03-52

信箱过滤器 letterbox filter

在 DVD 视盘机中为减小整个宽屏幕视频的垂直尺寸（每 4 行合成 3 行）和在顶部和底部呈现水平黑条所用的电路。

A-03-53

隐藏字幕 closed caption

与公开字幕（open caption）（是图像的常备部分）不同，它是通常不可见的视频文字字幕。DVD-Video 可以提供隐藏字幕数据，但推荐采用子图像格式，以利于多种用途。

A-03-54

用户数据 user data

记录在光盘上与格式化和纠错开销无关的数据。

A-03-55

预制母版 premastering

预母化

按照最终格式准备数据以形成母版制作用的光盘映像的过程。包括形成光盘控制和导航数据，复用多路数据流，产生纠错码，以及实施通道调制等。常常包括视频、音频和子图像的编码过程。

A-03-56

字符组刻录区 BCA（burst cutting area）

靠近光盘中心的一个环形区域，在这里可以按条码格式刻录 ID 码和制造信息。

A-04 数字磁带记录术语

A-04-01

固定磁头数字录音格式 DASH（digital audio stationary head）format

DASH 格式

由索尼公司开发的一种广播用固定磁头开盘式数字磁带录音格式。分 2 通道型和多通道型，2 通道型带宽为 1/4″（6.3 mm），多通道型带宽有 1/2″（12.7 mm）和 1″（25.4 mm）两种。2 通道型总轨迹数为 12（8 条主轨，4 条辅轨）；多通道型总轨迹数：1″为 96 ch/103 tr；1/2″为 48 ch/52 tr、24 ch/28 tr。2 通道和多通道型的采样频率和量化比特数均为 48 kHz/16 bit 均匀，采用 HDM-1 调制方式，2 通道型带速为 38.1 cm/s 和 19.0 cm/s，多通道型带速为 76.2 cm/s。

A-04-02

专业数字录音格式　PD（professional digital）format

PD 格式

由三菱公司开发的一种广播用固定磁头开盘式数字磁带录音格式。分 2 通道型和多通道型，2 通道型带宽为 1/4″(6.3 mm)，多通道型带宽有 1/2″(12.7 mm)和 1″(25.4 mm)两种。2 通道型总轨迹数为 12(8 条主轨，4 条辅轨)；多通道型总轨迹数：1″为 64 ch/89 tr，32 ch、16 ch/45 tr，1/2″：32 ch/47 tr，16 ch、8 ch/24 tr。2 通道和多通道型的采样频率和量化比特数均为 48 kHz/16 bit 均匀，采用 2/4 M 调制方式，2 通道型带速为 38.1 cm/s 和 19.0 cm/s，多通道型带速为 76.2 cm/s 和 38.1 cm/s。

A-04-03

旋转磁头盒式磁带录音系统　R-DAT

R-DAT 系统

采用 3.81 mm 宽、金属粉涂布型盒带、旋转磁头和螺旋扫描方式的数字磁带录音系统。

A-04-04

数字线性磁带　DLT（digital linear tape）

一种标准的数字磁带，通常用于提供预母化的 DVD 盘的版，供复制业务用。

A-04-05

数字盒式磁带　DCC（digital compact cassette）

飞利浦开发的一种基于流行的盒式磁带（compact cassette ）的数字录音磁带格式，在 1996 年放弃了这种格式。

A-04-06

D-1 格式数字录像机　D-1 format digital VTR

记录由 ITU-R 建议书 BT.601 标准规定的分量编码信号的 3/4″(19 mm)广播用螺旋扫描盒式数字磁带录像系统，SMPTE 将其命名为 D-1，IEC 将其作为 1016 号标准。其视频亮度和音频的采样频率和量化比特数分别为 13.5 MHz/8 bit 和 48 kHz/20 bit，每场轨迹数为 10 条(525/60 制)或 12 条(625/50 制)，调制方式为 S-NRZ，鼓转速为 150 rps，带速为 286.6 mm/s，采用氧化铁磁带，带盒有大(L：366×206 mm)、中(M：254×150 mm)、小(S：172×109 mm)之分。

A-04-07

D-2 格式数字录像机　D-2 format digital VTR

记录由 SMPTE 标准 244M 规定的复合编码信号的广播用 3/4″(19 mm)螺旋扫描盒式数字磁带录像系统，称为 D-2(245 M～248 M)标准，IEC 是 1179 号标准。其磁带宽度、带盒大小、扫描方式、音频采样频率与量化比特数都同 D-1 格式一样，但视频采样频率为 14.3 MHz(525/60 制)，17.7 MHz(625/50 制)，调制方式为 M^2，采用金属涂布带，每场轨迹数为 8 条，鼓转速为 90 rps，带速为 131.7 mm/s。

A-04-08

D-3 格式数字录像机　D-3 format digital VTR

记录由 SMPTE 的 263 M～265 M 标准规定的广播用复合编码信号的 1/2″螺旋扫描盒式数字磁带录像系统，称为 D-3 格式。其视频音频采样频率和量化比特数及磁带材料、每场轨迹数、鼓转速都同 D-2 格式一样，采用新 8-14 调制方式，带速 83.88 mm/s。但带宽为 1/2″(12.65 mm)，带盒有大(L：296×167 mm)、中(M：212×124 mm)、小(S：161×98 mm)之分。

A-04-09

D-5 格式数字录像机　D-5 format digital VTR

记录符合 ITU-R BT.601 建议书规定的数字分量信号的广播用螺旋扫描 1/2″盒式数字磁带录像系统。其视频亮度和音频信号采样频率和量化比特数分别为 13.5 MHz/10 bit 或 18 MHz/8 bit 和 48 kHz/20 bit，每场轨迹数为 16 条，调制方式为新 8-14 调制，带盒规格及磁性材料、鼓转速和 D-3 格式相同;带速为 167.23 mm/s。

A-04-10

D-7 格式数字录像机　D-7 format digital VTR

按照 IEC 62071 标准规定,在 6.35 mm 宽金属粉盒式磁带上(带盒有大(L)、中(M)两种)按螺旋扫描方式记录数字视频、音频和附加数据的数字磁带录像机。其视频信号为分量视频信号(525/60 制和 625/50 制)。亮度信号采样频率为 13.5 MHz,色差信号采样频率为 6.75 MHz,亮色信号均为 8 bit 量化。音频信号采样频率为 48 kHz,16 bit 量化。视频数据帧内压缩比约为 5∶1。视频码率 25 Mbps。带速为 33.820 1 mm/s(对 525/60 制)和 33.853 9 mm/s(对 625/50 制)。以数字格式记录的视频和两个音频通道信号均可独立进行编辑。

A-04-11

D-9 格式数字录像机　D-9 format digital VTR

日本 JVC 公司在 S-VHS 基础上开发的采用 1/2″金属涂布磁带的数字录像机。图像处理采用 4∶2∶2分量数字视频格式,亮度取样频率 13.5 MHz,8 bit 量化,视频数据的压缩方法采用 DCT、自适应量化、之字形读取、游程与可变字长编码,帧内压缩比为 3.3∶1,视频码率 50 Mbps。带盒尺寸与 S-VHS 格式相同,为 188×104×25 mm。调制方式是 24-25 变换和 S-I-NRZI。音频取样频率 48 kHz、16 bit量化,标准格式为 4 声道。每帧 12 条磁迹(625/50 制)或 10 条磁迹(525/60 制),磁迹节距 20 μm,磁鼓转速为 75 rps,带速为 57.7 mm/s。D-9 格式也称 digital-S 格式。

A-04-12

DV 格式数字录像机　DV format digital VTR

由松下、索尼、飞利浦、汤姆逊、JVC 等 56 家公司集体发起和制定的记录数字分量信号的小型螺旋扫描数字磁带录像机格式。DV 的视频信号结构采用 4∶1∶1(NTSC)或 4∶2∶0(PAL)方式,亮度信号取样频率 13.5 MHz、8 bit 量化;调制方式是 24-25 变换和 S-I-NRZI;压缩方式为以 DCT 为基础进行 5∶1 帧内压缩,视频码率为 25 Mbps;每帧 12 条磁迹,磁迹节距 10 μm;音频信号取样量化有(2 声道)48 kHz/16 bit 和 32 kHz/12 bit 两种方式;磁鼓直径仅为 21.7 mm,鼓转速为 150 rps,;磁带采用 1/4″金属蒸镀带,带速为 18.8 mm/s,带盒尺寸有 125×78×14.6 mm 和 66×48×12.2 mm 两种。在 DV 格式基础上开发的广播和专业用数字录像系统主要有 DVCPRO、DVCAM 和 professional DV 等。

A-04-13

DVCPRO 格式数字录像机　DVCPRO format digital VTR

由松下公司以民用 DV 格式为基础开发的针对专业及广播电视用户的记录数字分量信号的 1/4″小型螺旋扫描数字磁带录像系统。其主要参数,如磁带宽度、扫描方式、调制方式、视频数据压缩比、码率、磁鼓转速等均与 DV 格式相同;但磁迹比 DV 格式(10 μm)宽,为 18 μm;带速比 DV 格式(18.8 mm/s)快,为 33.8 mm/s;视频信号结构采用 4∶1∶1 方式,视频亮度和音频信号采样频率和量化比特数分别为 13.5 MHz/8 bit 和 48 kHz/16 bit,带有 CTL 磁迹,可进行 CTL 和时间码两种方式编辑,便于电视节目编辑用。带盒分为大型(L:125×78×14.6 mm)和中型(M:97.5×64.5×14.6 mm)两种。DVCPRO 可兼容重放 DV 格式和 DVCAM 格式的磁带。DVCPRO 与 D-7 格式相同。

A-04-14

DVCPRO-50 格式数字录像机　DVCPRO-50 format digital VTR

由松下公司在 DVCPRO 基础上为演播室用途开发的记录数字分量信号的 1/4″小型螺旋扫描数字磁带录像系统。视频信号处理采用 4∶2∶2 格式,视频帧内压缩比为 3.3∶1,码率 50 Mbps,每帧有 24 条磁迹,带速为 67.6 mm/s,4 路声音,采样量化为 48 kHz/16 bit。DVCPRO-50 可兼容重放 DVCPRO。带盒有大型(L:125×78×14.6 mm)和中型(M:97.5×64.5×14.6 mm)两种。

A-04-15

DVCAM 格式数字录像机　DVCAM format digital VTR

索尼公司以 DV 格式为基础开发的专业用数字录像机。视频信号处理采用 4∶2∶0 方式，亮度信号采样频率为 13.5 MHz，8 bit 量化。磁带宽度、扫描方式、调制方式、视频压缩比、码率、磁鼓大小、转速、每帧磁迹数等都与 DV 格式相同，但磁迹宽度比 DV 格式宽，为 15 μm。可记录 2 路 48 kHz/16 bit 或 4 路 32 kHz/12 bit 数字声音。可兼容重放 DV 格式磁带。DVCAM 格式的磁带采用 DLC(钻石型碳)镀膜保护下的双蒸镀结构，不但提高了灵敏度，而且保证了磁带的稳定性和耐久性。其带盒有标准盒(125×78×14.6 mm)和微盒(66×48×12.2 mm)两种。

A-04-16

Digital-S 格式数字录像机　Digital-S format digital VTR

同 D-9 格式数字录像机（A-04-11）。

A-04-17

Betacam SX 格式数字录像机　Betacam SX format digital VTR

由索尼公司在 Betacam SP 格式基础上开发的记录数字分量信号的 1/2″螺旋扫描数字磁带录像机。采用 MPEG-2、4∶2∶2　P@ML 标准；由一个 I 帧和一个 B 帧构成一个图像组(GOP)的帧间压缩，压缩比为 10∶1，码率为 18 Mbps；视频亮度和音频采样与量化比特数分别为 13.5 MHz/8 bit 和 48 kHz/16 bit(4 路声)；每帧 12 条磁迹，磁迹宽度 32 μm；调制方式为 S-I-NRZI、PR-4；采用金属涂布型磁带，带速为 59.6 mm/s；带盒有大型(L：271×162×32 mm)和小型(S：156×96×25 mm)两种；磁鼓直径 81.4 mm，鼓转速 75 rps(PAL)。Betacam SX 录像机可兼容播放模拟式的 Betacam SP 磁带。Betacam SX 方式也有(硬)盘(磁)带结合的编辑录像机，可方便地进行非线性编辑。

A-04-18

家用数字录像机　digital VTR for consumer use

同 DV 格式数字录像机（A-04-12）。

A-04-19

MPEG IMX 格式数字录像机　MPEG IMX format digital VTR

由索尼公司开发的采用 1/2″金属涂布型磁带记录数字分量信号的螺旋扫描数字录像机。采用 MPEG-2、4∶2∶2　P@ML 标准；帧内压缩，亮度信号采样频率和量化比特数为 13.5 MHz/8 bit；码率为 50 Mbps；音频采样频率和量化比特数为 48 kHz/16 bit，可提供 8 个独立的音频通道；也可切换为 4 个音频通道、24 bit 量化；每帧 8 条磁迹，磁迹宽度 21.7 μm；带速 53.776 mm/s；带盒尺寸与 Betacam SX 相同，有大、小两种。

A-04-20

数字 Betacam 格式数字录像机　digital Betacam format digital VTR

广播用螺旋扫描 1/2″盒式数字分量 VTR。其带盒尺寸与 Betacam SP 格式相同，有中(M：254×145 mm)、小(S：156×96 mm)两种，使用金属涂布带。视频音频采样频率和量化比特数与 D-5 格式相同，采用 S-NRZI、PR4 调制方式，压缩比为 2∶1，每场轨迹为 6 条，带速为 96.7 mm/s。

A-04-21

非线性编辑　nonlinear editing

将数字音像资料存于硬盘，用计算机进行编辑制作电视节目的方法。

A-04-22

剪裁　crop

修整和去掉图像的一部分，以使其符合某种不同的幅型比形状。剪裁用在遥移扫描显示中，而不用在信箱(letterbox)格式处理中。

中 文 索 引

英 文 索 引

A

B

C

D

N

O

P

S

T

U

V

W

Y

ICS 01.040.33
M 70

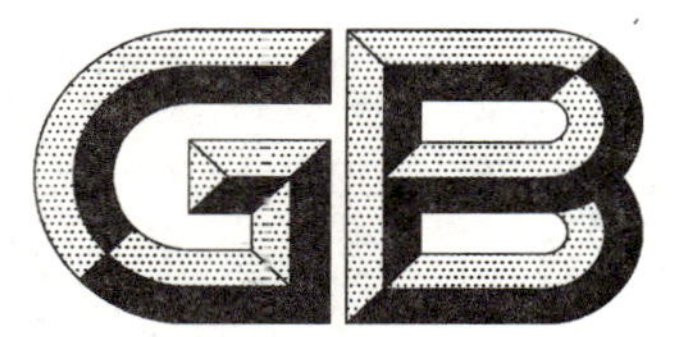

中华人民共和国国家标准

GB/T 2900.76—2008
部分代替 GB/T 4013—1995

电工术语 音频和视频的记录与重放

**Electrotechnical terminology—
Recording and reproduction of audio and video**

(IEC 60050-806:1996, International Electrotechnical Vocabulary—
Part 806: Recording and reproduction of audio and video, MOD)

2008-06-18 发布　　2009-05-01 实施

中华人民共和国国家质量监督检验检疫总局
中国国家标准化管理委员会　发布

前　　言

本部分为GB/T 2900的第76部分。

本部分修改采用IEC 60050-806:1996《国际电工词汇　第806部分:音频和视频的记录与重放》及其修改单1:2001。

本部分与IEC 60050-806:1996相比,增加了附录A(规范性附录)补充术语,其他内容与IEC 60050-806:1996一致。

本部分中术语条目编号与IEC 60050-806:1996保持一致。

本部分与GB/T 2900.75—2008《电工术语　数字录音和录像》共同代替GB/T 4013—1995《录音录像术语》。

本部分与GB/T 4013—1995《录音录像术语》对应部分相比,标准结构变化较大,删除了一些术语,增加了一些新的术语。

本部分由全国电工术语标准化委员会(SAC/TC 232)提出并归口。

本部分起草单位:信息产业部电子第三研究所、北京广播学院、机械科学研究总院中机生产力促进中心。

本部分主要起草人:刘宪坤、张永辉、杨芙、张维祥、武世鹏。

电工术语
音频和视频的记录与重放

1 范围

本部分规定了音频和视频的记录与重放的常用术语及其定义。

本部分适用于唱片录放音、磁性录放音、磁性录放像及视盘，用于我国有关唱片录放音、磁性录放音录放像及光盘录放像方面的标准及其他技术文件的编写。

2 术语和定义

2.1 与音频和视频有关的一般术语

806-11-01

记录 recording

a) 将信号适当地收录进基材中的行为；

b) 为了保存信息以便以后重放而将信息收录进基材的技术；

c) 收录了信号的基材；收录后重放出的信号。

806-11-02

记录媒体 recording medium

记录载体

适合于记录信号的材料。

806-11-03

记录系统 recording system

可使适当的记录媒体的状态或结构随信号而改变，以便可以重放这些信号的设备。

806-11-04

记录通道 recording channel

担负使信号从信号源记录到记录媒体上任务的传输通道。

注：一个记录系统可能有几个记录通道。

806-11-05

记录链 recording chain

用于将信号从系统的输入端传输到(并包括)记录媒体的链路。

806-11-06

重放 reproduction；playback；replay

已录信号按其原来的形式再生。

806-11-07

重放系统 reproducing system

为了再生已收录进记录媒体的信号用的设备。

806-11-08

重放通道 reproducing channel

担负使已录信号从记录媒体送到输出端任务的传输通道，然后该输出端就被作为信号源。

注：一个重放系统可能包含几个通道。

806-11-09

重放链　reproducing chain

用于将信号从记录媒体传输到系统输出端的链路。

806-11-10

均衡　equalization

为了补偿系统性能缺陷而对记录或重放系统的幅频响应特性实施的修正。

806-11-11

预加重　pre-emphasis

预均衡　pre-equalization

预先修正要记录的信号的幅频特性。

806-11-12

去加重　de-emphasis

后均衡　post-equalization

重放时恢复记录信号原来的幅频特性。

806-11-13

复制　duplicating

拷贝　copying

为获得已录信号的全部或部分的一份或几份样本的操作。

806-11-14

转录　re-recording

用任一方法将已录信号的全部或部分再录到记录媒体上的操作。

806-11-15

混录　dubbing

将两个或多个已录信号用转录的方法合成一个复合记录信号的过程。

806-11-16

失落　drop-out

信号电平严重的瞬间降落。

2.2　与音频有关的一般术语

806-12-01

单声录音　monophonic recording

经单一记录通道记录音频信号。

806-12-02

立体声录音　stereophonic recording

由两个记录通道同时记录同一声源两路信号，放音时同时分别放出，可给出声源的空间感和方位感的录音。

806-12-03

单声放音　monophonic reproduction

经单一通道重放单通道或多通道录音。

806-12-04

立体声放音　stereophonic reproduction

经两个通道重放立体声录音信号，听音者能获得声源的空间感和方位感。

806-12-05

多通道录音　multi-channel recording

利用几个记录通道录音的技术。

注：例如，立体声（两通道）；四声道立体声（四通道）。

806-12-06

多通道放音　multi-channel reproduction

利用几个通道放音的技术。

注：例如，立体声（两通道）录音；四声道立体声（四通道）录音。

806-12-07

基准电平　reference level

参考电平

表示记录媒体调制程度的特定量值，通常用 dB 表示。

注：对于模拟唱片，此量值是录音唱针的振速（cm/s），叫做基准振速；对录音磁带则是磁带上的短路带磁通（nWb/m），常称为参考磁平。

806-12-08

已录电平　recorded level

按照与基准电平比较确定的记录媒体上信号电平的值，通常以基准电平为 0 dB 的相对 dB 值表示。

806-12-09

录音电平　recording level

对记录媒体而言，是指产生规定值的规定类型失真的记录电平。

806-12-10

录音特性　recording characteristic

当恒定电平的可变频率信号加到录音系统输入端时，已录电平随频率的变化特性。

注：在唱片录音中，记录特性根据刻纹针速度决定；在磁性录音中，记录特性根据短路带磁通决定。

806-12-11

录音损耗　recording loss

在录音系统中，已录信号电平相对于频率的衰减。

注：此损耗可能由不同的原因引起，例如刻纹针尺寸的限制。

806-12-12

理想换能器　ideal transducer

损耗可忽略不计的换能器。

806-12-13

重放特性　reproducing characteristic

当重放用给定的记录特性记录的媒体时，理想重放换能器的输出电平随频率变化而变化的特性。

注：在唱片录音中，重放特性根据记录刻纹针速度决定；在磁性录音中，重放特性根据短路带磁通决定。

806-12-14

放音损耗　reproducing loss

重放换能器的输出与理想重放换能器的输出相比，随频率变化产生的衰减。

注：放音损耗在唱片录音时可能由于放音针尖的尺寸限制或纹槽壁变形而引起；在磁带录音时可能由磁头缝隙长度和（或）放音磁头磁芯损耗产生。

806-12-15

背景噪声　background noise

当通道处于正常工作状态且没有有用信号时，在传输通道的输出端出现的无用信号。

806-12-16

调制噪声　modulation noise

除谐波和互调成分外，由有用信号产生的无用信号。

注：它们的特性取决于记录载体以及信号的特性。

806-12-17

通道隔离 channel separation

由通道A的有用信号在通道A的输出端产生的电压U_A与由通道B的有用信号在通道A中产生的无用信号U'_B之比，以dB表示。

806-12-18

串音 cross-talk

由通道A的有用信号在通道A的输出端产生的电压U_A与由通道A的有用信号在通道B中产生的无用信号U'_A之比，以dB表示。

806-12-19

通道平衡 channel balancing

调整立体声系统参量，以使每个通道具有相同特性的操作。

806-12-20

通道定相 channel phasing

正确连接立体声放音设备，使加到各通道输入端的同相信号在各通道相应点上保持同相。

806-12-21

速度波动 speed fluctuation

由记录载体的运动速度变化所引起的已录信号的寄生调频。

806-12-22

抖动 flutter

在记录或重放过程中，由记录载体的不规则运动引入已录信号中的频率在10 Hz以上的无用的调频现象。

806-12-23

晃动 wow

在记录或重放过程中，由记录载体的不规则运动引入已录信号中的频率在0.1 Hz～10 Hz之间的无用的调频现象。

806-12-24

漂移 drift

在记录或重放过程中，记录载体速度的无用的缓慢变化。

806-12-25

混合 mixing

将同时来自几个信号源的多个信号组合成一个信号的过程。

806-12-26

速度偏差（带速或转速） deviation from rated speed (tape speed or speed of rotation)

平均测量速度（带速或转速）对于额定速度（带速或转速）的相对偏差。

注：此偏差以%表示，当测量速度高于额定速度时，偏差为＋，低于额定速度时，偏差为－。偏差值由下式给出：

$$\frac{\text{平均测量速度}-\text{额定速度}}{\text{额定速度}}\times 100\%$$

2.3 唱片录音和放音：与唱片有关的术语

806-13-01

唱片 record；disk；disc

记录信号的塑料或金属圆片。

806-13-02

纹槽 groove

在唱片表面刻录或模压的有调制或无调制的螺旋形轨迹。

806-13-03

内槽壁　internal groove sidewall

靠近唱片中心方向的槽壁。

注：见图 806-9。

806-13-04

外槽壁　external groove sidewall

靠近唱片外缘方向的槽壁。

注：见图 806-9。

806-13-05

槽宽　groove width

唱片表面上同一纹槽内外槽壁间的径向距离。

注：见图 806-9。

806-13-06

槽深　groove depth

从唱片表面到槽底的垂直距离。

注：见图 806-9。

806-13-07

槽角　groove angle

纹槽两壁在唱片径向平面内形成的夹角。

注：见图 806-9。

806-13-08

槽底半径　bottom radius

纹槽底部的曲率半径。

注：见图 806-9。

806-13-09

槽形　groove shape

在径向平面内的纹槽剖面形状，由槽宽、槽角和槽底半径确定。

注：见图 806-9。

806-13-10

粗纹　coarse groove

槽宽大于 0.15 mm 以 78 r/min 额定转速刻录在唱片上的纹槽。

806-13-11

密纹　fine groove

槽宽小于 0.12 mm、槽深较浅的纹槽。

806-13-12

密纹唱片　long-playing record

以 33 1/3 rpm 或 45 r/min 额定转速刻录密纹纹槽，放音时间比粗纹唱片明显增加的唱片。

806-13-13

槽距　pitch

在唱片半径方向，每单位宽度内纹槽数的倒数。

注：槽距一般以 mm 为单位。

806-13-14

无音槽　plain groove

哑槽　blank groove

任意长度未调制的纹槽。

806-13-15

音槽　modulated groove

含有横向或竖向录音的纹槽，或者45°×45°立体声录音的纹槽。

806-13-16

引入槽　lead-in groove

从靠近唱片边缘处开始到达录音部分的无音槽。引入槽的槽距大于正常录音的槽距。

注：见图806-1。

806-13-17

引出槽　lead-out groove

跟随在音槽后面的无音槽，其槽距大于正常录音的槽距。

注：见图806-1。

806-13-18

终止槽　finishing groove; locked groove

跟在引出槽后面的圆形无音槽，用以终止拾音头的径向运动。

注：见图806-1。

806-13-19

过渡槽　lead-over groove

连接一张唱片上两部分音槽的螺旋形无音槽。

注：见图806-1。

806-13-20

偏心槽　eccentric groove

圆心与唱片旋转的垂直轴不重合的圆形槽。

806-13-21

快速螺旋槽　fast spiral groove

唱片上纹槽间隔比音槽间隔大得多的无音槽。

806-13-22

变距槽　groove with variable pitch

槽距随刻纹针的横向和(或)竖向调制幅度而变化的纹槽。

806-13-23

变深槽　groove with variable depth

平均深度随垂直调制幅度而变化的纹槽。

806-13-24

聚集　grouping

由于刻录机送进丝杠的不规则运动引起的唱片螺旋纹槽之间间隔的不均匀性。

806-13-25

录音面　recorded surface

调制部分　modulated section

唱片表面含有调制音槽的部分。

注：见图806-1。

806-13-26

录音面内径　inner diameter of the recorded surface

紧接引出槽的最后音槽的直径。

注：见图806-1。

806-13-27

录音面外径　outer diameter of the recorded surface

引入槽终止处初始音槽的直径。

注：见图 806-1。

806-13-28

分隔区　marker space

录音面上槽距较大以标示两段相邻录音分开的部分。

注：见图 806-1。

806-13-29

镜面区　mirror area

唱片上最后音槽和标签区(即片芯)之间的区域。

注：见图 806-1。

806-13-30

保护区　groove guard

唱片的外边缘和标签区(即片芯)上隆起的部分,用以防止唱片堆放时(例如在自动换片唱机上)损坏录音面。

注：见图 806-1。

806-13-31

防滑齿　anti-slip serrations

片芯区外侧的径向锯齿,以防止堆放在自动换片唱机芯柱上的唱片播放时,唱片之间产生摩擦和滑动。

806-13-32

纹槽速度　groove speed

唱片纹槽相对于某一点(例如录音或放音针尖)的线速度。

806-13-33

偏心距　eccentricity

纹槽螺旋的中心到唱片中心孔中心的距离。

806-13-34

模塑　moulding

用金属模版成型制造塑料唱片的方法。

806-13-35

注塑　injection moulding

用液态塑料注入型腔模制造唱片的方法。

806-13-36

压塑　compression moulding

把合适的塑料块压入型腔模制造唱片的方法。

806-13-37

塑料　plastic

适合于用模腔加热的方法模塑唱片的树脂或聚合物。

806-13-38

粒料　granules

在模塑工艺中用的制造唱片的塑料小颗粒。

806-13-39

粘合剂　binder

适合于粘结唱片各种成分材料的树脂。

806-13-40

块料　biscuit

用于压塑唱片的塑料小块。

806-13-41

填充料　filler

唱片混合物中的一种中性材料，用作塑料延展剂。

806-13-42

胶片　lacquer disk

空白唱片　blank disk

由涂敷可塑性硝酸纤维胶的固态基板构成的供刻录用的圆片。

注：见图 806-2。

806-13-43

蜡盘　wax

上面可以刻录机械录音原版的蜡质圆片。

806-13-44

模塑唱片　processed disk record

用压模经模塑工艺生产的唱片。

806-13-45

喷银　silvering

在原版胶片表面喷银并由随后的电铸形成金属原版或压模的过程。

806-13-46

模版　shell

由电铸形成的原版胶片的正或负的金属拷贝。

806-13-47

直接刻录唱片　direct-to-disk record

瞬时录音　instantaneous recording

由直接刻录的原版胶片做成的压模模制成的唱片。

806-13-48

原版胶片　lacquer original；production acetate

在胶片圆盘上录音，再用电铸工艺由此录音胶片制造金属头版。此录音胶片即称原版胶片。

注：见图 806-2。

806-13-49

负版　negative

父版　father

正版的电铸拷贝，它可以变成压模，或用来产生更多的正版。

806-13-50

金属头版　master negative；master original

由原版胶片经电铸制成的头道模版，或用于产生更多的模版，或变成代压模。

注：见图 806-2。

806-13-51

代压模　pro-stamper

由原版胶片制成的压模。

注：见图 806-2。

806-13-52

正版　positive

母版　mother

金属头版的直接电铸拷贝，其纹槽与唱片相似。

注：见图 806-2。

806-13-53

压模　stamper

由电铸法生成的金属负版，用它模压成品唱片。

注 1：压模可由金属母版或原版胶片产生。

注 2：见图 806-2。

806-13-54

周期噪声　cyclic noise；swish

唱片放音时每转一圈觉察到的沙沙声。

806-13-55

槽刺　horns of a groove

刻录音槽时，由于浮雕效应在唱片表面上方隆起的有害的纹槽边缘。

806-13-56

凹陷　unfill；blow-hole

压片时因缺料而引起的纹槽边缘上部缺损。

806-13-57

摩尔波纹　moiré pattern（on a disk）；patterning

刻录时因槽宽和槽深受到很低频率干扰信号调制而产生的录音面上的异常水波纹。

806-13-58

唱片翘曲　warp of a disk

唱片平面变形或扭曲。

806-13-59

横向刻录　lateral recording

调制信号使刻纹刀的运动平行于记录媒体表面的刻录方式。

806-13-60

纵向刻录　vertical recording；hill-and-dale recording

调制信号使刻纹刀的运动垂直于记录媒体表面的刻录方式。

806-13-61

恒幅刻录　constant amplitude recording

恒幅正弦信号下刻录振幅与频率无关的刻录方式。

806-13-62

恒速刻录　constant velocity recording

恒幅正弦信号下刻录振幅与信号频率成反比的刻录方式。

806-13-63

单声唱片　monophonic record

以螺旋纹槽的横向位移形式携带单个通道信息的唱片。

806-13-64

立体声唱片　stereophonic record

在螺旋纹槽内两个相互垂直的方向上以位移形式携带两通道立体声信息的唱片。

注：在45°×45°立体声录音中，两调制轴正交且各与记录媒体表面成45°倾斜。

806-13-65

频率测试唱片　frequency test disk

录有各种规定频率和电平的正弦波信号供测试重放系统特性用的唱片。

806-13-66

样片　trial record

发行前供评价成批产品质量用的唱片。

806-13-67

橘皮效应　orange peel effect

唱片表面呈现出类似于橘皮状凹凸不平的现象。

806-13-68

毛边　chipped edge

唱片外缘表现为缺口、锯齿或粗糙状的不整齐。

806-13-69

气泡　porous surface；bubbles

眼或耳能觉察的唱片表面的缺陷，视觉上形式为条纹或块状小亮点，听觉上会引起特有的劈啪噪声。

806-13-70

唱片凹陷　bulging disk；saucer disk

唱片不平的形态，一面为凹面，另一面为凸面。

806-13-71

中心孔拉长　pulled centre

唱片中心孔变形，呈现椭圆形状。

806-13-72

跳槽　groove jumping

唱片播放期间的工作缺陷，唱针瞬间离开纹槽，并在其他点再次进入纹槽。

806-13-73

坑(1)　pit(s)

唱片表面的小凹陷，一般直径不大于2 mm。

806-13-74

啪哒声　plop；thump

一种可闻的唱片缺陷声，声音类似于心跳声。

806-13-75

鼓包　pimples

唱片表面上直径约1 mm或更小的圆形隆起。

806-13-76

包合物　inclusion

唱片表面下方的异物，其效果使唱片表面局部凸起。

806-13-77

微粒划痕线　particle score lines

由粘附刻纹刀的微粒引起的沿唱片纹槽壁的断续的线痕。

806-13-78

刻痕线　cutting score line(s)

由于刻纹刀研磨不良而引起的沿唱片纹槽壁的连续平行线。

806-13-79

微粒　graininess

唱片纹槽壁表面像细砂纸一样的非常小的不规则物。

806-13-80

喀啦声　click

唱片放音时听到的短促的尖锐噪声。

806-13-81

淅沥声　spatter

引起劈啪声的许多小的喀啦声，有点像油煎噪声。

806-13-82

嘶嘶声　hiss

主要是高频成分的持续噪声，有点像高压力下持续地排出蒸汽时产生的噪声。

806-13-83

分散缺陷　separating defect

沿着槽壁上方或在纹槽间一系列微小的表面形状损坏。

注：此缺陷可以听到，像锉磨噪声，看起来像是沿着纹槽的一行银色小点。

806-13-84

飒飒声　swish(es)

一种不稳定的嘶嘶声，主要含有低频成分。

806-13-85

粉霜　bloom

压模的沾染物，压模表面慢慢覆盖的一层白色膜，会转移到唱片上。

注：这种沾染物会产生影响听音的可见隆起。

806-13-86

开关噪声　switching clicks

由于不小心或错误操作，电气开关或继电器等引入记录或刻录过程中的有源电路伴生卡嗒声。

806-13-87

刻纹嘶嘶声　cutting hiss

由唱片刻纹引起的嘶嘶声。

806-13-88

轮辐　spokes

在唱片表面有或多或少像划痕一样的可见缺陷，它像车轮辐条一样向外辐射。

806-13-89

纹槽变化噪声　audible groove advance

刻录胶片原版时与槽距突然增大有关的特有的噪声类型。

806-13-90

镜面裂纹　mirror fissures

唱片表面的“镜面”区域或多或少的同心缝隙。

806-13-91

波纹　ripples

唱片表面一系列同心“折痕”线。

806-13-92

色斑 clouds;staining

唱片表面小的色差,有点类似于天空中的云朵。

806-13-93

流动线 flow lines

唱片表面上大致是径向上的缺陷,如同波浪形线条或痕迹。

806-13-94

颗粒效应 pellet effect

唱片表面出现的斑点或波纹。

806-13-95

嗡嗡声 buzz

节目寂静时,特别是在唱片引入槽处听到的类似蜂音的一种低声级噪声。

806-13-96

引入啸声 run-in swish;roar

在唱片开始处产生的飒飒声或啸声。

806-13-97

刻纹粗糙度 cutting roughness

只有用显微镜才能看到的一种刻录缺陷,如同槽壁侧面上的粗糙碎屑,特别是在纹槽弯曲处,在这里会有较高电平调制信号,且刻纹针达到最大速度。

806-13-98

摩擦隆隆声 fretting rumble;abrasion rumble

由于压模的非纹槽面和铸模块表面之间的摩擦作用而引起的隆隆噪声。

2.4 唱片录音和放音:与录音设备和重放设备有关的术语

806-14-01

机械刻录 mechanical recording

用刻录、浮雕或模铸方式将记录信号以永久机械形变的形式记录在录音载体上的记录过程。

806-14-02

唱片刻录 cutting on disk

用电一机换能方法把音频信号变换成刻录在空白唱片上的调制螺旋纹槽的过程,其调制特性由记录信号决定。

806-14-03

刻纹机 cutting lathe

能在唱片上刻录螺旋形纹槽的机械设备,由恒速旋转的转盘和安装在转盘上方作径向运动的刻纹头组成。

806-14-04

刻纹头 cutting head;mechanical recording head

将电信号转换成纹槽机械位移的电一机换能器,它用刻纹刀在唱片上刻出调制的螺旋纹槽。

806-14-05

刻纹刀 cutting stylus;recording stylus

用非常硬的材料制成的特定形状的刀具,用来在胶片或蜡盘上刻录调制的螺旋纹槽。

806-14-06

晶体刻纹头 crystal cutter head

刻纹刀的位移由压电晶体的变形而引起的刻纹头。

806-14-07

磁刻纹头　magnetic cutter head

刻纹刀的位移直接由电磁力或电动力产生的刻纹头。

806-14-08

电动刻纹头　electrodynamic cutter head

刻纹刀的位移由磁场中线圈的移动产生的刻纹头。

806-14-09

反馈式刻纹头　feedback cutter head

对刻纹头注入录音放大电路的反馈信号改善线性输出特性的刻纹头。

806-14-10

导引球　advance ball

附加在刻纹头上的一个圆形支承,它支撑在唱片表面,以便保持均匀的刻录深度。

806-14-11

磨光棱面　surface burnishing facet

刻纹刀上刻录刀口后面的部分,用以磨光纹槽壁。

806-14-12

驱动销　drive pin

唱盘上偏心安装的销,以便插入唱片上适当的孔中,防止唱片在转盘上打滑。

806-14-13

废丝　chip;swarf

刻纹刀在刻录纹槽时从唱片上刻去的材料。

806-14-14

过调制刻录　over cutting

刻录期间因振速过高引起的缺陷,表现为一个音槽刻入相邻音槽中。

806-14-15

唱盘　record player

放音设备的机械装置,包括带驱动系统的转盘、音臂和拾音头。

806-14-16

唱机　phonograph

包括唱盘、放大系统和一只或多只内装或分立扬声器的电声设备。

806-14-17

自动换片机　record changer

将一组唱片依次自动放上放音转盘,以便能够按规定顺序播放的机构。

806-14-18

自动换片轴　record spindle

堆放唱片的装置,它可以与机械装置配合按预定时间将一张张唱片放到转盘上。

806-14-19

堆片高度　record-stacking height

自动换片机的垂直轴上堆放唱片的有效高度。

806-14-20

驱动机构　drive mechanism

驱动录音或放音设备转盘的机电机构。

806-14-21

转盘　turntable

由驱动机构转动并支撑用于放音或录音的唱片的圆盘。

806-14-22

吸附转盘　vacuum chuck turntable

用吸力装置吸住唱片以使其保持尽可能平稳的转盘。

806-14-23

拾音头　pick-up head

放音头　reproducing head

唱针尖由音槽驱动时,将机械信号输入变换成电信号输出的机电换能器。

注:见图 806-3。

806-14-24

陶瓷拾音头　ceramic pick-up head

依靠陶瓷材料的压电性能而工作的拾音头。

806-14-25

晶体拾音头　crystal pick-up head

依靠某种晶体材料的压电性能而工作的拾音头。

806-14-26

电动拾音头　electrodynamic pick-up head

依靠线圈在磁场中运动而工作的拾音头。

806-14-27

电容拾音头　capacitance pick-up head

依靠电路的电容量变化而工作的拾音头。

806-14-28

可变磁阻拾音头　magnetic variable reluctance pick-up head

依靠磁路的磁阻变化而工作的拾音头。

806-14-29

动磁拾音头　magnetodynamic pick-up head

依靠磁铁相对于固定线圈的运动而工作的拾音头。

806-14-30

唱针尖　reproducing stylus tip

一种机械传动元件,包括有能跟随音槽调制作相应位移的针尖和将组合振动传递给拾音头的装置。

注 1:以上表述通常应用于由针尖及其座架构成的部件。

注 2:见图 806-3。

806-14-31

椭圆形唱针尖　elliptic reproducing stylus tip

具有椭圆形横截面、椭圆长轴在纹槽内横方向的针尖。

806-14-32

唱针尖包角　included angle of a reproducing stylus tip

在通过圆锥体轴线的平面内测量的针尖圆锥体两直边间的锐角。

806-14-33

针尖有效半径　effective stylus tip radius

在平行于唱片表面的平面内,唱针尖与纹槽两壁接触部分的曲率半径。

806-14-34

针尖曳力　stylus drag;needle drag

唱片表面与唱针尖之间由于摩擦而产生的摩擦力。

806-14-35

针压　stylus force

唱针尖施加于纹槽上的力的垂直分量。

806-14-36

拾音器芯座　pick-up cartridge

可拆装的拾音头。

注：见图 806-3。

806-14-37

拾音头传动件　moving armature

机械上与唱针尖互相依存的拾音器芯座可动元件的全部。

注：见图 806-3。

806-14-38

音臂　pick-up arm;tone arm

一端安装拾音头另一端可绕轴转动以便使针尖能够循迹唱片平面内的纹槽的连杆。

注：见图 806-3。

806-14-39

音臂平衡锤　counter weight of a tone arm

位于音臂支点后面用以调整针压的重物块。

注：见图 806-3。

806-14-40

选片控制器　reject control

自动换片机上能随时中断放音或选择唱片，把下一张唱片放到心轴上，或使音臂回到其停止位置的手控装置。

806-14-41

自停装置　automatic stop

放音设备上在纹槽终端自动停止转盘转动的装置。

806-14-42

顺性　compliance

唱针尖位移与在同一点上产生此位移的作用力之比，以 mm/N 表示。

注：可以规定垂直顺性和水平顺性。

806-14-43

刚性　stiffness

顺性的倒数，以 N/mm 表示。

806-14-44

循迹能力　tracking ability

在规定的测试唱片上，唱针尖和两个纹槽壁之间保持接触所需的最小针压。

806-14-45

唱针切向倾角　rake of stylus，recording angle or dig

在唱片表面垂直方向上与针尖接触点处纹槽行进方向相切的平面内，唱针纵轴和唱片表面法线之间的偏离角。

注：见图 806-4。

806-14-46

唱针倾角　tilt of a stylus

在唱片表面垂直方向上与针尖接触点处纹槽行进方向垂直的平面内，唱针纵轴和唱片表面法线之间的偏离角。

注：见图806-5。

806-14-47

针尖有效质量　effective mass of the stylus tip

作用于唱针尖的力与其产生的加速度之比。

806-14-48

内侧力　side thrust

由于针尖和槽壁间摩擦而引起的作用于音臂上的沿唱片径向的力。

806-14-49

启动力　tripping force

自动换片机中启动复位机构所需的力。

806-14-50

兼容性　compatibility

a）拾音头能播放单声或立体声唱片而不损坏音槽调制的机械特性。

b）能进行单声或立体声播放的纹槽调制特性。

806-14-51

表面噪声　surface noise

针头接触点处因纹槽壁表面不规则而引起的拾音头电输出中的噪声成分。

806-14-52

唱盘隆隆声　rumble in a record player unit

传递到记录或重放转盘上并附加到重放信号中的低频机械振动。

806-14-53

隆隆声电平　rumble level

在机器内在规定输出端测得的由低频振动产生的电压，与在同一输出端测得的由参考信号产生的电压之比，以dB表示。

注：隆隆声电平可以表示成计权值或不计权值。

806-14-54

交流声　hum

规定条件下，在规定输出端由杂散电磁场产生并叠加于重放信号上的一种噪声。

806-14-55

交流声电平　hum level

规定条件下，在规定输出端测量的由杂散电磁场产生的电压，与在同一输出端测量的由基准信号产生的电压之比，以dB表示。

806-14-56

录音振速　recorded velocity

循迹恒定角速度旋转的唱片纹槽时，传递到尺寸可忽略不计、安装在机械阻抗为零的拾音头上的针尖的交变速度。

注1：对于立体声录音的唱片，录音振速用具有横向和垂直分量的矢量表示。

注2：录音振速可用布克曼—迈耶尔法测量，并应说明是用有效值还是用峰值表示。

806-14-57

直径补偿　diameter compesation

为补偿接近唱片中心时产生的放音损耗而提高高频录音振速的过程。

806-14-58

通道定向　channel orientation

连接立体声放音设备的操作，能使听众感到右边扬声器是由外槽壁激励的。

806-14-59

垂直循迹角　vertical tracking angle

从侧面观察拾音头时，针尖在音臂支点的左边处，从逆时针方向测量的针尖运动方向与唱片表面法线间的夹角。

注：见图 806-6。

806-14-60

音臂补偿角　offset angle

从上方观察时，由音臂支点到针尖的连线在唱片平面内的投影和针尖振动平面法线的投影构成的角，按顺时针方向测量。

注：见图 806-8。

806-14-61

水平循迹误差角　lateral tracking angle error

重放横向刻录的唱片时，在针尖位移为零的点上，针尖运动弧线的切线和通过针尖零位移点的唱片半径构成的唱片平面内的锐角。

注：见图 806-7。

806-14-62

垂直循迹误差角　vertical tracking angle error

通过针尖及其支座的对称轴，垂直于唱片表面并从唱片中心观察，针尖运动曲线的切线和通过针尖的垂线间的夹角。

806-14-63

挤夹效应　pinch effect

在最大调制振速点，由于垂直于纹槽的平面内两槽壁和录音面之间包角的减小而引起的唱针尖垂直运动。

806-14-64

槽间串音　cross-talk between spiral groove

由于两相邻音槽互调，在唱片放音时产生的寄生信号。

806-14-65

前引声　pre-echo

由后面将要播放的相邻音槽引起的串音。

806-14-66

后引声　post-echo

回声

由前面已播放的相邻音槽引起的串音。

806-14-67

动态失真　dynamic distortion

由于针尖机械阻抗使唱片材料变形因而不能准确地循迹纹槽形状而引起的失真。

806-14-68

循迹失真　tracing distortion

由于唱针尖与刻纹刀的几何形状不同而引起的失真。

806-14-69

布克曼—迈耶法　Buchmann and Meyer pattern

测量测试唱片上刻录振速的方法，用来校准唱片录音和放音设备。

注：此方法中从光源方向观察纹槽时，测量以一定入射角投射到任一槽壁的平行光束反射光所形成的图形。

806-14-70

通道灵敏度(1 000 Hz)　channel sensitivity (at 1 000 Hz)

若以振速 v(cm/s)录音的 1 000 Hz 基准信号在规定输出端得到的重放电压为 U(mV)，则 1 000 Hz 的通道灵敏度由下式给出：

$$\frac{U}{v}$$

式中 U 和 v 均为有效值或峰值。

806-14-71

球形唱针尖　spherical reproducing stylus tip

形状为球面一部分的唱针尖。

806-14-72

球形唱针尖半径　spherical reproducing stylus tip radius

球形唱针尖在通过其轴线的平面内的半径。

806-14-73

针尖半径　stylus radius

在垂直于录音面并通过针尖到唱片中心连线的平面内的唱针尖半径。

2.5　磁性记录和重放：与音频和视频有关的术语

806-15-01

磁记录　magnetic recording

用磁性材料作记录媒体的记录技术。

806-15-02

磁性记录机　magnetic recorder

能将电信号变换成记录载体上的磁化图形，并由记录载体传动系统、记录头、消磁头及有关电子装置构成的设备。

806-15-03

磁性重放　magnetic reproduction

从磁性载体上重放已录信号的过程。

806-15-04

磁性重放机　magnetic reproducer

能将已录磁性载体上的磁化图形转换成电信号，并由磁性记录载体传动系统、重放头及有关电子装置构成的设备。

806-15-05

磁头　magnetic head

能将电信号转换成记录在磁性载体上的磁通和反过来也可以用来将磁通变化转换成电信号的可逆换能器。

806-15-06

磁性记录头 magnetic recording head

用来形成磁性记录载体上特定磁性状态的磁头。

806-15-07

磁性重放头 magnetic reproducing head

用来重现磁性载体上已录信号的磁头。

806-15-08

磁性录/放头 magnetic recording/reproducing head

既能用作记录头也能用作重放头的磁头。

806-15-09

消磁头 magnetic erasing head

用来消去已录磁场的磁头。

806-15-10

霍尔效应重放头 Hall effect reproducing head

利用霍尔效应半导体做成的重放头。

806-15-11

磁记录载体 magnetic recording medium

与磁性记录机一起以剩磁形式保存信号的磁性材料。

注：此种材料可以是刚性或柔性形式，如磁带、钢丝、磁盘等。

806-15-12

磁带 magnetic tape

条带状磁记录载体，由非磁性带基以及涂布在带基上的可磁化材料和适当的粘结剂等构成。

806-15-13

空白磁带 blank magnetic tape

尚未磁化过或已完全消磁的磁带。

806-15-14

磁盘 magnetic disk

盘状的磁记录载体。

806-15-15

磁迹 magnetic track

由记录磁头在磁带上形成的磁化区域。

806-15-16

磁迹形位 track configuration

记录载体上已录磁迹的排列。

806-15-17

短路带磁通 short-circuit flux of a magnetic tape

流经磁阻为零，在无限长度内与磁带表面紧密接触的重放头铁芯的磁通。

注：短路带磁通的值以每米轨迹宽度内纳韦伯值(nwb/m)表示，在正弦量情况下，短路带磁通以有效值或峰值表示。

806-15-18

表面磁感应 surface induction

自由空间内垂直于磁性载体表面的磁通密度。

806-15-19

磁头芯 magnetic head core

磁头中由实心或叠片磁性材料构成,以形成磁头的磁路并支撑线圈的部分。

806-15-20

磁头缝隙 magnetic head gap

磁头的两个极面之间用非磁性垫片隔开的间隙。

806-15-21

缝隙宽度 gap width

平行于磁带平面并垂直于磁带与磁头相对运动方向的磁头缝隙尺寸。

806-15-22

缝隙深度 gap depth

垂直于磁带运动平面的磁头缝隙尺寸。

806-15-23

缝隙长度 gap length

磁头两极面间的实际距离。

806-15-24

有效缝隙长度 effective gap length

为了计算缝隙损耗,用来代替物理缝隙长度的等效数值。

注:有效缝隙长度等于磁头输出为零时的最大记录波长。

806-15-25

缝隙损耗 gap loss

当记录波长接近缝隙长度时,由于重放头非无限小的缝隙长度而引起的输出电平降低。

806-15-26

消磁 erasure

从磁性载体上消去先前记录的过程。

806-15-27

消磁电流 erasing current

通过消磁头线圈产生磁场来消去磁带上已录信号的直流或交流电流。

806-15-28

磁饱和 saturation

a) 铁磁材料受到高强度外磁场作用所呈现出的一种状态,进一步增强外磁场实质上已不能增加磁感应强度。

b) (不赞成此意思)铁磁材料受到某个外磁场作用产生的剩余磁化状态。这种状态更准确地称为"饱和剩磁"。

806-15-29

偏磁 biasing

磁记录期间将高频或直流磁场叠加到有用信号产生的磁场上,使记录载体形成合适的磁化状态。

806-15-30

偏磁电流 biasing current

流经记录头线圈产生偏磁磁场的直流或交流电流。

806-15-31

盘芯 hub

卷绕磁带的圆形部件。

806-15-32

托盘　flange

为了保护绕在盘芯上的磁带，在盘芯的一侧或两侧与盘芯形成一个部件的固定式或可拆卸式圆盘。

806-15-33

带盘　spool；reel

由一个盘芯和一个或两个托盘组成一体，在上面卷绕磁带的部件。

806-15-34

供带盘　supply spool

在记录、重放或快速进带时，供出磁带的带盘。

806-15-35

收带盘　take-up spool

在记录、重放或快速进带时，收卷磁带的带盘。

806-15-36

快速进带　fast forward movement

不进行记录、重放或消磁而将磁带迅速地从供带盘转移到收带盘的操作。

806-15-37

倒带　rewinding

将磁带迅速地从收带盘转移到供带盘的操作。

806-15-38

开盘式记录机　reel-to-reel recorder；open reel recorder

在记录、重放或快进时，卷绕在独立供带盘上的磁带松开并同时卷绕到独立收带盘上的装置。

806-15-39

循环卡式磁带　cartridge

由一个容纳磁带的盒子构成的装置，磁带为绕在一个盘芯上的多匝循环带，从环的内侧匝放出并卷绕在环的外侧匝上。

注：此装置能容易地立即插入相应的录/放设备或重放机中，而无需手装磁带。

806-15-40

盒式磁带　cassette

由两个共平面的或叠置的盘芯或带盘(上面绕有磁带)构成的盒式装置，在录、放、快进和快倒时，磁带可以从一个盘芯或带盘移至另一个盘芯或带盘。

注：此种盒式磁带很容易即刻插入录/放设备或相应的播放机，而无需手动穿带。

806-15-41

循环磁带　endless loop

为了形成循环带卷，磁带两端对接在一起的一段无头磁带。

806-15-42

引带　leader tape

粘贴在磁带始端之前和磁带宽度相同但无磁性涂层的一段带子。

注：在录像带中，引带通常位于节目素材之前，含有工程调整和制作信息。

806-15-43

尾带　trailer

粘贴在磁带末端之后和磁带宽度相同但无磁性涂层的一段带子。

806-15-44

磁带传动系统　tape transport system

由一个或多个电动机驱动，借以使磁带运动的机械系统。

806-15-45

带速　tape speed

磁带通过某固定点的移动速度。

806-15-46

主导轴　capstan

记录或重放中驱动磁带运动的轴，通常是主导电动机轴本身。

806-15-47

压带轮　pressure roller; pinch roller

确保磁带压贴到主导轴上的一种惰性轮。

806-15-48

磁带张力　tape tension

在起动、走带或停止状态下，由传动系统的各机械部件加于磁带上的纵向拉力。

806-15-49

导带器　tape guide

在磁带传动系统中，用于使磁带沿其运行路径正确定位的滚轮或柱子。

806-15-50

消磁器　demagnetizer

将各种部件如磁头、主轴、导轮等消磁的装置。

806-15-51

整体消磁器　bulk eraser

用来同时消去磁带上全部记录的装置。

806-15-52

理想磁性载体　ideal magnetic medium

其损耗可忽略不计的磁性载体。

806-15-53

理想重放磁头　ideal reproducing head

其损耗可忽略不计的重放磁头。

注：重放头损耗主要与频率、记录波长有关。

806-15-54

磁记录效率损失　efficiency loss in magnetic recording

磁记录或重放设备的输出量与假定不发生损耗的理论计算出的同一量之比，一般以 dB 表示。

注：效率损失主要与频率、记录波长等有关。

806-15-55

方位角调整　azimuth adjustment

调整磁性记录头和重放头缝隙方位，使与磁带运动方向构成规定的角度。

注：在录音时，此角度一般为 90°。

806-15-56

方位角损耗　azimuth loss

由于重放头方位角与记录头方位角调整不一致而引起的重放输出损耗。

806-15-57

磁头调整　head adjustment

调整磁头位置使方位角和磁迹形位适合所需要求。

806-15-58

校准带　calibration tape

录有符合规定特性的信号，用于校准重放通道特性的磁带。不同带速需要不同的校准带。

806-15-59

基准带　reference tape

具有规定特性、选作基准的空白磁带，用于同其他磁带作比较或测量磁记录设备的特性。

806-15-60

基准边　reference edge

由磁带传动系统引导用作已录磁迹形位规范基准的磁带边缘。

806-15-61

卷带不匀　cinching

由于纵向层与层间滑动等引起的磁带在带盘上的不均匀卷绕。

806-15-62

氧化物脱落　oxide shedding

由于磁带的磁性涂层局部缺失而引起的磁带性能恶化。

806-15-63

磁头堵塞　head clogging

磁粉脱落和尘埃微粒积聚在磁头前表面特别是磁头缝隙附近的现象。

806-15-64

磁带编辑　tape editing

将同一或不同磁带上几部分节目组成一个连贯节目的操作过程。

806-15-65

电子编辑　electronic editing

用录制方法而不是物理剪切磁带方法进行的编辑，这样可以保持合成磁迹的连续性。

806-15-66

手动编辑　manual editing

用物理剪切和拼接录像带进行编辑，剪切位置由编辑脉冲识别。

注：此方法是早期使用的一种方法，现在描述这样一种操作：操作者使编辑实时进行，不用物理剪切或拼接磁带，而是利用电子编辑机来完成。

806-15-67

接头　splice

用粘接带连接的磁带对接头。

806-15-68

稳态磁带张力　steady-state tape tension

匀速走带时的磁带张力。

806-15-69

达到录/放速度的最大起动时间　maximum start time to record/reproduce speed

自操作起动装置起到带速从零增加到重放速度(这时抖晃读数不大于稳态值的 2 倍)所经过的最长时间。

806-15-70

从录/放速度起的最大停止时间　maximum stopping time from record/reproduce speed

从操作停止装置到磁带速度降至零所经过的最长时间。

806-15-71

从最大卷绕速度起的最大停止时间　maximum stopping time from maximum spooling speed

从操作停止装置到磁带速度从最大卷绕速度降至零所经过的最长时间。

806-15-72

最大快卷时间　maximum fast spooling time

将最大直径带盘的满盘规定磁带以最大速度卷绕到一个空带盘上所需要的时间。

806-15-73

整体消磁后信号消磁噪声比　signal-to-erased-signal ratio after bulk erasure

基准输出电平与整体消磁后(机器不消磁也不加偏磁)计权噪声输出电平之比,以 dB 表示。

注:应当规定所用的频率计权方式,若不说明,则应理解为“A”频率计权。

806-15-74

信号偏磁噪声比　signal-to-bias noise ratio

基准输出电平与用基准偏磁消磁后计权噪声输出电平之比,以 dB 表示。

注:应当规定所用的频率计权方式,若不说明,则应理解为“A”频率计权。

806-15-75

输出电平不稳定性　output level instability

由于磁带质量不一致或磁头与磁带接触不稳定而引起的输出电平变动。

注:不稳定性规定有长期不稳定性和短期不稳定性。

806-15-76

长期输出电平不稳定性　long-term output level instability

电平变动周期持续 1 s 以上的输出电平不稳定性,以整盘磁带长度内测得的最高输出电平与最低输出电平之比的 dB 表示。

806-15-77

短期输出电平不稳定性　short-term output level instability

电平变动周期在 40 ms～1 s 之间的输出电平不稳定性,以不短于 250 m 长磁带上测得的最高输出电平与最低输出电平之比的 dB 数表示。

806-15-78

消磁效果　erasability

加基准偏磁以规定频率记录的最大输出电平与在规定速度下以规定磁场消磁后该规定频率的剩余输出电平之比,以 dB 表示。

806-15-79

标准几何形状　standard geometrical form

由矩形平行六面体决定的张紧磁带在理论上为长条形状,其三维尺寸相应于长、宽、厚。

注:见图 806-10。

806-15-80

变形　deformation

任何方向的尺寸与标准几何形状发生偏差。

806-15-81

损坏　damage

与磁带尺寸决定的体积有偏差。

注:建议无论涂层、带基或背涂层发生损坏,都应做损坏记录。

806-15-82

玷污　blemish

污点　spot

磁带的光泽和色彩一致性有变化。

注：见图 806-18。

806-15-83

弯曲　curvature

一种变形，正常时的某条直线变成了弧线。

806-15-84

棱角　angularity

成角度

一种变形，正常时的某条直线变成了锯齿状。

806-15-85

横向弯曲　transverse curvature

磁带在宽度方向发生的弯曲。

806-15-86

横向弧形弯曲　transverse cupping

磁带横向弯曲弧度小于 180°的相当小的规则性弯曲。

注：见图 806-11。

806-15-87

横向卷曲　transverse curl

磁带横向弯曲弧度大于 180°的相当大的规则性卷曲。

注：见图 806-11。

806-15-88

边缘弯曲　edge curve

仅在磁带一边或两边局部发生的，不影响磁带中心的小的横向弯曲。

注：见图 806-11。

806-15-89

卷边　edge curl

仅在磁带一边或两边局部发生的，不影响磁带中心的大的横向弯曲。

注：见图 806-11。

806-15-90

横向波状弯曲　transverse wave

磁带两边隆起的凹凸拱形横向弯曲。

注：见图 806-11。

806-15-91

横向拱　transverse rib

横向隆起

沿整条磁带长度方向，中央连绵隆起或凹陷的横向弯曲。

注：见图 806-11。

806-15-92

横向棱角　transverse angularity

影响磁带横断面的棱角。

806-15-93

横向褶痕　transverse fold

沿磁带长度方向有隆起部位的横向棱角。

注：见图 806-12。

806-15-94

褶边　edge fold

沿磁带一边或两边上的横向褶痕。

注：见图 806-12。

806-15-95

平面纵向弯曲　plane longitudinal curvature

不影响磁带的平坦性但会导致位于磁带平面内的纵向轴呈弧形的一种弯曲。

806-15-96

马刀形　sabre form

在磁带平面内沿纵向连续的平面弯曲。

注：见图 806-13。

806-15-97

平面纵向波状起伏　plane longitudinal wave

在磁带平面内沿整个长度方向至少有一个凹凸状的纵向弯曲起伏。

注：见图 806 13。

806-15-98

纵向转折　longitudinal shift

在磁带平面内磁带纵向平滑的平行转折，转折幅度小于有关磁带的长度。

注：见图 806-14。

806-15-99

宽度变动　width variation

在磁带平面内磁带的一边或两边沿长度方向弯曲。

注：每一边的变动相位和(或)幅度可能与另一边不同。

806-15-100

平面纵向棱角　plane longitudinal angularity

在磁带平面内，磁带沿平行于中心线方向出现的棱角。

806-15-101

弯角　angular shift

在磁带平面内，磁带平行于横方向的突然弯折。

注：见图 806-14。

806-15-102

纵向弯曲　longitudinal curvature

在与中心线平行的方向和与磁带平面垂直的平面内发生的磁带弯曲。

806-15-103

纵向弧形弯曲　longitudinal cupping

沿所考虑的磁带全长连续的纵向弯曲，磁带长度决定弯曲所占的纵向距离。

注：见图 806-15。

806-15-104

纵向卷曲　longitudinal curl

沿所考虑的磁带全长连续的纵向弯曲，但磁带长度不影响弯曲所占的纵向距离。

注：见图 806-15。

806-15-105

纵向隆起　longitudinal rib

局部纵向弯曲，磁带长度仍影响弯曲所占的纵向距离。

注：见图 806-15。

806-15-106

纵向波动　longitudinal ripple

在所考虑的磁带全长范围内连续的纵向波浪形弯曲。

注：见图 806-15。

806-15-107

厚度变动　thickness variation

磁带表面的纵向弯曲。

注 1：每一面的弯曲都可能有相位变化和(或)相对于另一面的幅度变化。

注 2：见图 806-17。

806-15-108

纵向棱角　longitudinal angularity

磁带在平行于中心线的方向产生的且在垂直于磁带的平面内所包的棱角。

806-15-109

纵向褶痕　longitudinal fold

横切磁带中心线方向的隆起。

注：见图 806-16。

806-15-110

蛇形弯曲　concertina；cinch（USA）

一系列相连的纵向褶痕。

注：见图 806-16。

806-15-111

纵横组合弯曲　transverse curvature and longitudinal curvature combined

既有横向弯曲又有纵向弯曲。

注：见图 806-11 和图 806-13。

806-15-112

边缘隆起　edge rib

边缘弯曲和纵向隆起组合。

注：见图 806-17。

806-15-113

波状边　wavy edge

由于磁带中心和边缘之间的长度不同而引起的边缘弯曲和纵向波动的组合。

注：见图 806-17。

806-15-114

纵向扭曲　longitudinal twist

由于磁带中心和边缘之间长度不同而引起的围绕纵向中心线类似于木螺丝的纵横两方向磁带弯曲。

注：见图 806-17。

806-15-115

凹痕　dimple

纵横向隆起组合而引起的相对尺寸比较小的一种磁带变形。

注：见图 806-17。

806-15-116

断裂　crack

在没有材料损耗的情况下材料的破坏。

注：见图 806-17。

806-15-117

磨损　fraying

只影响磁带边缘的隙缝、断裂或两者的组合。

注：见图 806-17。

806-15-118

光泽转变　changeover

在磁带全宽范围内光泽和(或)色彩的突然变化。

注：见图 806-18。

806-15-119

图案　pattern

磁带全宽上每隔一定距离光泽和(或)色彩突然变化。

注：见图 806-18。

806-15-120

条斑　streak

所涉及区域的宽度相对于磁带长度而言比较小的光泽和(或)色彩变化。

注：见图 806-18。

806-15-121

纵横组合棱角　transverse and longitudinal angularity combined

横向棱角和纵向棱角组合。见图 806-12 和图 806-16。

806-15-122

边缘划痕　edge nick

横向褶痕、边缘弯曲或褶边的组合。

注：见图 806-19。

806-15-123

边缘槽口　edge notch

蛇型弯曲和边缘弯曲或褶边的组合。

注：见图 806-19。

806-15-124

皱折　crease

多条横向和(或)纵向褶痕。

注：见图 806-19。

806-15-125

空洞　void

记录面上完全没有磁性材料的区域。

注：见图 806-20。

806-15-126

划痕　scratch

记录面上所涂的磁性材料局部损伤或脱落的区域，损伤区域宽度比其长度小。

注：见图 806-20。

806-15-127

坑(2)　pit

记录面上所涂的磁性材料局部损伤或脱落的区域，损伤区域宽度与其长度具有相同数量级。

注：见图 806-20。

2.6　磁性录音和放音

806-16-01

磁带录音机　tape recorder

以磁带作为记录载体的磁性录音和重放设备。

806-16-02

全轨录音　full-track recording

一条轨迹实际上占有磁带全宽的录音过程。

806-16-03

多轨录音　multitrack recording

几条纵向平行轨迹记录在同一条磁带上的录音方式。

806-16-04

多轨录音系统　multitrack recording system

在一个载体(如磁带)上记录两条或多条录有相互平行的且可携带相关或不相关节目素材磁迹的录音系统。

806-16-05

纵向磁化　longitudinal magnetization

记录磁场的主要分量平行于磁头、磁带相对运动方向的记录方式。

806-16-06

垂直磁化　perpendicular magnetization

记录磁场的主要分量垂直于磁带平面的记录方式。

806-16-07

横向磁化　transverse magnetization

记录磁场的主要分量平行于磁带平面且垂直于磁头、磁带相对运动方向的记录方式。

806-16-08

同步录音　synchronous recording

几个分别记录的相关信号可以无相移地同时重放的录音方式。

806-16-09

录音电流　recording audio frequency current

通过录音头线圈，在磁性载体上产生出与记录信号相关的磁场的音频交流电流。

806-16-10

磁带录音机机芯　tape deck

由磁带传动系统、磁头和相关控制部分构成的设备。

806-16-11

录音电平指示器　recording level indicator

录音时指示信号电平的装置。

806-16-12

标准重放链路　standard replay chain

具有和配备理想重放头，且其开路电压加到具有规定响应曲线的放大器上的系统相同响应的重放电路。

806-16-13

磁性载体相对效率(相对于基准磁性载体)　magnetic medium relative efficiency (with respect to a reference magnetic medium)

在实用磁性载体和基准磁性载体上,用同一个录音头和相同音频电流激励,在每种情况下偏磁电流均具有适当的值,所录同一信号的两个重放电平之差,以 dB 表示。

806-16-14

记录头相对效率　recording head relative efficiency

对于实用录音头和参考录音头,以相同音频电流激励,但两种情况下的偏磁电流各为适当值,在同一磁带上记录相同信号的两个重放电平之差,以 dB 表示。

806-16-15

重放头绝对效率　reproducing head absolute efficiency

重放标准电平的基准磁带时,给定的重放头产生的电动势。

806-16-16

消磁衰减　erasing attenuation

磁带上所录信号电平与同一磁带消磁后剩余电平之差,以 dB 表示。

806-16-17

调整带　line-up tape

上面录有规定电平的参考频率信号的校准带。

注:该磁带用作调整重放通道增益的参考。

806-16-18

频率带　frequency tape

以规定条件记录有固定或渐变频率信号的校准带。

806-16-19

重放电幅频响应　reproducing electrical amplitude/frequency response

按规定条件重放频率带时,在磁带录音机输出端以 dB 表示的电平变化曲线。

806-16-20

录放综合幅频响应　recording/reproducing overall amplitude/frequency response

当重放以恒定电平信号加到设备输入端所录的磁带时,磁带录音机输出端电平随频率变化的曲线。

806-16-21

录放电声频率响应　recording/reproducing electroacoustical frequency response

当重放以恒定电平信号加到设备输入端所录的磁带时,接到磁带录音机上的扬声器声压随频率变化的曲线。

806-16-22

磁带录音机信噪比　signal-to-noise ratio of a tape recorder

在磁带录音机输出端有用信号电压与噪声电压之比,以 dB 表示。

注 1:信号输出电压为在规定记录载体上记录规定频率信号后重放时符合规定谐波失真量的值。

注 2:没有有用信号时的噪声电压按计权或不计权测量。

806-16-23

录放谐波失真　recording/reproducing harmonic distortion

当重放规定条件下录制的磁带时,在规定条件下重放信号的谐波失真。

806-16-24

轮廓效应　contour effect

在长记录波长时,由于重放头的形状,磁带对磁头的包角和靠近磁带处存在磁屏蔽而引起的重放电幅频响应曲线的起伏现象。

806-16-25

复印效应　print-through

当绕在盘芯或带盘上的磁带长时间紧密接触时，已录信号从记录媒体的一个卷层转印到相邻卷层上的现象。

806-16-26

复印电平　print-through level

在重放磁带上的记录信号时，因复印效应而由复印信号产生的电压与引起复印的原信号产生的电压之比，以 dB 表示。

806-16-27

额定录音电平　rated recording level

由记录设备或记录媒体制造厂规定的参考频率下的录音电平，此电平产生规定类型、规定大小的谐波失真。

806-16-28

方位角偏差　azimuth deviation

记录或重放头缝隙中心线相对于磁带平面内垂直于基准边缘的线的角度偏差。

注：方位角偏差以弧度的分表示，当从磁带的非涂层面看时，若偏差是顺时针方向，则为正；若偏差是逆时针方向，则为负。

806-16-29

磁带反向相对效率　reverse relative tape efficiency

在规定频率下，磁带反向传送方向所给出的相对效率与正向传送方向给出的效率之差，以 dB 表示。

806-16-30

防消孔　record preserving sensor hole

记录保护传感孔

带盒背后的孔，其存在与否可由录音机检测到，从而防止意外地消去录音。

806-16-31

录音机调整传感孔　recorder adjustment sensor hole

带盒背后的孔，其存在与否可由录音机检测到，从而使录音机能按照所用磁带调整偏磁和/或时间常数。

806-16-32

防消片　bread-out lug

录音保护传感孔中的小片，录音后去掉它，能使防消孔起作用。

806-16-33

重放通道不平衡度　reproduce channel unbalance

重放参考频率信号时两通道输出电平之比，以 dB 表示。

806-16-34

录放通道不平衡度　overall channel unbalance

记录后重放参考频率信号时两通道输出电平之比，以 dB 表示。

806-16-35

相关信息间的平均相位差　mean phase difference between related information

相关信息的两通道之间的相位差（如立体声中对于规定的校准带，因不正确的磁头缝隙调整引起）。

806-16-36

相关信息间的峰-峰相位差　peak-to-peak phase difference between related information

传输中相关信息的两通道之间的相位关系不稳定性(如立体声中因通过磁头缝隙的磁带运动方向不同而产生)。

806-16-37

最大输出电平　maximum output level

对于相关类型磁带,与固定谐波失真水平对应的相对记录电平,测量在参考频率下进行,参考频率就是相应标准校准带的"基准电平"部分所录的信号频率。

806-16-38

最小源电动势(录音时)　minimum source e. m. f. (recording)

在基准带上以最大录音增益录音时,能产生与额定录音电平相同带磁通的信号源电动势。

806-16-39

最大源电动势(录音时)　maximum source e. m. f. (recording)

能产生在最大录音增益和比额定录音电平低 6 dB 的带磁通时所得总谐波失真两倍谐波失真的信号源电动势。

806-16-40

最大录音音频电流　maximum recording audio frequency current

为使规定的基准带在基准偏磁下得到最大输出电平所必需的音频录音电流。

2.7　磁性录像和放像

806-17-01

磁带录像机　videotape recorder

在磁带上记录和重放视频、音频及其他相关信号用的设备。

806-17-02

磁带放像机　videotape reproducer

重放磁带上的视频和音频信号用的设备。

806-17-03

纵向磁迹磁带录像机　longitudinal videotape recorder

视频磁头扫描方向与磁带边缘平行、可形成一条或几条纵向磁迹的磁带录像机。

806-17-04

横向磁迹磁带录像机　transverse videotape recorder

视频磁头扫描方向与磁带边缘几乎垂直、可形成一条或几条横向磁迹的磁带录像机。

806-17-05

螺旋扫描磁带录像机　helical-scan videotape recorder

磁带沿着螺旋路径前进,导致视频磁迹与磁带边缘倾斜的磁带录像机。

806-17-06

视频磁头组件　video head assembly

在横向磁带录像机/放像机上,由磁头鼓、磁头及相关元件,如电机、真空导向器、转速计,旋转变压器或集流环、控制磁头等构成的部件。

806-17-07

磁头鼓　head drum; head wheel

视频磁头组件的旋转圆柱形部件,在其外侧安装有用作视频信号录放的磁头。

注:上述说明仅适于早期使用的横向磁迹磁带录像机。在现代的螺旋扫描磁带录像机中,磁头鼓是由上磁头鼓、下磁头鼓和磁头鼓电机等组成的完整组件。根据磁带录像机的不同格式、功能和用途,在其上磁头鼓的外侧可能

只安装视频信号录放磁头，也可能增加安装一些其他磁头，例如高保真音频信号录放磁头、旋转消抹磁头、视频特技重放磁头等。

806-17-08

极尖　pole tips

磁头尖

视频磁头磁路的一部分，它突出在磁头鼓圆周表面与磁带接触，每个磁头有两个由缝隙分隔开的极片。

806-17-09

真空导向器　vacuum guide

视频磁头组件的一部分，借助吸附系统用来保持磁带相对于磁鼓处于正确和紧贴的位置上。

806-17-10

极尖插入深度　tip penetration

相对于由真空导向器确定的位置，磁带被磁头尖移开的距离。

806-17-11

极尖突出度　tip projection

极尖末端的圆半径与磁头鼓半径之差。

806-17-12

录像电流　video record current

流经记录头线圈并产生磁场的交流电流，电流的频率是记录在磁性载体上的视频信号的函数。

806-17-13

视频磁迹　video track

含有视频信息的磁迹。

806-17-14

音频磁迹　audio track

含有音频信息的磁迹。

806-17-15

控制磁迹　control track

含有已录的磁带录像机伺服控制信号以及编辑脉冲的磁迹。

806-17-16

辅助磁迹　cue track

含有与制作要求、电子编辑或者可能还有与节目音频信号有关信息的磁迹。

806-17-17

卷带方　downstream

在磁带运动方向，磁带从给定的参考点纵向移动指向的位置。

806-17-18

供带方　upstream

与磁带从给定的参考点纵向移动的指向相反的位置。

806-17-19

“低带”标准（用于横向录像机）　“low band”standards

横向磁带录像机的调频记录参数，对应于不同的视频信号电平产生以下调频瞬时频率：

参数＼制式 项目	625 行 50 Hz	525 行 60 Hz
白峰	6.80 MHz	6.80 MHz
消隐	5.50 MHz	5.00 MHz
同步头,脉冲	4.95 MHz	4.28 MHz

806-17-20

"高带"标准(用于横向录像机)　"high band"standards

横向磁带录像机的调频记录参数,对应于不同的视频信号电平产生以下调频瞬时频率:

参数＼制式 项目	625 行 50 Hz	525 行 60 Hz
白峰	9.30 MHz	10 MHz
消隐	7.80 MHz	7.90 MHz
同步头	7.16 MHz	7.06 MHz

806-17-21

条带效应　banding

与磁头间特性不相同有关、在重放图像上出现的一种可见缺陷。

806-17-22

速度误差　velocity error

在规定的视频信号磁带重放速率内,相对于其额定值的偏差。

806-17-23

抖动　jitter

重放视频信号时基的可觉察得到的不稳定性。

806-17-24

摩尔波纹(在图像上)　**moiré**(on a picture)

由无用的调制而引起的重放图像的一种网纹干扰。

806-17-25

几何误差　geometric error

在磁带录像机的重放图像中由时基误差引起的几何差错。

806-17-26

原版磁带　master original

记录原始信号的磁带。

806-17-27

原版拷贝　master copy

通过编辑技术做成的已录节目组合,最先录制的磁带包含所有预期的场景和序列。

806-17-28

编辑脉冲　edit pulses

帧脉冲　frame pulses

记录在录像磁带控制磁迹上的一定频率的一系列脉冲,以帮助确定正确的编辑点及在重放模式起动时为伺服机构提供同步信息。

2.8 视盘

806-18-01

视盘 videodisk

一种圆盘，上面沿螺旋纹槽或轨迹记录有视频及相关音频信息，以便借助圆盘播放机在电视屏幕和扬声器上重放图像和声音。

806-18-02

光学视盘 optical videodisk

其上记录的视频和相关音频信息可利用光学扫描系统读出的一种视盘，在这种系统中，读出装置与盘面之间没有机械接触。

806-18-03

机械视盘 mechanical videodisk

盘上记录的视频及相关音频信息可利用对应的视盘播放机读出的一种视盘，此播放机带有能响应圆盘表面机械特性变化的换能器。

806-18-04

磁性视盘 magnetic videodisk

盘上记录的视频及相关音频信息可用磁性方式读出的一种视盘。

806-18-05

切向循迹控制 tangential tracking control

为补偿因圆盘的定中心缺陷引起时间误差的一种伺服控制系统。

806-18-06

径向循迹控制 radial tracking control

跟踪径向轨迹位移，如螺旋轨迹向前移动和周期性偏置的一种伺服控制系统。

806-18-07

冻结帧 freeze framing

静止图像 still framing

连续重复显示同一幅信号图像。

806-18-08

慢动作 slow motion

以低于额定记录速度的速度重放一系列已录图像。

806-18-09

倒放 reverse motion

按与记录图像时相反的方向以额定速度重放记录的图像。

806-18-10

慢动作倒放 reverse slow motion

按与记录图像时相反的方向、以比额定记录速度低的速度重放已录图像。

806-18-11

快动作 fast motion

以高于正常记录速度的速度重放一系列已录图像。

806-18-12

步进动作 step motion

逐帧放像

选择已录图像序列中的下一幅或前一幅——间歇重放的功能。

806-18-13

自动编码访问控制　automatic coded access control

用记录中伴随的每幅图像的编码自动识别定位所需图像的一种控制。

806-18-14

预录电容无槽视盘系统　pre-recorded capacitance grooveless videodisk system

在圆盘平面上以螺旋形轨迹坑的形式记录信息，并由电容拾取头读出信息的视盘系统。

注：这种型式的视盘系统称为“VHD”系统。

806-18-15

预录光反射视盘系统　pre-recorded optical reflective videodisk system

由一个或两个带有反射涂层的面(面上含有信息)作为透明衬底构成的盘，并由光束读出的视盘系统。

806-18-16

电容拾取头　capacitance pick-up

根据针尖和信息层之间的电容变化而工作的传感器。

806-18-17

光学针尖　optical stylus

依据信息层的光学特性变化而工作的一种传感器。

806-18-18

信息坑　information pits

表征圆盘上记录的视频及相关音频信息的一些坑。

806-18-19

循迹坑　tracking pits

记录在信息坑之间、引导拾取头或光学针尖精确地跟踪信息坑的一系列坑。

806-18-20

索引信号　index signal

记录在每一圈中标志信号坑的信号。

806-18-21

径向信号　radial signal

传感器沿圆盘径向移动时产生的信号。

806-18-22

切向信号　tangential signal

传感器沿圆盘螺旋形轨迹线方向移动时产生的信号。

806-18-23

引入区　lead-in area

导入区

视盘上位于节目区之前的区域。

806-18-24

节目区　programme area

视盘上记录节目信息的区域。

806-18-25

引出区　lead-out area; programme end signal area

导出区

视盘上紧随节目区之后的区域。

806-18-26

保护轨迹　track guard

在电容视盘的内侧和外侧区域设置的用以保护视盘上节目区的圆环形突起。

806-18-27

垂直回扫期内控制地址信号　vertical interval control address signals

视盘上提供专门信息的编码信号，视盘机可以利用该信号控制专门的功能并提供图像、帧或时间信息。

806-18-28

轨迹号　track number

伴随每条轨迹的唯一号码，从光盘上节目区开始的 0 号到节目区结束，每条轨迹递增 1。

806-18-29

图像号　picture number

在某些视盘制式中，伴随每幅图像的唯一号码。

806-18-30

节目时间码　programme time code

表示运行时间的编码信号。

806-18-31

章号　chapter number

表示由若干章构成的节目中各章用的号码。

806-18-32

节目状态码　programme status code

表示音频和视频通道状态的编码信号。

806-18-33

音频方式码　audio mode code

表示音频状态（例如单声、立体声或二者兼容）的编码信号。

806-18-34

图像停止码　picture stop code

自动静像码　auto still code

自动将播放机设置到静像模式的编码信号。

806-18-35

恒定线速度码　constant linear velocity code

表示 CLV（恒定线速度方式）格式盘的编码信号。

806-18-36

用户码　users code

预定为归档和识别用的编码信号。

注：此数据内容由光盘制造商制定。

806-18-37

音频副载波　audio subcarrier

在有些光盘制式中，调制在主视频载波上的音频载波。

806-13-27 录音面外径
806-13-28 分隔区
806-13-25 录音面
806-13-26 录音面内径
806-13-29 镜面区
806-13-30 保护区
806-13-18 终止槽
806-13-17 引出槽
806-13-19 过渡槽
806-13-16 引入槽
806-13-30 保护区

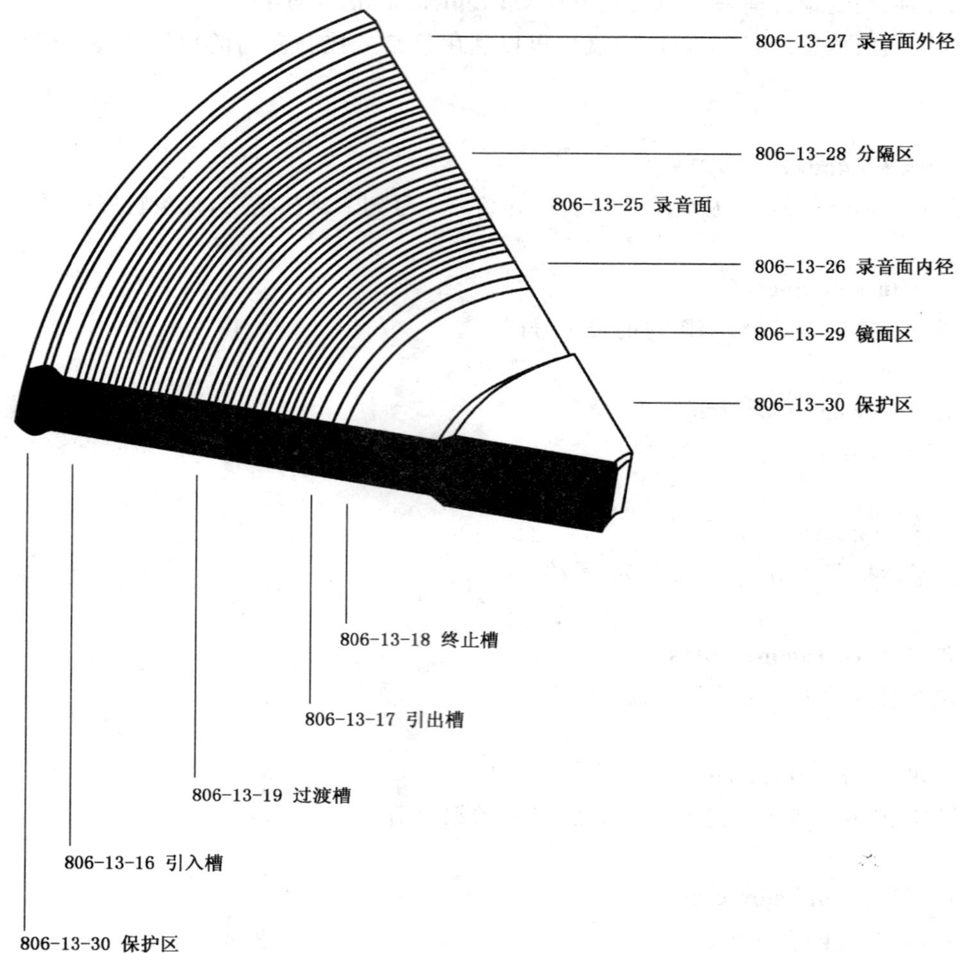

图 806-1 唱片

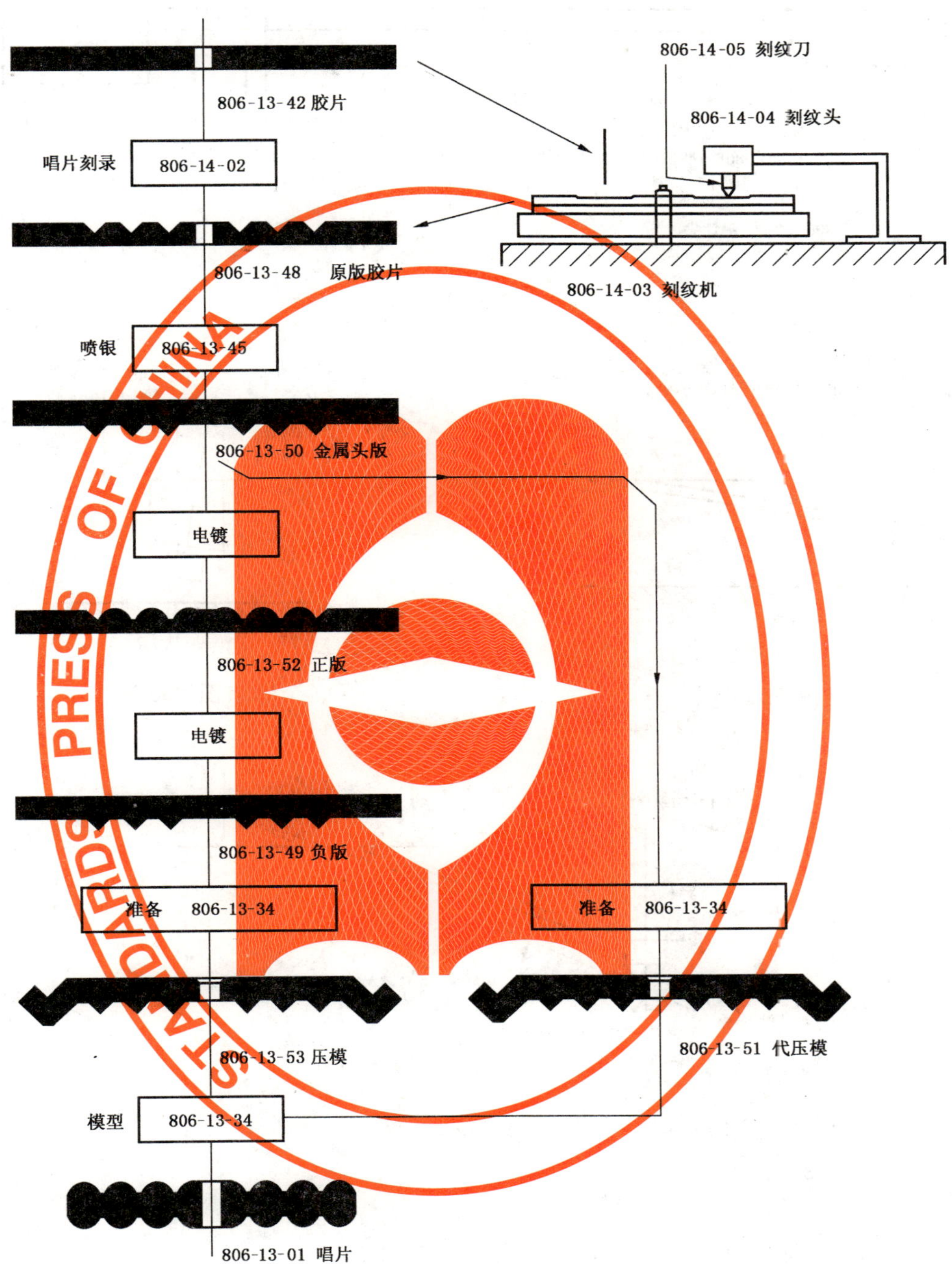

图 806-2 唱片加工举例

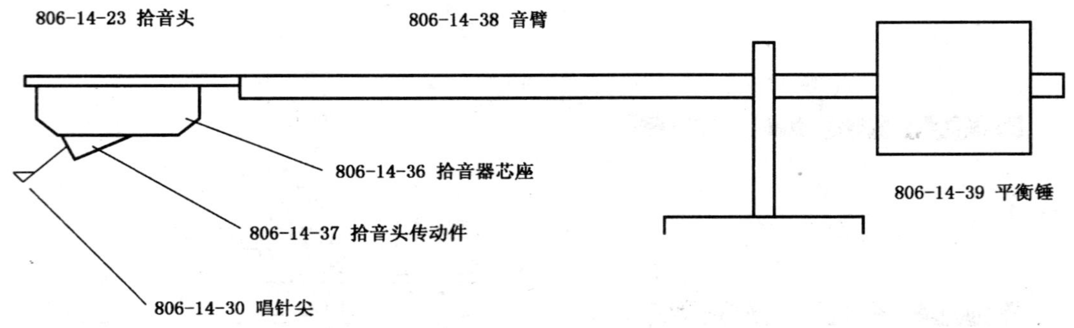

图 806-3

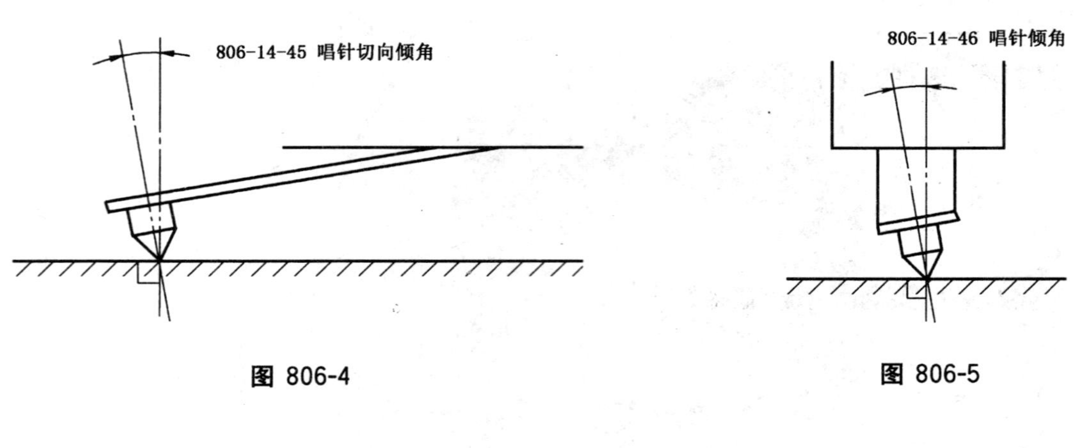

图 806-4

图 806-5

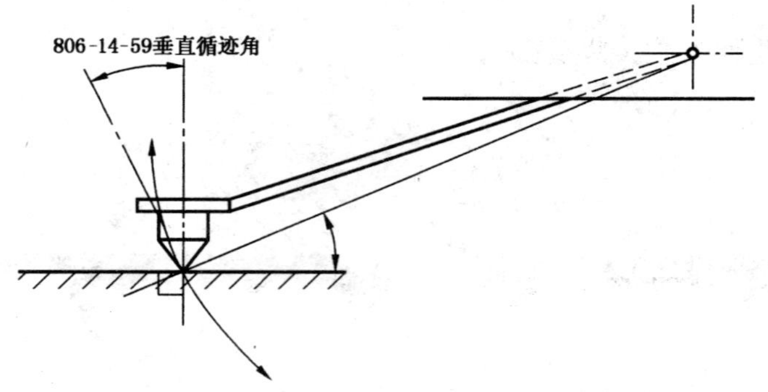

图 806-6

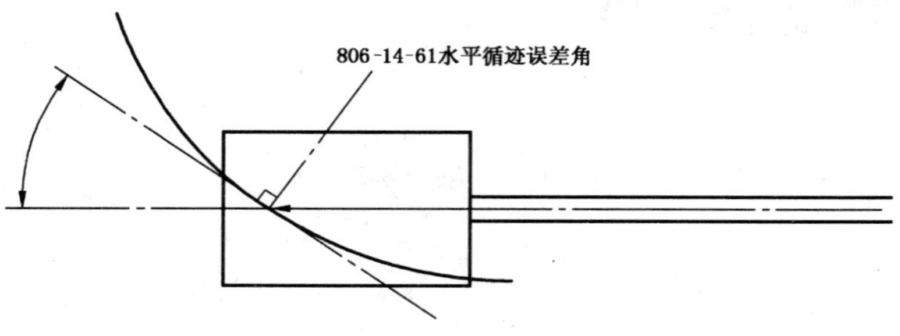

图 806-7

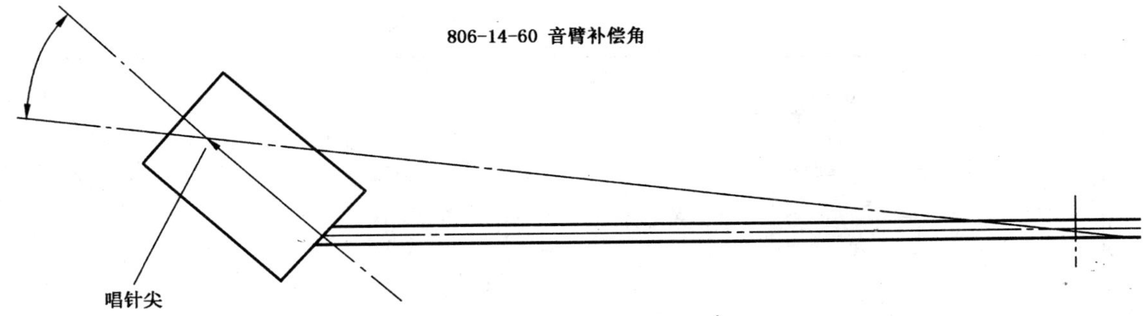

图 806-8

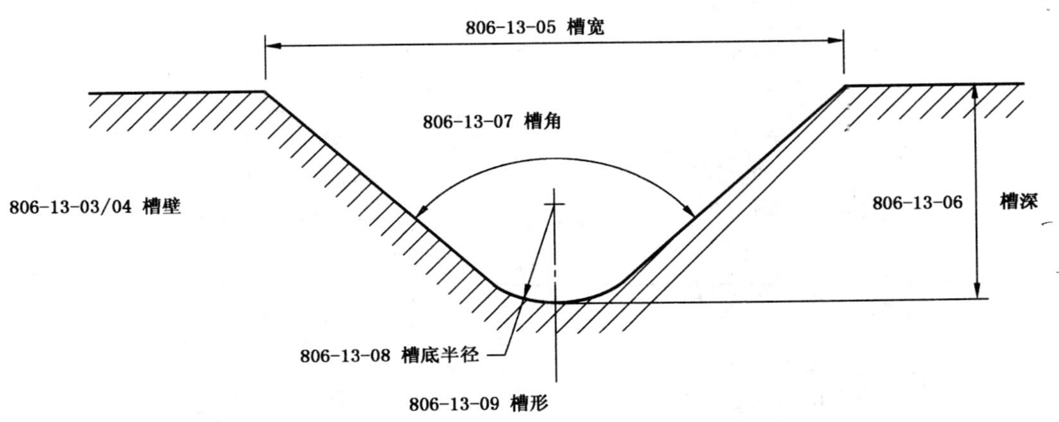

图 806-9

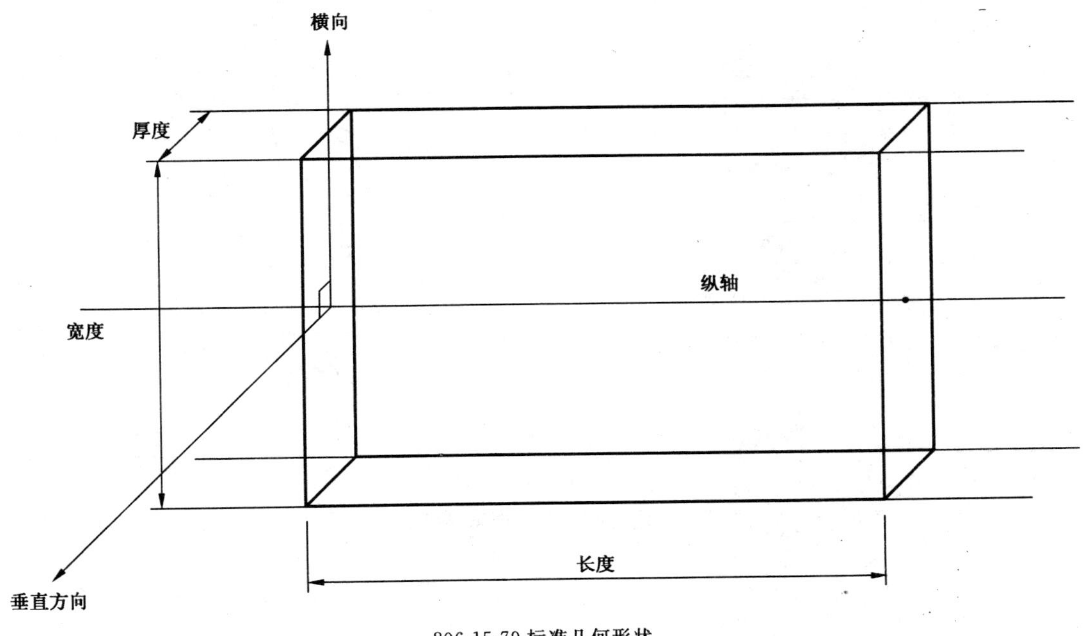

806-15-79 标准几何形状

图 806-10

806-15-86　横向弧形弯曲	
806-15-87　横向卷曲	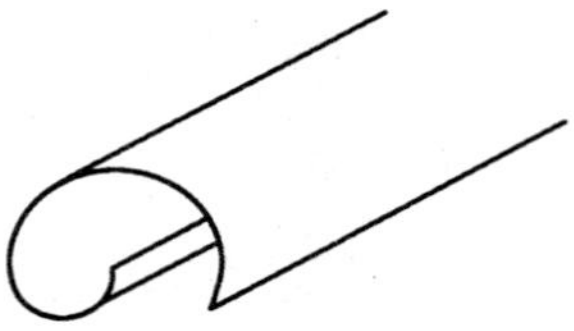
806-15-88　边缘弯曲	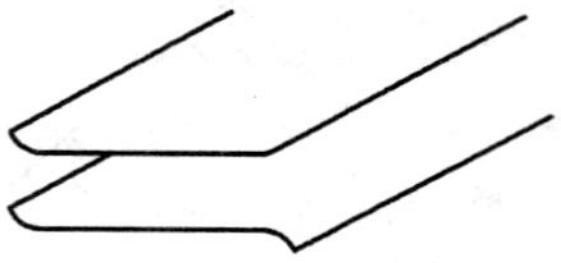
806-15-89　卷边	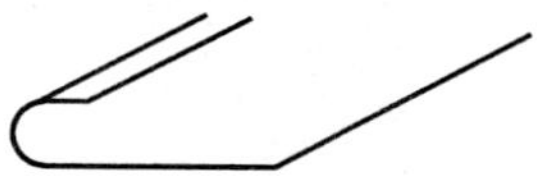
806-15-90　横向波状弯曲	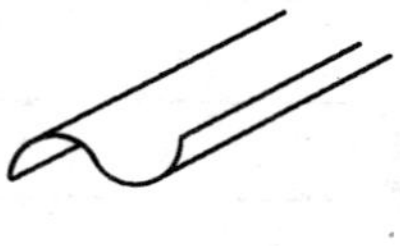
806-15-91　横向拱	

图 806-11　横向弯曲

806-15-93　横向褶痕	
806-15-94　褶边	

图 806-12　横向棱角

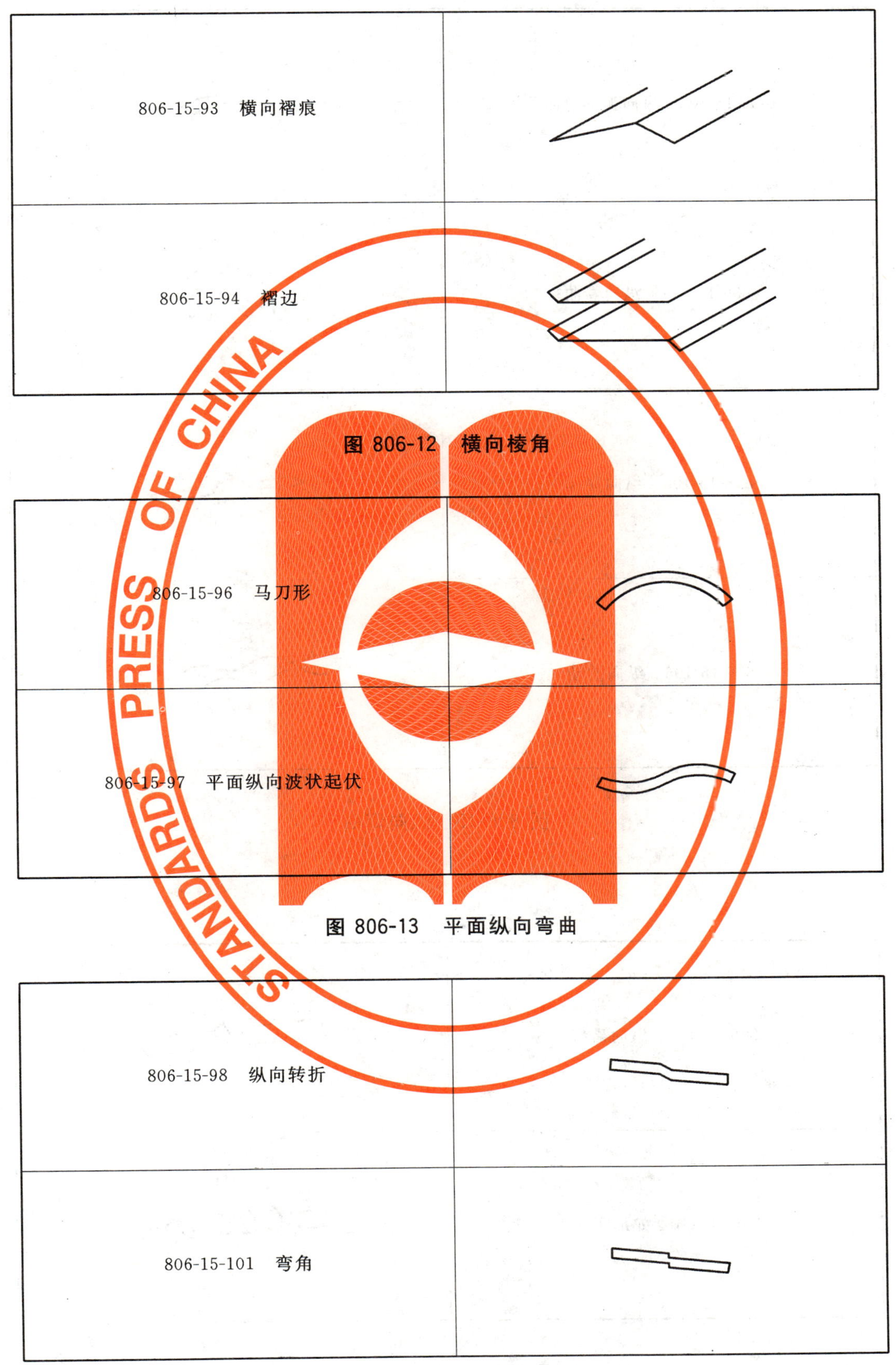

806-15-96　马刀形	
806-15-97　平面纵向波状起伏	

图 806-13　平面纵向弯曲

806-15-98　纵向转折	
806-15-101　弯角	

图 806-14　平面纵向棱角

806-15-103 纵向弧形弯曲	
806-15-104 纵向卷曲	
806-15-105 纵向隆起	
806-15-106 纵向波动	

图 806-15 纵向弯曲

806-15-109 纵向褶痕	
806-15-110 蛇形弯曲	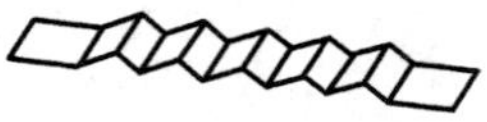

图 806-16 纵向棱角

806-15-99　宽度变动	
806-15-107　厚度变动	
806-15-112　边缘隆起	
806-15-113　波状边	
806-15-114　纵向扭曲	
806-15-115　凹痕	
806-15-116　断裂	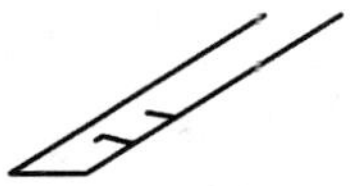
806-15-117　磨损	

图 806-17　横向和纵向组合弯曲

806-15-118　光泽转变	
806-15-119　图案	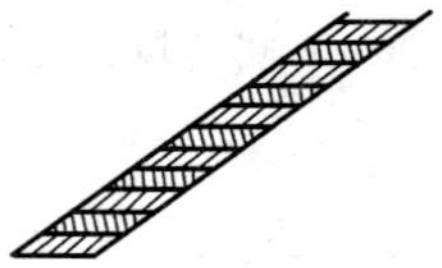
806-15-82　玷污	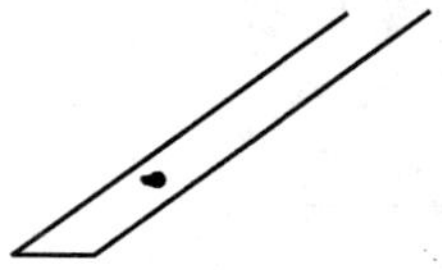
806-15-120　条斑	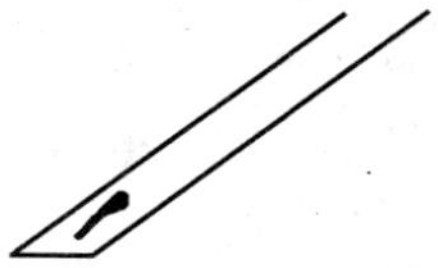

图 806-18　污点

806-15-122　边缘划痕	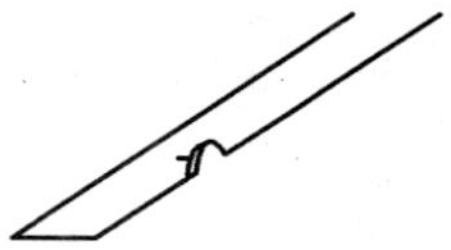
806-15-123　边缘槽口	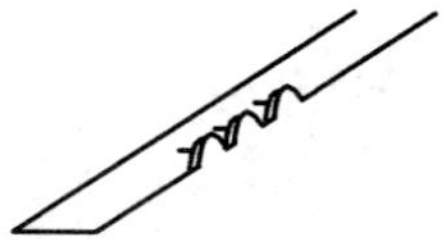
806-15-124　皱折	

图 806-19　纵横组合棱角

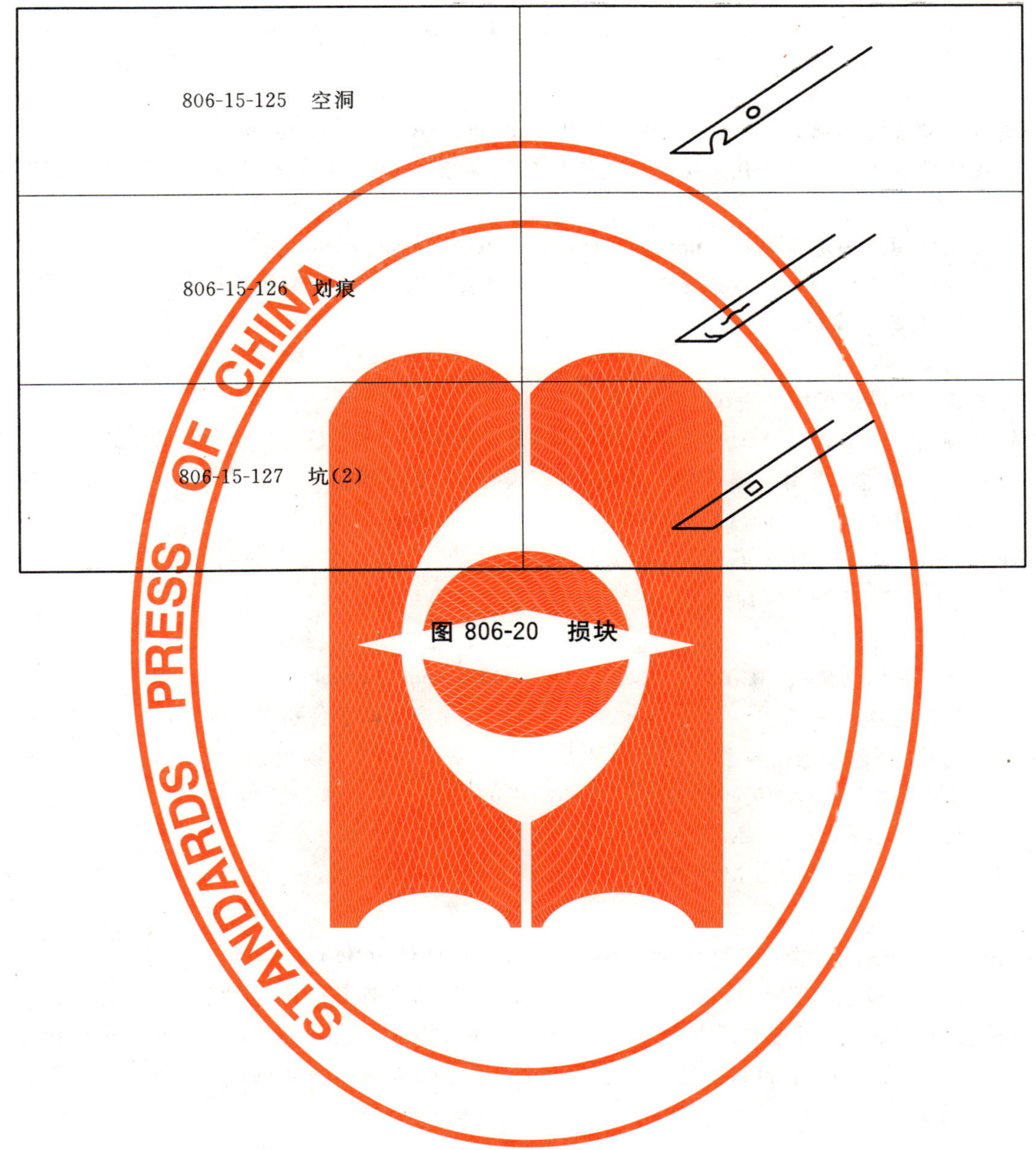

806-15-125　空洞	
806-15-126　划痕	
806-15-127　坑(2)	

图 806-20　损块

附 录 A
（规范性附录）
补 充 术 语

A.1

分段场式螺旋扫描录像机 segment-field helical-scan videotape recorder

一场视频信号分段记录在几条磁迹上的螺旋扫描录像机，如用于电视广播的B格式录像机。

A.2

非分段场式螺旋扫描录像机 non-segment field helical-scan videotape recorder

一场视频信号连续记录在一条磁迹上的螺旋扫描录像机，如用于电视广播的C格式录像机，其他如U型、VHS型等录像机。

A.3

B格式螺旋扫描录像机 B-type helical-scan videotape recorder

一场视频信号分6段(PAL)、或分5段(NTSC)记录在相应条数磁迹上的分段场式螺旋扫描录像机；主要用于电视广播；采用1英寸宽磁带，两个视频磁头；复合视频信号以调频方式记录，对应同步顶和白峰的瞬时特征频率(f_1 和 f_2)分别为：

PAL $f_1=6.76$ MHz，$f_2=8.90$ MHz；

NTSC $f_1=7.06$ MHz，$f_2=10.00$ MHz。

A.4

C格式螺旋扫描录像机 C-format helical-scan videotape recorder

一场视频信号连续记录在一条磁迹上的非分段场式螺旋扫描录像机的一种；主要用于电视广播；采用1英寸宽磁带，复合视频信号采用调频记录方式，一个磁头记录一场视频的有效信号部分，另一个磁头记录场同步(俗称为1.5磁头)；对应同步顶和白峰的瞬时特征频率分别为：

PAL：7.16 MHz 8.90 MHz

NTSC：7.06 MHz 10.0 MHz

A.5

U型螺旋扫描盒式录像机 U-format helical-scan video cassette recorder

磁带包绕磁头鼓呈“U”字型、采用3/4英寸盒式磁带、两个视频磁头的螺旋扫描录像机，是非分段场式螺旋扫描录像机的一种；视频中的亮度(Y)分量以调频方式记录，色度(C)分量以降载频方式直接记录；Y调频分低带(L)、高带(H)、超高带(SP)三种，对应同步顶和白峰的瞬时特征频率(f_1 和 f_2)及色度降载频频率 f_c 分别为：

L： $f_1=3.8\pm0.1$ MHz $f_2=5.4\pm0.1$ MHz

PAL $f_c=43.875f_H=685.547\pm0.2$ kHz

NTSC $f_c=43.75f_H=688.374\pm0.2$ kHz

H： $f_1=4.8$ MHz (标称) $f_2=6.4\pm0.1$ MHz

PAL $f_c=923.828$ kHz

SP： PAL $f_1=5.6$ MHz (标称) $f_2=7.2\pm0.1$ MHz

NTSC $f_1=5.0$ MHz (标称) $f_2=6.6\pm0.1$ MHz

A.6

VHS型螺旋扫描盒式录像机 helical-scan video cassette recorder known as VHS type

磁带加载呈“M”字型、采用1/2英寸盒式磁带、两个视频磁头的螺旋扫描录像机，是非分段场式螺旋扫描录像机的一种,主要家用;视频中的亮度(Y)分量以调频方式记录,色度(C)分量以降载频方式直接记录;对应于Y同步顶和白峰的瞬时特征频率(f_1 和 f_2)及色度降载频频率 f_c分别为:

$$\text{PAL}\quad f_1=3.8\pm0.1\ \text{MHz},\quad f_2=4.8\pm0.1\ \text{MHz},$$

$$f_c=40.125f_H=626.953\ \text{kHz};$$

$$\text{NTSC}\quad f_1=3.4\pm0.1\ \text{MHz},\quad f_2=4.4\pm0.1\ \text{MHz},$$

$$f_c=40f_H=629.371\ \text{kHz}。$$

超级VHS(S-VHS)的Y同步顶和白峰的瞬时特征频率(f_1 和 f_2)及色度降载频频率 f_c分别为:

$$f_1=5.4\pm0.1\ \text{MHz},\quad f_2=7.0\pm0.1\ \text{MHz},$$

$$\text{PAL}\quad f_c=40.125f_H=626.953\ \text{kHz};$$

$$\text{NTSC}\quad f_c=40f_H=629.371\ \text{kHz}。$$

A.7

Beta型螺旋扫描盒式录像机　helical-scan video cassette recorder known as Beta type

磁带加载呈"β"字型、采用1/2英寸盒式磁带、两个视频磁头的螺旋扫描录像机,属非分段场式螺旋扫描录像机的一种,主要家用;视频中的亮度(Y)分量以调频方式记录,色度(C)分量以降载频方式直接记录;对应于Y同步顶和白峰的瞬时特征频率(f_1 和 f_2)及色度降载频频率 f_c分别为:

PAL　A磁迹:$f_1=3.8\pm0.1$ MHz,$f_2=5.2\pm0.1$ MHz,$f_c=(44-1/8)f_H$

B磁迹:$f_1=3.8\pm0.1+1/2f_H$ MHz,$f_2=5.2\pm0.1+1/2f_H$ MHz,$f_c=(44+1/8)f_H$

NTSC如下表。

带速/(mm/s)	40	20,13.3	
磁迹	A,B	A	B
f_1/MHz	3.5	3.6	$3.6+1/2f_H$
f_2/MHz	4.8	4.8	$4.8+1/2f_H$
f_c/kHz	$43.75f_H$		

A.8

8 mm型螺旋扫描盒式录像机　helical-scan video cassette recorder known as 8 mm-format

采用8 mm宽盒式磁带、两个视频磁头的螺旋扫描录像机,是非分段场式螺旋扫描录像机的一种,主要家用;视频中的亮度(Y)分量以调频方式记录,色度(C)分量以降载频方式直接记录;Y调频分低带(L)、高带(Hi)两种,对应于Y同步顶和白峰的瞬时特征频率(f_1 和 f_2)及色度降载频频率 f_c分别为:

$$\text{L:}\quad f_1=4.2\pm0.1\ \text{MHz}\qquad f_2=5.4\pm0.1\ \text{MHz}$$

$$\text{PAL}\quad f_c=46.875f_H\quad \text{NTSC}\quad f_c=47.25f_H$$

$$\text{Hi:}\ f_1=5.7\ \text{MHz}\qquad f_2=7.7\ \text{MHz}。$$

A.9

模拟分量录像机　analogue component videotape recorder

螺旋扫描录像机的一种,有L型和M2型两种。这种录像机亮度模拟分量(Y)以调频方式由两个亮度磁头记录;色度模拟基带分量(UV)经1/2时间压缩后,时分在一个电视行内,再以调频方式由与Y磁头不等高的两个色度磁头记录;采用1/2英寸宽盒式磁带;主要用于电视广播。

A.10

L型模拟分量录像机　analog component videotape recorder known as L type

模拟分量录像机的一种,主要用于电视广播;它有两种方式,其对应于Y同步顶和白峰的瞬时特征频率(f_1 和 f_2)如下表。

制式	PAL		NTSC	
特征频率	f_1/MHz	f_2/MHz	f_1/MHz	f_2/MHz
方式 1	4.4	6.4	4.4	6.5
方式 2	6.8	8.8	5.7	7.7

对应于 UV 压缩时分信号的定时脉冲顶和信号正峰的瞬时特征频率(f_1 和 f_2)如下表。

制式	PAL		NTSC	
特征频率	f_1/MHz	f_2/MHz	f_1/MHz	f_2/MHz
方式 1	5.7	4.0	5.55	4.0
方式 2	7.3	5.6	6.35	4.8

A.11

MⅡ型模拟分量录像机　analog component videotape recorder known as MⅡ type

模拟分量录像机的一种,主要用于电视广播,其对应于 Y 同步顶和白峰的瞬时特征频率(f_1 和 f_2)如下表。

PAL		NTSC	
f_1/MHz	f_2/MHz	f_1/MHz	f_2/MHz
6.63	9.20	5.6	7.7

对应于 UV 压缩时分信号的定时脉冲顶和信号正峰的瞬时特征频率(f_1 和 f_2)如下表。

PAL		NTSC	
f_1/MHz	f_2/MHz	f_1/MHz	f_2/MHz
4.71	7.00	4.2	6.00

中 文 索 引

Y

Z

英 文 索 引

A

B

F

G

H

I

J

L

M

N

O

P

R

S

T

U

ICS 01.040.17;17.220.20
L 85

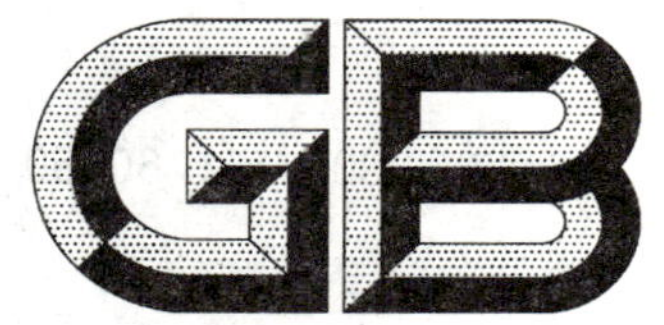

中华人民共和国国家标准

GB/T 2900.77—2008/IEC 60050(300-311):2001

电工术语 电工电子测量和仪器仪表 第1部分:测量的通用术语

Electrotechnical terminology—Electrical and electronic measurements and measuring instruments—Part 1:General terms relating to measurements

(IEC 60050(300-311):2001,International Electrotechnical Vocabulary—Electrical and electronic measurementsand measuring instruments—Part 311:General terms relating to measurements,IDT)

2008-06-18 发布 2009-05-01 实施

中华人民共和国国家质量监督检验检疫总局
中国国家标准化管理委员会 发布

前　　言

本部分为 GB/T 2900 的第 77 部分。

本部分等同采用 IEC 60050(300-311):2001《国际电工词汇　电工电子测量和仪器仪表　第 311 部分:测量的通用术语》。

本部分中术语条目编号与 IEC 60050(300-311):2001 保持一致。

本部分由全国电工术语标准化技术委员会(SAC/TC 232)提出并归口。

本部分起草单位:机械科学研究院中机生产力促进中心、哈尔滨电工仪表所、中国电子标准化研究所、中国计量科学研究院。

本部分主要起草人:杨芙、陈波、黄英华、阮永顺、陆祖良。

电工术语　电工电子测量和仪器仪表 第1部分:测量的通用术语

1　范围

本部分规定了用于电工电子测量和仪器仪表的通用术语和定义。

本部分适用于与电工电子测量和仪器仪表有关的技术领域。

2　规范性引用文件

下列文件中的条款通过GB/T 2900的本部分的引用而成为本部分的条款。凡是注日期的引用文件,其随后所有的修改单(不包括勘误的内容)或修订版均不适用于本部分,然而,鼓励根据本部分达成协议的各方研究是否可使用这些文件的最新版本。凡是不注日期的引用文件,其最新版本适用于本部分。

ISO,IEC et al,1993　国际计量术语(**VIM**)

ISO,IEC et al.,1993　测量不确定度的表示导则(**GUM**)

3　术语和定义

3.1　基本术语

311-01-01

测量结果　(result of a) measurement

赋予被测量的一组值。　[≠**VIM** 3.1]

注1:该术语用于"不确定度"方式。

注2:将此组值的中心值选作被测量的值,并用不确定度来描述其分散性。

注3:测量结果与测量仪器仪表的标示值以及经校准和使用一个模型得到的修正量有关。

注4:如果此组值与同一被测量的所有其他测量兼容,则认为该组值可以表示被测量的值。

注5:此组值及其不确定度,只能在一定的置信度下给出。

311-01-02

[测量]不确定度　uncertainty (of measurement)

与测量结果关联的一个参数,用于表征合理赋予被测量的值的分散性。　[**VIM** 3.9]

注1:该术语用于"不确定度"方式。

注2:该参数可以是一个标准偏差(或其给定的倍数)或给定置信度区间的半宽度。在GUM中定义了获得不确定度的不同方法。

注3:测量不确定度常由很多分量组成。有些分量可由一系列测量结果的统计分布来估计,并用试验标准偏差表示。另外一些分量可基于经验或其他信息的概率分布来估计,也可用标准偏差表述。

311-01-03

被测量　measurand

被测的特定量。　[**VIM** 2.6]

311-01-04

[量的]真值　true value (of a quantity)

与所给特定量的定义一致的值。　[**VIM** 1.19]

注1:该术语用于"真值"方式。

注2：这是一个通过理想测量才能获得的值。

注3：真值本质上是不可确定的。

注4：与给定特定量的定义相符的值可有很多。

311-01-05

绝对误差　absolute error

校准示值和比对值的代数差。　[≠VIM 3.10+Note 2]

注1：该术语用于"真值"方式。

注2：比对值应是该量的真值，但由于真值无法确定，所以一般使用约定真值。

311-01-06

[量的]约定真值　conventional true value (of a quantity)

通常根据约定赋予特定量的值，该值具有适用于给定目的的不确定度。

注1：该术语用于"不确定度"方式。

注2："约定真值"有时叫做"指定值"、"最佳估计值"、"约定值"或"参考值"。请不要将这里的"参考值"与311-07-01中所用的"参考值"混淆。

注3：经常用一个量的大量测量结果来确定其约定真值。

注4：基于"真值"论述的传统定义，把约定真值看成或接近该量真值的值，其差别对使用该值的目的而言可以忽略。

311-01-07

标示值　indication

测量仪器仪表给出的值。　[≠VIM 3.2]

注1：校准示值不一定是被测量的值。

注2：对于实物量具，标示值是它的标称值或规定值。

311-01-08

校准示值　indicated value

测量仪器仪表基于其校准曲线直接给出的被测量的值。

注：校准示值可应用校准曲线的标示值导出。

311-01-09

校准　calibration

在规定条件下，建立标示值和按参考标准的测量结果之间关系的一组操作。　[≠VIM 6.11]

注1：该术语用于"不确定度"方式。

注2：原则上，标示值与测量结果之间的关系可以用校准图表示。

311-01-10

校准图　calibration diagram

由标示值轴和测量结果轴定义的坐标平面，描述仪器仪表对被测量不同值的响应的部分。

注：该术语用于"不确定度"方式。

311-01-11

校准曲线　calibration curve

表示校准示值与被测量值之间关系的曲线。

注1：该术语用于"不确定度"方式。

注2：如果校准曲线是通过零点的直线，则可把该直线的斜率称为仪表常数。

311-01-12

测量仪表常数　constant of a measuring instrument

当校准曲线是通过零点的直线时，该直线的斜率。　[≠VIM 5.8]

注1：该术语用于"不确定度"。

注2：在上述情况下，测量仪表的常数也可以定义为一个系数，仪表的标示值必须乘以该系数以给出校准示值。

311-01-13

[校准的]检定　verification (of calibration)

在规定条件下,检查标示值与一组给定的(在一个预定校准图范围内的)已知被测量是否一致的一组操作。

注1:该术语用于"不确定度"方式。

注2:对于校准图给出的仪器仪表不确定度而言,用于检定被测量的已知不确定度一般可忽略。

311-01-14

[测量]兼容性　(measurement) compatibility

同一被测量的所有测量结果所满足的特性,这些测量结果具有充分的重叠区间。

注:该术语用于"不确定度"方式。

311-01-15

溯源性　traceability

测量结果或标准器的值的特性,表明它可通过不间断的具有指明不确定度的比较链与指明的(通常是国家的或国际的)参考标准的关系。　[VIM 6.10]

注1:这个概念经常用形容词"可溯源的"表示。

注2:完整比较链称为溯源链。

311-01-16

引用值　fiducial value

一个明确规定的值,作为确定引用误差时的参考。　[≈VIM 5.28 Note]

注1:该术语用于"真值"方式。

注2:该值可以是,例如,测量范围的上限、满刻度值或其他明确规定的值。

311-01-17

相对误差　relative error

绝对误差与比对值的比。　[≠VIM 3.12]

注1:该术语用于"真值"方式。

注2:比对值应该是被测量的真值,但由于无法确定真值,一般用约定真值。

311-01-18

引用误差　fiducial error

绝对误差与引用值的比。　[≠VIM 5.28]

311-01-19

相对不确定度　relative uncertainty

不确定度与被测量值之比。

注:该术语用于"不确定度"方式。

311-01-20

引用不确定度　fiducial uncertainty

不确定度与引用值的比。

注:该术语用于"不确定度"方式。

311-01-21

偏差(关于校准的检定)　deviation(for the verification of calibration)

在同样的(运行)工作条件下,被校准检定的仪表的标示值与标准仪表标示值之差。　[≈VIM 3.11]

3.2 测量方法

311-02-01

直接测量[法]　direct (method of) measurement

无需利用被测量和其他实测的量之间函数关系进行额外计算,就可直接得到被测量的值的测量方法。

注1：如果测量仪表的标度值可通过一定的图表或曲线图找到对应的被测量值，则认为该被测量值是直接测得的。

注2：即使为了修正而需要额外测试以确定影响量的值，这种测量仍是直接测量。

311-02-02

间接测量[法]　indirect (method of) measurement

通过对与被测量有已知关系的另一些量进行直接测量，来确定该被测量值的测量方法。

311-02-03

比较测量[法]　comparison (method of) measurement

将被测量及其同种已知量进行比较的测量方法。

311-02-04

替代测量[法]　substitution (method of) measurement

用同种已知量替代被测量的比较测量方法。这两个量值对测量仪表的影响应相同。

311-02-05

互补测量[法]　complementary (method of) measurement

将被测量和一个可选择的已知量组合的比较测量方法，应使该已知量与被测量的值的和等于预定比较值。

311-02-06

差值测量[法]　differential (method of) measurement

用一个与被测量稍有差异的同种量的已知值，同这个被测量进行比较，并测出它们之间代数差的一种比较测量法。

311-02-07

零值测量[法]　null (method of) measurement

将被测量的值与作比较用的同种已知值之间的差值调整到零的差值测量法。

311-02-08

差拍测量[法]　beat (method of) measurement

利用与两个相比较的量(一个是被测量，另一个是参考量)相关的频率之间的差拍现象的一种差值测量法。

311-02-09

谐振测量[法]　resonance (method of) measurement

利用达到谐振或接近谐振状态来建立量的比较值之间的已知关系的一种比较测量法。

3.3　测量仪器仪表

311-03-01

测量仪器仪表　measuring instrument

单独或与其他辅助装置组合用于测量的装置。　[VIM 4.1]

311-03-02

显示[测量]仪器仪表　displaying (measuring) instrument

指示[测量]仪器仪表　indicating (measuring) instrument

显示标示值的测量仪器仪表。　[VIM 4.6]

注1：显示可以是模拟的(连续或不连续)、数字的或编码的。

注2：可以显示一个或同时显示多个量的值。

注3：显示(测量)仪器仪表也能够提供记录。

注4：显示可以包括操作者不能直接观察到但能够被适当的装置解读的输出信号。

311-03-03

实物量具　material measure

在使用期间，能以永久方式复现或给出某一给定量的一个或多个已知值的装置。　[VIM 4.2]

注1：例如：标准电阻器。

注2：有关的量可以叫做供给量。

311-03-04

电测量仪器仪表　electrical measuring instrument

用电工或电子方法对电量或非电量测量的仪器仪表。

311-03-05

测量设备　measuring equipment

用于特定测量目的的测量仪器仪表的组合。

311-03-06

测量系统　measuring system

为执行特定测量任务由测量仪器仪表与其他设备组成的完整组合。　[**VIM** 4.5]

311-03-07

测量链　measuring chain

构成测量信号从输入到输出路径的一系列测量仪器仪表或系统。　[**VIM** 4.4]

注：例如：一个或多个测量仪器仪表之间的变送器和连接元件组合，放在作为链的第一元件如传感器和链的最后元件如显示、记录或存储器件之间。

311-03-08

固有误差　intrinsic error

基本误差

测量仪器仪表在参考件下使用时的误差。　[≠**VIM** 5.24]

注：该术语用于"真值"方式。

311-03-09

固有不确定度　intrinsic uncertainty

基本不确定度

测量仪器仪表在参考件下使用时的不确定度。　[≠**VIM** 5.24]

注：该术语用于"不确定度"方式。

311-03-10

分辨力　resolution

导致标示值发生可观察到的被测量或供给量的最小变化。　[≠**VIM** 5.12]

311-03-11

灵敏度(关于测量仪器仪表)　**sensitivity** (of a measuring instrument)

标示值改变与对应被测量值的改变的比。　[≠**VIM** 5.10]

注：对于具有非线性校准曲线的测量仪表，任意给定点上的灵敏度是被测量值的函数。

311-03-12

测量范围　measuring range

量限

由被测量或供给量的两个值限定的范围，在该范围内规定了测量仪器仪表的不确定度限。[≠**VIM** 5.4]

注：一个仪器仪表可以有几个测量范围。

311-03-13

量程　span

测量范围上限和下限的代数差。　[≠**VIM** 5.2]

311-03-14

［标称］范围　(nominal) range

测量仪器仪表在其特定的设置下所能取得的标示值的范围。　［VIM 5.1］

注：通常标称范围由上限和下限表示，下限为零时，由上限单独表示。

311-03-15

细调范围　fine control range

在主调节的预置值附近，精细调节所覆盖的该量值的范围。

311-03-16

调整（关于测量仪器仪表）　adjustment (of a measuring instrument)

为了使仪表给出的标示值符合被测量给定值而进行的系列操作。　［≠VIM 4.30］

注：当调整仪表使之指示零示值，对应被测量零值时，该操作叫做调零。

311-03-17

用户调整（关于测量仪器仪表）　user adjustment (of a measuring instrument)

按照生产厂规定，用户有权进行的调整。　［VIM 4.31］

311-03-18

预热时间　warm-up time

由生产厂规定的从通电时刻到测量仪器仪表可以使用时刻之间持续的时间。

311-03-19

预处理时间　preconditioning time

从规定的被测量值加到内部测试电路时刻起，到测量仪器仪表达到准确度要求的时刻所经历的时间。

311-03-20

电零位　electrical zero

在使用中需要辅助电源的测量仪器仪表，当被测量的值为零时，其指示器件趋于的平衡位置。

注：电零位不一定与机械零位重合。

3.4　标准器

311-04-01

［测量］标准　(measurement) standard

以给定的不确定度用于定义、物理上体现、保存或复现一量的单位、或其倍数、分数（例如标准电阻器），或一个量的已知值（例如标准电池）的实物量具、测量仪器仪表、参考物质或测量系统。　［VIM 6.1］

311-04-02

基准　primary standard

原级标准

指定或广泛承认的具有最高计量学特性的标准器，其值无需参考同类量的其他标准器即可采用。［VIM 6.4］

注1：基准器的概念对基本量和导出量同样有效。

注2：基准器只用于与备用基准器和参考标准器比较，从不直接用于测量。

311-04-03

次级标准　secondary standard

通过与基准器直接或间接地比较确定其值和不确定度的标准器。　［≠VIM 6.5］

311-04-04

参考标准［器］　reference standard

在指定地区或指定机构里具有最高计量学特性的标准器，该地区或机构的测量源于该标准。［VIM 6.6］

311-04-05

工作标准[器]　working standard

经参考标准器校准的标准器,用于常规校准或检验实物量具、测量仪器仪表和参考物质。[VIM 6.7]

311-04-06

国际标准[器]　international standard

经国际协定承认的标准器,作为国际上确定给定量的所有其他标准器的值和不确定度的基础。[≠VIM 6.2]

311-04-07

国家标准[器]　national standard

由国家官方决定承认的,作为国内确定给定量的所有其他标准的值和不确定度的基础的标准器。　[≠VIM 6.3]

注:一般在一个国家内,国家标准器也是基准器。

311-04-08

比对标准　comparison standard

用于同准确度等级标准器之间相互比对的标准器。

3.5　结构部件

311-05-01

敏感器　sensor;measuring element

测量仪器仪表或测量链的一部分,由被测量直接作用并生成与被测量值有关的信号。[≠VIM 4.14]

311-05-02

显示器件(用于测量仪器仪表)　**displaying device** (of a measuring instrument)

测量仪器仪表中用来指示被测量值的部件组合。　[≠VIM 4.12]

注:引伸地讲:任何仪器(例如实物量具或信号发生器)的显示手段或置位指示。

311-05-03

调节器　adjustment device, adjuster

用于调整的器件。

311-05-04

零标度标记　zero scale mark

标度为零处的标志或其他记号。

311-05-05

机械零位 mechanical zero

当测量元件未通电时,指示部件仅仅由于机械恢复力的作用而趋向的平衡位置。

注1:在机械压缩零位的仪表中,平衡位置在分度线以外。

注2:某些仪表,如磁通表与比值表,其机械零位是不确定的。

311-05-06

机械零位调节器　mechanical zero adjuster

可以将机械零位设置到要求位置的机械装置。

311-05-07

图表驱动机构　chart driving mechanism

按可变量(通常是时间)的函数驱动记录图表的装置。

311-05-08

数字显示 digital display

以非连续出现的数字列组成的数直接显示被测量的每一个值。

311-05-09

模拟数字双显示 dual analogue-digital display

用数字显示和标度尺与指示器相结合来表示被测量的方法。

311-05-10

记录装置 recording device

在记录媒质上记录测量值的记录仪的部件组合。 [≠VIM 4.13]

3.6 影响性能的因素

311-06-01

影响量 influence quantity

测量主体之外的值，其变化会影响标示值与测量结果之间关系的量。 [≈VIM 2.7]

注1：该术语用于“不确定度”方式。

注2：影响量可源于被测系统、测量设备或测量环境。

注3：由于校准图依赖于影响量，为了给出测量结果就必须知道影响量是否位于规定的范围内。

311-06-02

参考条件 reference conditions

参比条件

规定的一组影响量的值和(或)范围，在该条件下，测量仪器仪表的可容许的不确定度或误差限最小。 [≠VIM 5.7]

311-06-03

[阶跃变化的]过冲 overshoot (for a step change)

对一个阶跃变化量，最大瞬态标示值和稳态标示值之差，用稳态标示值的百分比表示。

311-06-04

阶跃响应时间 step response time

从被测量(或供给量)经受一规定突然变化的时刻开始到标示值(或供给量)达到并在规定限内维持其稳态值为止的持续时间。

注：这个定义是测量仪器使用的惯用定义，还有其他定义。

311-06-05

[测量仪器仪表的]线性度 linearity(of a measuring instrument)

测量仪器仪表给出与指定量而非影响量有线性关系的标示值的能力。

注：不同种类的仪器仪表对线性的偏离的表示方法不同，每个特例各自确定。

311-06-06

[测量结果的]重复性 repeatability (of results of measurements)

在同样的测量条件下，同一被测量的连续测量结果相符的接近程度。同样的测量条件有：

——同样测量步骤；

——同一观测者；

——在同样的条件下使用同一测量仪表；

——在同一实验室；

——时间间隔比较短。 [≈VIM 3.6]

注：“测量步骤”的概念在 VIM 2.5 中定义。

311-06-07

[测量的]复现性　reproducibility (of measurements)

在如下不同条件下进行单个测量时,同一量值测量结果相符的接近程度:

——测量原理;

——测量方法;

——观测者;

——测量仪器仪表;

——参考标准器;

——实验室;

——仪表的使用条件,与通常有所不同;

——与单次测量持续时间相比较,间隔相当长的时间。 [≈VIM 3.7]

注 1:“测量原理”和“测量方法”的概念分别在 VIM 2.3 和 2.4 中定义。

注 2:术语“复现性”也适用于只考虑某些条件的情形,如果指明这些条件的话。

311-06-08

[测量仪器仪表的]准确度　accuracy (of a measuring instrument)

表征测量仪器仪表提供接近被测量真值的校准示值的能力的程度。 [≈VIM 5.18]

注 1:该术语用于“真值”方式。

注 2:校准示值越接近对应真值,准确度越高。

311-06-09

准确度等级　accuracy class

测量仪器仪表的分级,各级仪器仪表应符合有关不确定度的一组规范。 [≠VIM 5.19]

311-06-10

等级指数　class index

用数字或符号对准确度等级的约定标记。 [VIM 5.19 Note]

311-06-11

性能　performance

测量仪器仪表实现预期功能的能力的特性。

311-06-12

稳定性　stability

在所有其他条件相同时,仪器仪表在规定的时间间隔内保持其性能特征不变的能力。 [VIM 5.14]

311-06-13

漂移　drift

测量仪器仪表标示值的改变,通常该变化是慢的、连续的,但不一定在同一方向改变,且与被测量变化无关。 [≠VIM 5.16]

3.7　工作条件

311-07-01

参考值　reference value

参比值

参比条件下某一影响量的规定值。 [≠VIM 5.7 Note]

311-07-02

参考范围　reference range

参比范围

参比条件下影响量值的规定范围。 [≠VIM 5.7 Note]

311-07-03

［由影响量引起的］改变量　variation（due to an influence quantity）

当某一影响量相继取两个不同的值时，指示仪器仪表对同一被测量值的校准示值的差或实物量具的值的差。

311-07-04

影响系数　influence coefficient

由影响量引起的改变量与影响量变化的比。

注：只有在整个额定使用范围内，改变量与影响量的变化存在着基本上线性的关系时，才使用影响系数。

311-07-05

标称使用范围　nominal range of use

对影响量规定的取值范围。在该范围内影响量引起的改变量不超出规定值。

311-07-06

工作极限值　limiting values for operation

工作时不致损坏仪器仪表的影响量极限值，如超出该值，即使回到参考条件下，仪器仪表也不再能满足其性能要求。

注：极限值可能取决于持续应用时间。

311-07-07

贮存极限值　limiting values for storage

测量仪器仪表贮存时不致损坏测量仪器仪表的影响量的极限值，如超出该值，即使回到参考条件下，仪器仪表也不再能满足其性能要求。

注：极限值取决于持续应用时间。

311-07-08

运输极限值　limiting values for transport

运输时不致损坏仪器仪表的影响量的极限值，如超出该值，即使回到参比条件下仪表也不再能满足其性能要求。

注：极限值取决于持续应用时间。

中 文 索 引

M

P

S

T

W

X

Y

Z

英 文 索 引

A

B

C

D

L

M

N

S

ICS 01.040.17;17.220.20
L 85

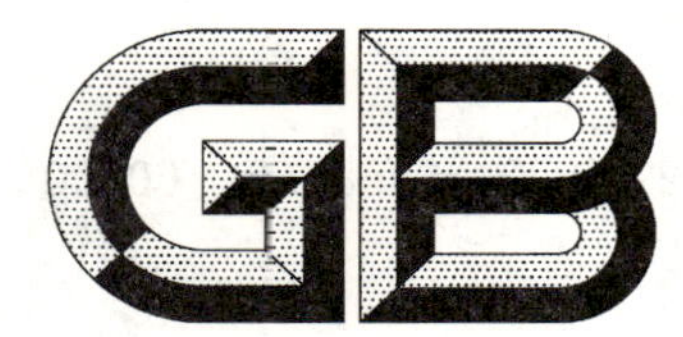

中华人民共和国国家标准

GB/T 2900.79—2008/IEC 60050(300-313):2001

电工术语 电工电子测量和仪器仪表 第3部分:电测量仪器仪表的类型

Electrotechnical terminology—
Electrical and electronic measurements and measuring instruments—
Part 3:Types of electrical measuring instruments

(IEC 60050(300-313):2001,International Electrotechnical Vocabulary—
Electrical and electronic measurements and measuring instruments—
Part 313:Types of electrical measuring instruments,IDT)

2008-06-18 发布　　2009-05-01 实施

中华人民共和国国家质量监督检验检疫总局
中国国家标准化管理委员会　发布

前　　言

本部分为GB/T 2900的第79部分。

本部分等同采用IEC 60050(300-313):2001《国际电工词汇　电工电子测量和仪器仪表　第313部分:电测量仪器仪表的类型》。

本部分中的术语条目编号与IEC 60050(300-313):2001保持一致。

本部分与现行国家标准GB/T 2900.33—2004《电工术语　电力电子技术》作了尽可能的协调。

本部分由全国电工术语标准化技术委员会(SAC/TC 232)提出并归口。

本部分起草单位:机械科学研究院中机生产力促进中心、哈尔滨电工仪表所、中国电子标准化研究所、中国计量科学研究院。

本部分主要起草人:杨芙、陈波、黄英华、阮永顺、陆祖良。

电工术语 电工电子测量和仪器仪表 第3部分:电测量仪器仪表的类型

1 范围

本部分规定了用于电测量仪器仪表的类型中有关检测和指示仪表、记录仪、变送器、稳定电源、示波器、电度表、信号发生器、测量电桥、附件等方面的术语和定义。

本部分适用于与电工电子测量和仪器仪表有关的技术领域。

2 规范性引用文件

下列文件中的条款通过本部分的引用而成为本部分的条款。凡是注日期的引用文件,其随后所有的修改单(不包括勘误的内容)或修订版均不适用于本部分,然而,鼓励根据本部分达成协议的各方研究是否可使用这些文件的最新版本。凡是不注日期的引用文件,其最新版本适用于本部分。

GB/T 2900.33—2004 电工术语 电力电子技术

3 术语和定义

对于用于测量某一严格定义的量的大多数仪器仪表来说,通常给予的名称(举例来说)可能是发明者或设计者的人名,或者被他选用的名称,然而更为常用的是由被测的量导出来的(如转速表、振动表、精密计时计)或是以测量的单位而来的(如,电压表、库仑表、比特表)或仪表的测量范围更适用于这些单位的倍数或分数(如毫安表、千伏表、兆欧表)。

3.1 检测和指示仪表

313-01-01

电流表 ammeter

测量电流值的仪表。

313-01-02

检流计 galvanometer

检出或测量小电流的仪表。

313-01-03

电压表 voltmeter

测量电压值的仪表。

313-01-04

静电计 electrometer

吸收能量可忽略的检出或测量电压的仪表。

313-01-05

峰值电压表 peak voltmeter

测量波动电压最大瞬时值的电压表。

313-01-06

功率表 wattmeter

测量有功功率的仪表。

313-01-07

无功功率表　varmeter

测量无功功率的仪表。

313-01-08

视在功率表　apparent power meter

伏安表　volt-ampere meter

测量视在功率的仪表。

313-01-09

电阻表　ohmmeter;resistance meter

测量电阻的仪表。

313-01-10

接地电阻表　earth resistance meter

用来测量接地电阻的仪表。

313-01-11

绝缘电阻表　insulation resistance meter

测量绝缘电阻的仪表

313-01-12

频率计　frequency meter

测量周期量的频率的仪表。

313-01-13

相位表　phase meter

测量两个同频率交流电量的相位差的仪表,以其中之一作为参考相位。

313-01-14

功率因数表　power factor meter

测量电路中有功功率对视在功率比值的仪表。

313-01-15

库仑表　coulometer

电荷表

测量电荷量的仪表。

313-01-16

安时计　ampere-hour meter

用电流对时间的积分来测量电量的仪表。

313-01-17

磁通表　flux meter

测量磁通量的仪表。

313-01-18

磁强计　magnetometer

测量给定方向磁通密度值的仪表。

313-01-19

磁导计　permeameter

用于确定物质磁特性的装置。

313-01-20

极性指示器　polarity indicator

指示导体相对于另一个导体的极性的检测仪表。

313-01-21

相序指示器　phase sequence indicator

多相位系统中显示各相的瞬态电压值达到它们最大值的顺序的仪表。

313-01-22

同步指示器　synchroscope

指示两交流电压或多相电压系统是否同频率并同相位的仪表。

313-01-23

绝缘失效检测仪表　insulation fault detecting instrument

检测电绝缘缺陷的仪表。

313-01-24

对地漏电检测仪　earth leakage detector;ground leakage detector (US)

用于检测对地漏电流的仪表。

313-01-25

带电检测仪　live voltage detector

用于检测导电部件是否带电的仪表。

313-01-26

测量火花隙　measuring spark gap

测量峰值电压的放电间隙,被测峰值为两个电极(通常为球体)间飞弧距离的函数。

313-01-27

验电器　electroscope

用于检测电位差或电荷的静电系仪表。

313-01-28

象限静电计　quadrant electrometer

由可动元件与形如"象限"的固定元件之间的静电力驱动的静电计。

313-01-29

雷电流磁检测仪　magnetic detector for lightning currents

利用某些部件磁特性的变化检测雷电冲击并给出雷电冲击电流估计值的仪器。

313-01-30

磁电系检流计　moving-coil galvanometer

载流线圈在永磁体磁场中运动的检流计。

313-01-31

冲击检流计　ballistic galvanometer

通过读取可动元件首次摆动振幅来测量电荷值的检流计。

313-01-32

弦线检流计　string galvanometer

在永磁体或电磁体的极片间以一个导体弦线为可动元件的检流计。

313-01-33

差值检流计　difference galvanometer

测量两电流之差的检流计。

313-01-34

振动检流计 vibration galvanometer

可动元件的固有频率调整到可以与测量或检出电流的频率共振的检流计。

313-01-35

电能表 energy meter

电度表

用功率对时间的积分来测量电能量的仪表。

313-01-36

射频功率计 RF wattmeter

测量射频(包括微波)功率的仪表。

3.2 记录仪

313-02-01

连续线记录仪 continuous line recorder

记录是连续线的记录仪。

313-02-02

断续线记录仪 dotted line recorder

记录是由一系列点、数字等标记组成的打印式记录仪。

313-02-03

事件记录仪 event recorder

记录量的存在与否或双态装置的状态作为时间函数的记录仪。

313-02-04

X-Y 记录仪 X-Y recorder

由施加被录量的两个独立器件驱动,沿两个正交轴移动的记录仪器。

313-02-05

X-t 记录仪 X-t recorder

一个量是时间的 X-Y 记录仪。

313-02-06

带形纸记录仪 strip chart recorder

采用由传纸机构驱动的带形记录纸的记录仪器。

313-02-07

鼓形[纸]记录仪 drum recorder

由传动机构转动的有圆筒上绕单卷记录纸的记录仪器。

313-02-08

圆盘形记录仪 disc recorder

由传动机构转动的圆形记录纸的记录仪器。

313-02-09

笔式记录仪 pen recorder

采用充有墨水的笔在记录纸上记录的记录仪器。

313-02-10

针式记录仪 stylus recorder

用无需墨水的针在记录纸上记录的记录仪器。

313-02-11

光点记录仪 spot recorder

由可见或不可见光点在光敏记录纸上记录的记录仪器。

313-02-12

热式记录仪 thermal recorder

由加热的针在热敏记录纸上记录的记录仪器。

313-02-13

喷墨记录仪 (ink) jet recorder

用在记录纸上直接喷墨的方式记录的记录仪器。

313-02-14

打印式记录仪 printing recorder

采用在记录纸上打印连续标记的方式记录的记录仪器。

313-02-15

[模拟]磁记录仪 (analogue) magnetic recorder

在磁媒质上连续记录的记录仪器。

313-02-16

数字记录仪 digital recorder

在磁媒质、光媒质或固态记忆媒质上以数字形式记录的记录仪器。

3.3 变送器

313-03-01

[电测量]变送器 (electrical measuring) transducer

为了测量目的将交流被测量转换为直流电流、直流电压或数字信号的装置。

313-03-02

电压变送器 voltage transducer

测量交流电压的变送器。

313-03-03

电流变送器 current transducer

测量交流电流的变送器。

313-03-04

有功功率变送器 active power transducer; watt transducer

测量有功功率的变送器。

313-03-05

无功功率变送器 reactive power transducer; var transducer

测量无功功率的变送器。

313-03-06

频率变送器 frequency transducer

测量交流电量频率的变送器。

313-03-07

相位角变送器 phase angle transducer

测量两个频率相同的交流电量之间的相位差的变送器。

313-03-08

平均值变送器 mean-sensing transducer

测量全波整流输入波形的平均值的变送器，如果输入是正弦波，将调整输出使之与输入的方均根值对应。

313-03-09

方均根值变送器　rms-sensing transducer

专门设计用来对输入的方均根值做出响应的变送器,由生产厂规定其适用波形的范围。

313-03-10

偏置零位变送器　transducer with offset zero

带电零位变送器　transducer with live zero

当被测量为零时输出为一非零预定值的变送器。

313-03-11

隐零位变送器　transducer with suppressed zero

当被测量小于特定值时输出为零的变送器。

313-03-12

单元件变送器　single element transducer

只有一个测量元件的变送器。

313-03-13

多元件变送器　multi-element transducer

有两个或更多测量元件的变送器,从各元件中输出的信号组合在一起产生与被测量相对应的输出信号。

313-03-14

组合式变送器　multi-section transducer

为实现一个或多个功能具有两个或多个独立测量电路的变送器。

3.4　稳定电源

313-04-01

恒压电源　constant voltage power supply

相对于影响量的改变而论,能稳定输出电压的电源。

[GB/T 2900.33,551-19-04]

313-04-02

恒流电源　constant current power supply

相对于影响量的改变而论,能稳定输出电流的电源。

[GB/T 2900.33,551-19-05]

313-04-03

恒压/恒流电源　constant voltage/constant current power supply

根据负载条件,作为恒压电源或者作为恒流电源运行的一种稳定电源。

[GB/T 2900.33,551-19-06]

3.5　示波器

313-05-01

(电子束)示波器　(electron beam) oscilloscope

利用一个或多个电子束的偏转产生显示的测量或观察仪器,其显示表示变化量的瞬时值或函数,通常变化量之一为时间。

313-05-02

测量示波器　measuring oscilloscope

有规定误差限的测量示波器,利用标度和(或)控制偏转和时间系数的转换开关上的位置刻度的方式工作。

313-05-03

观察示波器　observation oscilloscope

没有规定误差限、只适于定性观察变量的示波器。

313-05-04

存储示波器　storage oscilloscope

采用除正常的荧光屏余辉之外的方式保留信息的示波器。

313-05-05

取样示波器　sampling oscilloscope

利用信号取样以及能从用取样点构成连贯显示的示波器。

3.6　电能表

313-06-01

[有功]电能表　(active) energy meter

[有功]电度表　watt-hour meter

用有功功率对时间的积分来测量有功电能的仪表。

313-06-02

无功电能表　reactive energy meter

无功电度表　var-hour meter

用无功功率对时间的积分来测量无功电能的仪表。

313-06-03

视在电能表　apparent energy meter

视在电度表　volt-ampere-hour meter

用视在功率对时间积分来测量视在电能的仪表。

313-06-04

静止式电能表　static meter

静止式电度表

把电流和电压加给电子测量元件，由它们产生与被测电能成比例的输出的电能表。

313-06-05

电动式电能表　electrodynamic meter

电动式电度表

通过电动测量元件动圈的旋转而工作的电能表。

313-06-06

感应系电能表　induction meter

感应系电度表

通过电感应测量元件圆盘的旋转而工作的电能表。

313-06-07

超量电能表　excess energy meter

超量电度表

当功率超过预定值时，测量超量电能的电能表。

313-06-08

最大需量电能表　meter with maximum demand indicator

最大需量电度表

装有指示各连续相等时间间隔中最大平均功率值装置的电能表。

313-06-09

多费率电能表　multi-rate meter

多费率电度表

装有多组计度器的电能表,每一组计度器对应不同费率在规定的时段内计度。

313-06-10

预付费电能表　prepayment meter

预付费电度表

带有一特定机构的电能表,当施用适当的支付手段(如:硬币、代金介质或信用卡),供电电源便接通。此后,当消耗达到预定电能量后或到了预定持续时间后,供电电源断开。

3.7　信号发生器

313-07-01

调幅信号发生器　amplitude modulated signal generator

信号的频率、电压和调制因数可在规定限内固定或控制的一种调幅信号源。

313-07-02

调频信号发生器　frequency modulated signal generator

信号的频率、电压和频偏可在规定限内固定或控制的一种调频信号源。

3.8　测量电桥

注:由于电桥的类型繁多,有不同的名称或仅仅是电路细节有所不同,所以本节的所列术语只限于一些基本类型。

313-08-01

惠斯登电桥　Wheatstone bridge

测量电阻值的四臂测量电桥。被测电阻是四臂之一,其余三个臂全是电阻器,其中至少有一个可调。

313-08-02

汤姆逊[双]电桥　Thompson (double) bridge

开尔文[双]电桥　Kelvin (double) bridge

通过与四端标准电阻比较来测量四端电阻器阻值的六臂测量电桥,所有臂都是电阻器,其中至少有一个可调。

313-08-03

变压器电桥　transformer bridge

测量阻抗用的交流测量电桥。其中至少有两个臂是由具有抽头线圈的变压器构成,可利用其已知匝数比,构成多个定值标准。

3.9　附件

313-09-01

可互换附件　interchangeable accessory

具有自身的特性和准确度的附件,与联接使用的测量仪器仪表的特性和准确度无关。

313-09-02

有限互换附件　accessory of limited interchangeability

具有自身的特性和准确度的附件,仅能与某些特性在规定限内的测量仪器仪表联接使用。

313-09-03

不可互换附件　non-interchangeable accessory

适于特定仪器的特性的附件。

313-09-04

分流器　shunt

与测量仪器仪表的电流电路并联，以扩大其测量范围的电阻器。

注：分流器通常用于提供与被测电流正比的电压。

313-09-05

串联电阻器　series resistor

与测量仪器仪表的电压电路串联，以扩大其测量范围的电阻器。

313-09-06

四端电阻器　four-terminal resistor

具有两个电流注入端子和两个电压测量端子的电阻器。

313-09-07

串联电容器　series capacitor

与测量仪器仪表的电压电路串联，以扩大其测量范围的电容器。

313-09-08

串联电感　series inductance

与测量仪器仪表的电压电路串联，以扩大其测量范围的电感。

313-09-09

仪表导线　instrument lead

专供测量仪器仪表和附件互相连接用的由一根或多根导体组成的导线。

313-09-10

[仪表用]定值导线　calibrated instrument lead

有规定阻值的仪表导线。

注：可认为仪表用定值导线是一个可互换附件。

313-09-11

探头　probe

测量仪器仪表的输入器件，一般是一个独立单元，通过一条以适当形式传送被测量的软电缆与仪表相连。

313-09-12

插入单元　plug-in unit

测量仪器仪表的可拆装部分，通过插头与其插座相连，使得仪器仪表能够完成特定的功能。

313-09-13

衰减器　attenuator

按照某一确定比率减小一电量的值的器件。

中 文 索 引

英 文 索 引

A

B

C

D

E

F

G

I

K

L

M

N

O

P

Q

R

S

T

V

W

X

ICS 01.040.17;27.120.01
F 80

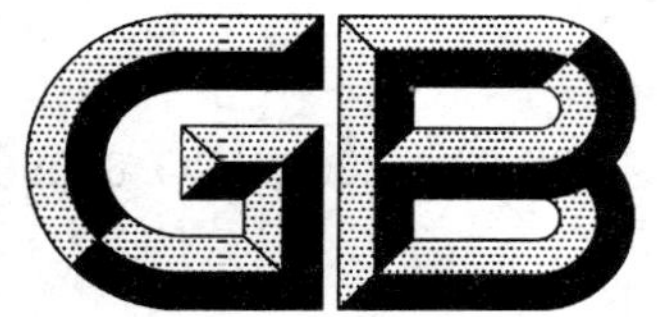

中华人民共和国国家标准

GB/T 2900.81—2008/IEC 60050-393:2003

电工术语　核仪器
物理现象和基本概念

Electrotechnical terminology Nuclear instrumentation
Physical phenomena and basic conecpts

(IEC 60050-393:2003,IDT)

2008-06-18 发布　　　　2009-05-01 实施

中华人民共和国国家质量监督检验检疫总局
中国国家标准化管理委员会　发布

前　言

本部分为 GB/T 2900 的第 81 部分。

本部分等同采用 IEC 60050-393:2003《国际电工词汇　第 393 部分　核仪器—物理现象和基本概念》。

本部分中术语条目编号与 IEC 60050-393:2003 保持一致。

本部分由全国电工术语标准化技术委员会(SAC/TC 232)提出。

本部分由全国电工术语标准化技术委员会和全国核仪器仪表标准化技术委员会共同归口。

本部分起草单位:机械科学研究院中机生产力促进中心、核工业标准化研究所。

本部分主要起草人:杨芙、张京长、牛祝年、姬世平。

电工术语 核仪器 物理现象和基本概念

1 范围

本部分规定了核仪器技术领域用术语和定义。

本部分适用于与核仪器-物理现象和基本概念相关的技术领域。

2 规范性引用文件

下列文件中的条款通过本部分的引用而成为本部分的条款。凡是注日期的引用文件，其随后所有的修改单(不包括勘误的内容)或修订版均不适用于本部分，然而，鼓励根据本部分达成协议的各方研究是否可使用这些文件的最新版本。凡是不注日期的引用文件，其最新版本适用于本部分。

GB/T 2900.61—2002 电工术语 物理和化学(mod,IEC 60050-111:1996)

GB/T 4597—1996 电子管词汇(mod,IEC 60050-531:1974)

IEC 60027-1:1992 电工技术用字母符号 第1部分 通用符号

IEC 60050-881:1993 国际电工词汇 第881部分 电的和磁的器件

ISO 31:1992 量和单位

ISO 921:1997 核能

IAEA 1 核安全要求:安全标准系列 N° NS-R-1

IAEA 2 核电厂工作安全重要的仪器和控制系统 ID NS 252:1999

IAEA 3 安全术语 用于核,辐射,放射性废料和运输安全的术语:2000

3 术语和定义

3.1 辐射测量装置——通用术语

393-11-01

粒子 particle

物质或能量的很小的部分。[GB/T 2900.61—2002 中 111-14-01]

393-11-02

基本粒子 elementary particle

目前认为是不可解离的粒子，与那些认为是组合的不同。[GB/T 2900.61—2002 中 111-14-02][ISO 921/868]

注：基本粒子的例子:电子、正电子和光子，组合的例子:原子核和离子。

393-11-03

反粒子 antiparticle

具有与基本粒子相同的质量和自旋，而量子数相反和电荷符号相反(如果是荷电粒子)的基本粒子。

注1：基本粒子和反粒子当它们相互作用时会相互湮没。

注2：除了光子以外，每一种基本粒子都有一种反粒子。

393-11-04

微粒子 corpuscle

静质量不为零的粒子。[GB/T 2900.61—2002 中 111-14-03]

393-11-05

量子 quantum

在物理上可测的量的最小值,该量以离散方式按该值的倍数改变。[GB/T 2900.61—2002 中 111-14-04]

393-11-06

光子 photon

电磁辐射的量子,可认为是能量为 hv 的基本粒子,此处 h 是普朗克常量,v 是辐射频率。[GB/T 2900.61—2002 中 111-14-06][ISO 921/884]

注:光子是自旋为 1 且静质量为零的基本粒子。

393-11-07

电子 electron

带一个负电荷 $-e$ 且静质量约为 5.4858×10^{-4} u 的稳定的基本粒子。(1996)[GB/T 2900.61—2002 中 111-14-11MOD][ISO 921/391]

注:[基]元电荷(e)(见 393-14-07),原子质量单位(u)(见 393-14-09)。

393-11-08

正电子 positron

带一正电荷 $+e$ 且有与电子相同静质量的基本粒子。[GB/T 2900.61—2002 中 111-14-12][ISO 921/910 MOD]

393-11-09

中微子 neutrino

具有零电荷、自旋 1/2 且静质量为零或小于电子静质量的千分之一的稳定的基本粒子。[ISO 921/782 MOD]

393-11-10

质子 p roton

带一正电荷 $+e$ 且静质量为 1.007595u 的稳定的基本粒子。(1996)[GB/T 2900.61—2002 中 111-14-13 MOD]

注:[基]元电荷(e)(见 394-14-07),原子质量单位(u)(见 393-14-09)。

393-11-11

中子 neutron

具有静质量约为 1.008982u 且自由态的平均寿命约为 890s 的电中性基本粒子。[GB/T 2900.61—2002 中 111-14-15 MOD][ISO 921/783]

注:(u)原子质量单位(见 393-14-09)。

393-11-12

核子 nucleon

原子核的组成部分,即质子或中子。[GB/T 2900.61—2002 中 111-14-16][ISO 921/845 MOD]

注:质子和中子,自旋均为 1/2,有大约相同的静质量,且可以通过弱相互作用彼此转变。

393-11-13

μ 子 muon

μ 介子(拒用) **meson** (deprecated)

具有静质量大约为电子静质量的 207 倍、自旋为 1/2、平均寿命为 2.2μs 的短寿命带电基本粒子。

注 1:存在两种 μ 子:μ^{+} 和 μ^{-},其电荷分别为 $+e$ 和 $-e$。

注 2:因其自旋为 1/2,μ 子不能归于介子类。

注 3:[基]元电荷(e)(见 393-14-07)。

393-11-14

介子 meson

能参与强相互作用且自旋为整数的基本粒子。

注：过去“介子”一词理解为具有介于电子和质子之间的静质量、带或不带电荷的很短寿命的基本粒子。

393-11-15

π 介子 π meson、pion

具有静质量约为电子静质量的 270 倍，自旋为零，电荷等于＋e、－e 或零的介子。

注：[基]元电荷(e)(见 393-14-07)。

393-11-16

K 介子 K meson、kaon

具有静质量约为电子静质量的 978 倍的介子。

393-11-17

超子 hyperon

带或不带电荷、自旋为 1/2 或 3/2、静质量大于中子静质量的很短寿命的基本粒子。

393-11-18

原子 atom

被与质子数相等的电子围绕的、由中子和质子的集合所构成的粒子。[GB/T 2900.61—2002 中 111-14-09 MOD][ISO 921/53]

393-11-19

核素 nuclide

由核子数和质子数所表征的原子的种类。[GB/T 2900.61—2002 中 111-14-19 MOD][ISO 921/847 MOD]

注：核素也可由其核能态所表征，如果该态的平均寿命足够长得可以观测。

393-11-20

(原子)核 (atomic) nucleus

由质子和中子组成、带正电荷并且几乎具有整个原子质量的原子的中心部分。[GB/T 2900.61—2002 中 111-14-10 MOD][ISO 921/846 MOD]

393-11-21

同位素 isotope

具有相同质子数而不同质量数的一组核素之一。[GB/T 2900.61—2002 中 111-14-20 MOD][ISO 921/639 MOD]

393-11-22

同量异位素 isobar

具有相同核子数而不同质子数的一组核素之一。

393-11-23

同中子(异位)素 isotone

在原子核中具有相同中子数的一组核素之一。[ISO 921/636 MOD]

393-11-24

可转换核素 fertile nuclide

能够通过中子俘获直接或间接地转换为可裂变核素的核素。[ISO 921/453][ISO 921/481]

393-11-25

可转换材料 fertile material

包含一种或多种可转换核素的材料。[ISO 921/454]

393-11-26

易裂变核素　fissile nuclide

通过与慢中子的相互作用可以进行核裂变的核素。[ISO 921/471]

393-11-27

易裂变材料　fissile material

包含一种或多种裂变核素的材料。[ISO 921/470]

393-11-28

可裂变核素　fissionable nuclide

可以进行核裂变的核素。

393-11-29

氘核　deuteron

质量数为 2 的氢同位素的原子核。[ISO 921/311]

注：质量数为 2 的氢同位素称为氘或重氢。

393-11-30

氚核　triton

质量数为 3 的氢同位素的原子核。[ISO 921/1276]

注：质量数为 3 的氢同位素称为氚。

393-11-31

α 粒子；阿尔法粒子　alpha particle

核衰变时放出的氦-4 原子核。[ISO 921/41]

393-11-32

β 粒子；贝塔粒子　beta particle

β 衰变时放出的电子或正电子。[ISO 921/81]

393-11-33

裂变碎片　fission fragments

由核裂变产生的具有动能的原子核。[ISO 921/473]

393-11-34

离子　ion

总电荷量不为零的原子或原子团。[GB/T 2900.61—2002 中 111-14-26][ISO 921/618 MOD]

393-11-35

直接[致]电离粒子　directly ionizing particle

具有足够动能通过相互作用产生电离的带电粒子，如电子、质子、α 粒子等。[ISO 921/333]

393-11-36

间接[致]电离粒子　indirectly ionizing particle

能释放直接致电离粒子或引发核转变的非带电粒子，如中子、光子等。[ISO 921/585]

393-11-37

气溶胶　aerosol

悬浮在气体介质中的固体或液体粒子。

注：粒子直径的范围一般从几个 nm～10 μm。

393-11-38

微粒　particulate

悬浮在气体或液体中的物质微小碎片。

393-11-39

尘埃　dust

悬浮在气体中的微粒，它在空气中的重力沉降速度大于 0.25 m/s。

注：尘埃的等效空气动力学直径一般在 100 μm～2 mm 范围。

393-11-40

空间电荷　space charge

由电子或离子引起的空间区域中的电荷。[531-12-14]

393-11-41

空气动力学等效直径　aerodynamic equivalent diameter

与所讨论的粒子具有相同的重力沉降速度的密度等于 1 个单位球体的直径。

注：空气动力学等效直径涉及直径从 0.1 μm～2 mm 的粒子。

393-11-42

热力学等效直径　thermodynamic equivalent diameter

与所讨论的粒子具有相同扩散系数的密度等于 1 个单位球体的直径。

注：热力学等效直径涉及直径从几个 nm～1 μm 的粒子。

3.2　电离辐射源、放射性衰变和核反应等的类别

393-12-01

辐射　radiation

能量通过真空或物质以电磁波或粒子形式的发射和传播。

393-12-02

辐射场　radiation field

辐射传播所通过的区域。

393-12-03

(致)电离辐射　ionizing radiation

由直接和/或间接致电离粒子组成的辐射。

393-12-04

辐射物理学　radiation physics

研究致电离辐射及其对物质的效应的学科。[ISO 921/959]

393-12-05

单能辐射　monoenergetic radiation

完全由能量几乎相同的光子或动能近似相同的一类微粒子组成的致电离辐射。

393-12-06

束　beam

在有限截面内的致电磁辐射或粒子的近似于单向的流。

393-12-07

α 辐射　alpha radiation

由 α 粒子组成的致电离辐射。

393-12-08

β 辐射　beta radiation

由 β 粒子组成的致电离辐射。

393-12-09

γ 辐射　gamma radiation

由核跃迁或粒子湮没过程中所发射光子组成的致电离辐射。[ISO 921/525]

393-12-10

X 辐射　X radiation

在原子的核外部分产生的光子组成的致电离辐射,包括轫致辐射和特征辐射。[ISO 921/1321]

393-12-11

本底辐射　background radiation

除了待测量的辐射之外的来自天然和人工辐射源的致电离辐射。[ISO 921/64]

393-12-12

宇宙辐射　cosmic radiation

来自地球外(宇宙)的高能粒子和这些粒子与大气相互作用产生的次级粒子致电离辐射。

393-12-13

湮没辐射　annihilation radiation

当一个基本粒子与它的反粒子相互作用且它们不再存在时产生的致电离辐射。[ISO 921/48]

注:例如,当一个正电子和一个电子相互作用时,发射方向相反的能量为 0.511 MeV 的两个光子。

393-12-14

核辐射　nuclear radiation

由原子核发射的致电离辐射,例如 α、β、γ 和中子辐射。

393-12-15

微粒子辐射　corpuscular radiation

由微粒子组成的致电离辐射。

393-12-16

轫致辐射　bremsstrahlung

由带电粒子的减速或加速产生的致电离辐射。[ISO 921/126]

393-12-17

特征辐射　characteristic radiation

从高能电子(壳)层向低能电子(壳)层的原子跃迁中发射的、具有离散谱的致电离辐射。

393-12-18

连续 X 辐射　continuous X radiation

具有连续能谱的 X 辐射。

注:连续 X 辐射不包括特征辐射。

393-12-19

初级辐射　primary radiation

由辐射源直接发射的致电离辐射。

393-12-20 **次级辐射　secondary radiation**

由于初级辐射与物质相互作用而由该物质发射的致电离辐射。

393-12-21

δ 辐射　delta radiation

由致电离辐射作用于原子而发出的、具有足以产生激发或电离的能量的电子所形成的辐射。

393-12-22

切连科夫辐射　Cerenkov radiation

由电子或其他带电粒子以大于物质中光速的速度穿过该物质时所产生的电磁辐射。

注:见切连科夫效应(393-13-26)。

393-12-23

辐射源　radiation source

发射或能发射致电离辐射的设备或物质。

393-12-24

放射源 radioactive source

适量的、具有可测活度的放射性物质。

393-12-25

密封源 sealed source

置于密封包壳内的放射源。[ISO 921/1094]

注：包壳在设计的使用条件和携带条件下，能防止与放射性物质的接触和放射性物质的散失。

393-12-26

标准放射源 radioactive standard source

在规定时间内性质和活度已知并能用作参考辐射源的放射源。[ISO 921/983]

393-12-27

检定合格标准放射源 certified radioactive standard source

由认可的放射性测量"国家标准实验室"校准并检定合格的放射源。

393-12-28

可溯源标准放射源 traceable radioactive standard source

与检定合格标准放射源比较或与含同样放射性核素的另一可追溯标准放射源比较而校准的放射源。

393-12-29

辐射源发射面 emitting surface of radiation source

辐射源发射有用辐射的那部分表面。

393-12-30

辐射源衬底 radiation source substrate

上面载有放射性物质以制成放射源的部件。

393-12-31

密封源模拟器 sealed source simulator

用非放射性物质代替放射性物质，其质量及物理和化学特性尽可能与密封源相似的装置。

393-12-32

模拟源 simulated source

单独使用或与其他放射性核素一起使用的在光子或粒子的发射方面模拟感兴趣的短寿命放射性核素的长寿命放射性核素。

393-12-33

放射性气溶胶发生器 generator of radioactive aerosol

用于产生具有诸如等效空气动力学直径、该直径标准偏差和气溶胶电荷等预置特性的放射性气溶胶的装置。

393-12-34

核转变 nuclear transformation

一种核素变为另一种核素的过程。[ISO 921/842]

393-12-35

放射性蜕变 radioactive disintegration

自发核转变，在其过程中，发射粒子和(或)γ辐射，或俘获轨道电子后发射X辐射，或原子核经受自发核裂变。

393-12-36

核蜕变　nuclear disintegration

包括分裂为两个或多个原子核、或放出粒子并同时释放能量的原子核的转变。[ISO 921/819]

注：这种转变可能是自发的，或是由原子核或粒子诱发的。

393-12-37

核跃迁　nuclear transition

原子核系统从一种量子能量状态到另一种量子能量状态的变化过程。[ISO 921/843]

注：核跃迁可包括核转变(例如 α 或 β 衰变)，或通过放出或吸收光子、轨道电子或电子对而改变核能级。

393-12-38

(核)裂变　(nuclear) fission

由中子、γ 辐射或带电粒子引起的核反应，它导致重原子核分裂为质量是同一量级的两个(极少为三个)碎片，并伴随放出中子、γ 辐射和巨大能量。[ISO 921/823]

注：对某些放射性核素，核裂变自然发生并称为自发裂变。

393-12-39

自发裂变　spontaneous fission

在某些重放射性核素中自然发生的核裂变。[ISO 921/1169]

393-12-40

热裂变　thermal fission

由热中子引起的核裂变。[ISO 921/1221]

393-12-41

快裂变　fast fission

由快中子引起的核裂变。[ISO 921/444]

393-12-42

核聚变　nuclear fusion

两个轻原子核之间的核反应，至少产生一个重于任一初始核的核素并释放能量。[ISO 921/826]

393-12-43

放射性　radioactivity

某些核素自发发射粒子、γ 辐射或 X 辐射的特性。

注：具有放射性的元素称为放射性元素。

393-12-44

天然放射性　natural radioactivity

天然存在核素的放射性。[ISO 921/773]

393-12-45

感生放射性　induced radioactivity

物质通过与中子、带电粒子、或高能的电子或光子相互作用产生的放射性。[ISO 921/588]

393-12-46

放射性物质　radioactive material

含有一种或多种放射性组分的物质。

393-12-47

放射性污染　radioactive contamination

在材料或场所中存在不希望有的放射性物质。[ISO 921/970]

393-12-48

放射性衰变　radioactive decay

放射性物质或这类物质混合物的活度由于自发核转变随时间的减少。[ISO 921/972]

393-12-49

衰变曲线　decay curve

放射性物质的活度表示为时间函数的曲线。[ISO 921/283]

393-12-50

放射性核素　radionuclide

具有放射性的核素。[ISO 921/996]

393-12-51

辐射发射体　radiation emitter

放射性蜕变导致发射致电离辐射的放射性核素。

注：例如，α 发射体、β 发射体、γ 发射体和 X 射线发射体。

393-12-52

放射性同位素　radioisotope

给定元素的同类放射性核素。[ISO 921/990]

393-12-53

天然放射性元素　natural radioelement

具有一种或多种天然存在的放射性同位素的化学元素。[ISO 921/987]

注：天然放射性元素的一个例子是铀。

393-12-54

人工放射性元素　artificial radioelement

自然界不存在的、具有一种或多种放射性同位素的化学元素。[ISO 921/987]

注：人工放射性元素的一个例子是钜。

393-12-55

放射性示踪剂　radioactive tracer

放射性指示剂　radioactive indicator

放射性核素，当它附着在化学性质类似的物质上或注入到一个生物或物理系统时，能用辐射探测装置跟踪以便确定其所附着物质的分布和位置。

393-12-56

放射系　radioactive series

系列核素，每个核素由先前的一个核素经过放射性衰变形成，其衰变过程从母核开始并以稳定的末端产物结束。[ISO 921/978]

注：例如，有 3 个天然放射系，其中每个系分别由母核：钍 232、铀 238 和铀 235 表示。

393-12-57

放射性平衡　radioactive equilibrium

一个放射系的各放射性核素的活度之间具有稳定比值的状态，对该状态，母核的放射性半衰期长于该放射系中任何其他核素的半衰期。

393-12-58

子体(产物)　daughter product

后代　progeny

在衰变链中跟随特定放射性核素的核素。

393-12-59

次级电子　secondary electron

由于入射辐射与物质的相互作用从原子放出的电子。

393-12-60

俄歇电子　Auger electron

内层已电离的原子返回到基态而从该原子外层放出的电子。

393-12-61

内转换　internal conversion

由于受激原子核释放能量而从原子发射电子和特征 X 射线的过程。

393-12-62

内转换系数　internal conversion coefficient

在原子核退激过程中，发射的内转换电子的概率与 γ 光子的概率之比。

注：见 393-12-63。

393-12-63

转换电子　conversion electron

通过内转换从原子放出的电子。

393-12-64

轨道电子俘获　orbital electronic capture

原子核俘获一个轨道电子的放射性转变。[ISO 921/860]

393-12-65

外(逸)电子　exoelectron

由热或光的激励从固体金属表面发射的、或从受激的(其激发通过 γ、X、紫外线或带电粒子的辐照实现)半导体或绝缘体的表面发射的电子，其能量约为 1 eV。

393-12-66

康普顿电子　Compton electron

由于康普顿效应从原子放出的电子。

393-12-67

光电子　photoelectron

由于光电效应从原子放出的电子。

393-12-68

光中子　photoneutron

由于高能光子与原子核相互作用而从原子核放出的中子。[ISO 921/885]

393-12-69

裂变中子　fission neutron

在核裂变中产生并保持原始能量的瞬发中子或缓发中子。[ISO 921/476]

393-12-70

瞬发中子　prompt neutron

伴随核裂变产生且没有可测延迟的中子。[ISO 921/932]

393-12-71

缓发中子　delayed neutron

由激发态的裂变产物在 β 衰变后退激发射的中子。[ISO 921/297]

注：中子发射本身是瞬时的，观测到延迟是由于先前的一次或多次 β 发射。

393-12-72

快中子　fast neutron

动能高于某一指定值的中子。[ISO 921/446]

注：该指定值通常选为 0.1MeV。

393-12-73

慢中子 slow neutron

动能低于某一指定值的中子。[ISO 921/1133]

注1：该指定值通常选为1 eV。

注2：在剂量学中，使用镉截止能。

393-12-74

中能中子 intermediate neutron

动能在慢中子与快中子能量之间的中子。[ISO 921/609]

注：中能中子的能量范围通常从1 eV～0.1 MeV。

393-12-75

共振中子 resonance neutron

动能与某一指定核素的共振能量相对应的中子。[ISO 921/1057]

注：假如未指定核素，则本术语系指^{238}U的共振中子。

393-12-76

超镉中子 epicadmium neutron

动能高于镉截止能的中子。

注：对给定的实验配置，镉截止能量由下述条件确定，假如环绕探测器的镉套用一个虚拟套代替，该虚拟套对能量低于该值的中子不可穿透而对能量高于该值的中子可穿透，则将不改变所观测到的探测器响应。

393-12-77

次镉中子 subcadmium neutron

动能低于镉截止能的中子。[ISO 921/1192]

注：对给定的实验配置，镉截止能量由下述条件确定，假如环绕探测器的镉套用一个虚拟套代替，该虚拟套对能量低于该值的中子不可穿透而对能量高于该值的中子可穿透，则将不改变所观测到的探测器响应。

393-12-78

超热中子 epithermal neutron

动能高于热平衡能量的中子。[ISO 921/418]

注：本术语常限于刚好高于热能，即可与化学键能相比较的能量。

393-12-79

热中子 thermal neutron

与所在介质处于热平衡的中子。[ISO 921/1124]

393-12-80

结合能 binding energy

将原子核分解为其组成粒子或从原子核或原子壳层分离一个粒子所需要的净能量。[ISO 921/85,86]

393-12-81

热电子发射 thermionic emission

由于热激发而引起的电子发射。[GB/T 2900.61—2002 中 111-14-47 MOD]

393-12-82

场致发射 field emission

冷发射 cold emission

由足够高的电场强度在未加热表面引起的电子发射。[IEC 60050-881:1993 中 881-02-95 MOD]

393-12-83

核反应 nuclear reaction

涉及一种或多种原子核或粒子由于原子核与原子核、或粒子与原子核、或粒子与粒子之间相互作用导致质量、电荷或能量状态发生变化的事件。

[ISO 921/836]

注：本术语也适用于核子的弹性散射。

393-12-84

链式核反应　nuclear chain reaction

一代有用中子引起核裂变反应而产生下一代有用中子的序列核裂变反应。[ISO 921/815]

393-12-85

次临界反应 convergent reaction

一次核裂变直接引起的核裂变数的平均值小于1的链式核反应。[ISO 921/234]

393-12-86

超临界反应 divergent reaction

一次核裂变直接引起的核裂变数的平均值大于1的链式核反应。[ISO 921/342]

393-12-87

临界反应　critical reaction

一次核裂变直接引起的核裂变数的平均值等于1的链式核反应。

注：临界反应是自持的。

3.3　致电离辐射的相互作用、放射性衰变和核反应

393-13-01

电离　ionization

通过对原子或分子添加或移去电子，或通过分子离解而生成离子的过程。[GB/T 2900.61—2002 中 111-14-27]

393-13-02

线电离　linear ionization

直接致电离粒子产生的离子对，包括二次发射过程形成的离子对的总数除以路径长度所得的商。[ISO 921/674]

393-13-03

电离事件　ionization event

单个粒子与物质相互作用导致一个或多个离子对的产生。

393-13-04

复合　recombination

负电荷载流子与正电荷载流子导致电荷中和的相互作用。[GB/T 2900.61—2002 中 111-14-60 MOD]

注：在某些情况下，可能发生中和时质量守恒。

393-13-05

光核反应　photonuclear reaction

光子与原子核之间的核反应。[ISO 921/886]

393-13-06

活化　activation

由辐照感生放射性的过程。[ISO 921/16]

393-13-07

散射　scattering

入射粒子或辐射与粒子或粒子系统碰撞而改变运动方向和(或)能量的过程。

[ISO 921/1085]

393-13-08

相干散射　coherent scattering

散射波相位与入射波相位之间存在确定关系的散射。[ISO 921/195]

393-13-09

非相干散射　incoherent scattering

散射波相位与入射波相位之间不存在确定关系的散射。[ISO 921/583]

393-13-10

弹性散射　elastic scattering

总动能不变的散射。[ISO 921/389]

393-13-11

非弹性散射　inelastic scattering

总动能发生改变的散射。[ISO 921/589]

393-13-12

辐射非弹性散射　radiative inelastic scattering

入射粒子的部分动能变为靶核的激发能，随后靶核发射一个或几个光子而退激的非弹性散射。[ISO 921/968]

393-13-13

热非弹性散射　thermal inelastic scattering

粒子与分子或晶格交换能量的非弹性散射。[ISO 921/1223]

393-13-14

背散射　backscatter

粒子被物质所散射，其散射方向与原始方向的夹角大于90°。[ISO 921/65]

393-13-15

俘获　capture

原子或原子核系统获得额外粒子的过程。[ISO 921/152]

393-13-16

辐射俘获　radiative capture

原子核俘获一个粒子并发射瞬发 γ 辐射的过程。[ISO 921/967]

393-13-17

湮没　annihilation

基本粒子与其反粒子之间的相互作用，二者同时消失并发射不同粒子的过程。[ISO 921/47]

注：这种辐射称为湮没辐射。[见 393-12-13]

393-13-18

(能量)吸收　(energy) absorption

辐射将其部分或全部能量转移给所穿过物质的现象。[ISO 921/4]

注：伴随能量损失的散射(例如，康普顿效应和中子慢化)属于能量吸收。

393-13-19

(粒子)吸收　(particle) absorption

在与原子或核的相互作用中，作为自由粒子的入射粒子消失的过程，即使随后有一个或多个相同或不同粒子的发射。[ISO 921/5]

注：散射不属于粒子吸收。

393-13-20

衰减　attenuation

辐射穿过物质时由于与该物质所有类型的相互作用而引起的辐射量(例如能量、粒子注量等)降低

的过程。[ISO 921/54]

393-13-21

几何衰减 geometric attenuation

不考虑任何物质存在的影响，由于感兴趣点与辐射源之间距离的影响使辐射强度的降低，例如，点辐射源的平方反比定律。[ISO 921/532]

393-13-22

康普顿效应 Compton effect

当可以把电子看做自由电子并且静止时，光子与其作用发生的弹性散射。[ISO 921/216]

注：入射光子的部分能量和动量转移给电子，其余能量和动量由散射光子带走。

393-13-23

电子对产生 (electron) pair production

由于一个能量大于1.02MeV的光子与原子核或其他粒子的场相互作用，同时产生一正电子和一电子的过程。[ISO 921/864]

393-13-24

光电效应 photoelectric effect

光子被原子完全吸收并有轨道电子发射的现象。[ISO 921/881]

393-13-25

带电粒子平衡 charged particle equilibrium

在辐照下介质中某一点存在的状态，每个带电粒子离开围绕该点的体积元时，总有另一个带同种电荷和相同能量的粒子进入该体积元。[ISO 921/175]

393-13-26

切连科夫效应 Cerenkov effect

当带电粒子在透明介质中以大于该介质中光速运动时所产生的光发射。[ISO 921/167]

注：发射的辐射具有连续的光谱(从可见的蓝光到紫外线)。

393-13-27

穆斯堡尔效应 Moessbauer effect

γ辐射的无核反冲的发射和无核反冲的共振吸收。[ISO 921/764]

393-13-28

维格纳效应 Wigner effect

在核反应堆运行中，高能中子和其他高能粒子使石墨的晶格原子发生位移而引起其物理性能变化的现象。[ISO 921/1317]

393-13-29

中子增殖 neutron multiplication

在材料中俘获一个中子由于核裂变平均产生多于一个中子的过程。[ISO 921/800]

393-13-30

慢化 moderation

通过无明显俘获的散射碰撞使中子能量减少的过程。[ISO 921/753]

393-13-31

中子扩散 neutron diffusion

介质中的中子，通过相继碰撞过程，趋向于从高浓度区向低浓度区迁移的现象。[ISO 921/793]

393-13-32

中子反照率 neutron albedo

在规定的条件下，通过表面进入某区域的中子又通过该表面返回的概率。[ISO 921/35]

393-13-33

激发　excitation

原子或原子核从一个能级向更高的能级转移的过程。[ISO 921/35]

393-13-34

辐照　irradiation

致电离辐射照射。[ISO 921/625]

393-13-35

辐射保存　radiation preservation

为改善食品的贮藏效果，对食品在确定剂量下进行规定时间的辐照。

393-13-36

辐射灭菌　radiation sterilization

为了消灭微生物及其孢子，对材料或物品或生物物质进行的辐照。

393-13-37

嬗变　transmutation

通过核反应，一种元素的核素向另外一种元素的核素的转变。

393-13-38

俄歇效应　Auger effect

通过从外壳层发射一个或多个电子使内壳层电离的原子回到基态。

393-13-39

弹性碰撞　elastic collision

虽然每个碰撞粒子改变其动量，但其物理特性和总动能保持不变的碰撞。

393-13-40

非弹性碰撞　inelastic collision

碰撞中总动能损失，同时至少有一个粒子通过内部激发获得能量。

393-13-41

沟道　channeling

晶体对带电粒子的阻止本领取决于晶轴方向的现象。

393-13-42

辐射损伤　radiation damage

由于辐照引起的材料物理或化学性质的劣化。[ISO 921/956]

393-13-43

核磁共振　nuclear magnetic resonance

NMR(缩写词)　**NMR** (abbreviation)

利用静磁场排列的核自旋与外加射频电磁场之间的相互作用，用于识别该原子核的共振谱学现象。

393-13-44

自照射　self irradiation

由于探测器外壳内或探测器自身的放射性杂质使探测器受到的照射。

393-13-45

散裂反应　spallation reaction

原子核和能量足够高的入射粒子的核反应，使靶原子核发射多个核子，同时靶原子核的核子数和质子数都减少相应个单位。[ISO 921/1152]

393-13-46

等离子体　plasma

由自由电子、离子和中性原子或分子组成的导电气体介质，其中各种粒子的比例使介质在宏观上呈电中性。[GB/T 2900.61—2002 中 111-14-65]

393-13-47

等离子体点火温度　ignition temperature (for plasma)

通过聚变过程，沉积在等离子体中的能量正好等于损失的能量(例如辐射过程)时的温度。[ISO 921/577]

393-13-48

德拜长度　Debye length

等离子体中的特征长度，在与其对应的距离内，电子将受给定正离子电场的影响。[ISO 921/280]

注：这是距离的量度，在该距离内，电子电荷密度明显不同于离子电荷密度。

393-13-49

份额比　branching ratio

两种特定方式衰变的分支份额之比。[ISO 921/118]

393-13-50

短寿命衰变产物的 α 潜能　potential alpha energy of short lived decay products

当所有短寿命衰变产物已经达到不明显水平时释放的总 α 能量。

393-13-51

能谱(用于电离辐射的)　**energy spectrum** (of an ionizing radiation)

α、β 和 γ 粒子以及中子能量值的分布。

3.4　量和单位

393-14-01

核子数　nucleon number

质量数　mass number

原子核中核子的总数。[ISO 31-9 MOD][GB/T 2900.61—2002 中 111-14-17 MOD]

注 1：$A=Z+N$，其中 Z 是原子核中的质子数，N 是中子数。

注 2：具有相同 A 值的核素称为同量异位素。(见 393-11-22)

393-14-02

质子数　proton number

原子核中质子的数目。[ISO 31-9 MOD]

注 1：$Z=A-N$，其中 A 是原子核中的核子总数，N 是中子数。

注 2：核素是有确定质子和中子数的一类原子。具有相同 Z 值的核素称为同位素。(见 393-11-21)

注 3：周期表中的原子序数与质子数相等。

393-14-03

中子数　neutron number

原子核中中子的数目。[ISO 31-9 MOD]

注 1：具有相同 N 值的核素称为同中子(异位)素。(见 393-11-23)

注 2：$N-Z$ 称为中子过剩数。

393-14-04

有效原子序数　effective atomic number

物质组分的质子数的加权平均。[ISO 921/380]

注：权重可视相互作用而异，例如光电效应或轫致辐射的产生。

393-14-05

摩[尔]　mole

物质的量的 SI 单位，等于一系统的物质的量，该系统中所包含的基本单元数与 0.012 kg 碳 12 的原子数目相等。[GB/T 2900.61—2002 中 111-11-20 MOD]

注：基本单元必须指明，可以是原子、分子、离子、电子及其他粒子，或这些粒子的特定组合。

393-14-06

阿伏伽德罗常量　Avogadro constant

一摩尔物质中基本单元的数目，它大约等于 $6.022\ 136\ 7(36)\times10^{+23}\ \mathrm{mol}^{-1}$。(1996)[GB/T 2900.61—2002 中 111-13-13 MOD]

393-14-07

(基)元电荷　elementary (electric) charge

电子或质子电荷的绝对值，大约等于 $1.602\ 18\times10^{-19}$ C 。[GB/T 2900.61—2002 中 111-14-08 MOD][ISO 31-8 MOD]

393-14-08

普朗克常量　Planck constant

近似等于 $6.626\ 08\times10^{-34}$ J·s 的常量，用于下列公式中：$E=hv$，式中 E 是光子能量，v 是相应光波的频率。[ISO 31-9 MOD]

393-14-09

原子质量单位　unified atomic mass unit

$1\ \mathrm{u}=1.660\ 54\times10^{-27}$ kg 。[ISO 31-8 MOD]

393-14-10

静质量　rest mass

粒子的内禀质量，不包括由于粒子运动按相对论所获得的质量增量。[GB/T 2900.61—2002 中 111-13-17MOD]

393-14-11

随机量　stochastic quantity

其值服从统计涨落的量。[IEC 60050-881:1993 中 881-04-20]

393-14-12

(放射性)活度　activity

在给定时刻，处于特定能态的一定量放射性核素在 $\mathrm{d}t$ 时间间隔内发生自发核跃迁数的期望值 $\mathrm{d}N$ 除以 $\mathrm{d}t$：

$$A=\mathrm{d}N/\mathrm{d}t$$

[ISO 921/23 MOD][ISO 31-9 MOD]

注：该量以贝可勒尔(Bq)为单位。

393-14-13

贝可[勒尔]　becquerel

放射性活度的单位，$1\ \mathrm{Bq}=1\ \mathrm{s}^{-1}$。[ISO 921/79]

注 1：1 贝可勒尔等于每秒 1 次核跃迁。

注 2：贝可[勒尔]将取代居里(Ci)，$1\ \mathrm{Ci}=3.7\times10^{10}$ Bq(准确值)。

393-14-14

居里　Curie (deprecated)

放射性活度的旧单位，$1\mathrm{Ci}=3.7\times10^{10}$ Bq(准确值)。

393-14-15

质量活度　massic activity

比活度　specific activity

样品的放射性活度除以样品的总质量的商。[ISO 921/1155][IAEA 1998][ISO 31-9]

注：该量以贝可勒尔每千克(Bq/kg)为单位。

393-14-16

体积活度　volumic activity;volumetric activity

活度浓度　activity concentration

样品的放射性活度除以样品的总体积的商。[ISO 921/24 MOD][ISO 31-9 MOD]

注1：对于气体必须指明用贝可勒尔每立方米表示的体活度测量时的温度和压力条件，例如标准温度和压力(STP)。

注2：该量以贝可勒尔每立方米(Bq/m^3)为单位。

393-14-17

面积活度　surface activity

样品的放射性活度除以样品的总表面积的商。

注：该量以贝可勒尔每平方米(Bq/m^2)为单位。

393-14-18

衰变常量　decay constant

放射性核素的一个原子核在短时间间隔 dt 内自发衰变的概率除以该时间间隔 dt 的商：

$$\lambda = -(1/N) \times (dN/dt)$$

式中 N 是 t 时刻存在的相关核的数目。[ISO 921/282 MOD]

注：该量以每秒(s^{-1})为单位。

393-14-19

放射性半衰期　radioactive half-life

放射性核素的活度衰减至初始值一半所需的时间。[ISO 921/975 MOD]

注1：放射性半衰期由下式与衰变常量相联系：

$$T_{1/2} = \ln 2/\lambda = 0.693/\lambda$$

注2：该量以秒(s)为单位。

393-14-20

平均寿命　mean life

原子或核体系在特定能态的平均放射性寿命。[ISO 921/726]

注1：对一种放射性核素，平均寿命是处于特定能态的原子或原子核的数目衰减至初始值的1/e所需的时间，此处 e =2.718…，是自然对数的底。

注2：对一种放射性核素，平均寿命是衰变常量 λ 的倒数量($\tau = 1/\lambda$)。

注3：该量以秒(s)单位。

393-14-21

电子伏　electronvolt

能量的专门单位，它等于一个电子在真空中通过1 V电势差时能量的变化。[ISO 921/393]

注1：1 eV=1.602 18×10^{-19} J(近似值)。

注2：该能量单位允许与SI单位并用。

393-14-22

(粒子)流密度　(particle) current density

为一矢量，其表面法线分量等于单位时间单位面积内通过表面正方向的净粒子数。

注：通常粒子一词被特定的粒子名称所取代，例如中子流密度。

393-14-23

中子密度　neutron density

单位体积的自由中子数。[ISO 921/792]

注：对于以能量和方向等参量所表征的中子还可定义分中子密度。

393-14-24

辐射能　radiant energy

发射、转移或接收的粒子动能。

注：该量以焦耳(J)为单位。

393-14-25

(粒子)注量　(particle) fluence

射入截面积为 da 的球体的粒子数 dN 除以 da 的商：

$$\Phi = \mathrm{d}N/\mathrm{d}a$$

[ISO 921/870 MOD]

注1：粒子注量等同于粒子注量率的时间积分。

注2：通常粒子一词被特定的基本粒子所取代，例如中子注量。

注3：该量以每平方米(m^{-2})为单位。

393-14-26

(粒子)注量率　(particle) fluence rate

在时间间隔 dt 内粒子注量的增量 dΦ 除以 dt 的商：

$$\phi = \mathrm{d}\Phi/\mathrm{d}t = \mathrm{d}^2 N/\mathrm{d}a \cdot \mathrm{d}t$$

注1：通常粒子一词被特定的基本粒子所取代，例如中子注量率。

注2：该量以每平方米秒(m^{-2}/s)为单位。

393-14-27

(粒子)通量　(particle) flux

在时间间隔 dt 内粒子数的增量 dN 除以 dt 的商：

$$N = \mathrm{d}N/\mathrm{d}t$$

注1：通常粒子一词被特定的基本粒子所取代，例如中子通量。

注2：该量以每秒(s^{-1})为单位。

393-14-28

能注量　energy fluence

射入截面积为 da 的球体的辐射能 dR 除以 da 的商：

$$\Psi = \mathrm{d}R/\mathrm{d}a$$

[ISO 921/403 MOD]

注1：能注量等同于能注量率的时间积分。

注2：该量以焦耳每平方米(J/m^2)为单位。

393-14-29

能注量率　energy fluence rate

在时间间隔 dt 内能注量的增量 dΨ 除以 dt 的商：

$$\psi = \mathrm{d}\Psi/\mathrm{d}t$$

[ISO 921/404 MOD]

注1：能注量率等同于粒子通量密度与粒子平均能量的乘积。

注2：该量以瓦特每平方米(W/m^2)为单位。

393-14-30

能通量 energy flux

在时间间隔 dt 内辐射能的增量 dR 除以 dt 的商：

$$R = \mathrm{d}R/\mathrm{d}t$$

注：该量以瓦特(W)为单位。

393-14-31

扩散系数(用于中子注量率) **diffusion cofficient** (for neutron fluence rate)

特定能量的中子流密度除以相同能量的中子注量率在中子流方向的负梯度的商。[ISO 921/324 MOD]

注：该量以米(m)为单位。

393-14-32

核能 nuclear energy

在核反应或核跃迁中释放的能量。[ISO 921/821]393-14-33

393-14-33

裂变能 fission energy

核裂变释放的能量。[ISO 921/472]

393-14-34

裂变谱 fission spectrum

特定的可裂变核素裂变时发射的瞬发中子的能量分布。[ISO 921/479]

注：裂变谱也指核裂变中发射的 γ 辐射的能谱。

393-14-35

裂变产额 fission yield

核裂变产生一给定种类的裂变产物的份额。[ISO 921/482]

393-14-36

初始裂变产额 primary fission yield

核裂变产生在发生任何 β 或 γ 衰变之前的一特定核素的份额。[ISO 921/927]

393-14-37

截面 cross-section

一带电的或非带电的粒子与一靶体相互作用的概率 p 除以靶体所经受的粒子注量 Φ 的商：

$$\sigma = p/\Phi$$

[ISO 921/265 MOD]

注 1：对一特定的相互作用，该名词可用相互作用的类型加以完善，例如吸收截面。

注 2：该量以平方米(m^2)为单位。

393-14-38

靶[恩](暂用) **barn** (deprecated)

用来表示截面的面积单位，准确地等于 10^{-28} m^2。[ISO 921/71]

注：靶恩暂可与 SI 制并用。

393-14-39

微观截面 microscopic cross-section

每个靶原子核、原子或分子的截面。[ISO 921/736]

注 1：微观截面有面积的量纲，可看做是垂直入射粒子方向的一个面积，它是由几何上考虑靶粒子与入射粒子相互作用所决定的。

注 2：微观截面通常以靶恩(b)为单位。

393-14-40

宏观截面 macroscopic cross-section

一给定物质对一特定过程的单位体积的截面。[ISO 921/688]

注 1：对一纯核素，宏观截面的值是微观截面值与单位体积靶原子核数的乘积，对核素混合物，它是这种乘积的总和。

注 2：该量以每米(m^{-1})单位。

393-14-41

衰减系数 attenuation coefficient

特定辐射的平行束在通过厚度为 Δx 的物质薄层时被衰减而去除的份额除以该厚度的商。[ISO 921/55]

注 1：衰减系数是辐射能量的函数。

注 2：视 Δx 表示的不同，如长度、单位面积的质量、单位面积的物质的量或原子数，μ 被称为线衰减系数、质量衰减系数、摩尔衰减系数或原子衰减系数。

393-14-42

衰减因数 attenuation factor

在辐射源与测试点之间的给定结构的衰减体对该测试点的辐射强度的衰减率。[ISO 921/56]

393-14-43

总线衰减系数 total linear attenuation coefficient

间接电离粒子穿行一物质时发生相互作用的粒子数 dN 除以总粒子数 N 和穿行物质的距离 dl 的商：

$$\mu=(1/N)\cdot(dN/dl)$$

注：该量以每米(m^{-1})为单位。

393-14-44

质量衰减系数 mass attenuation coefficient

总线衰减系数 μ 除以被间接电离粒子穿行物质的密度 ρ 的商：

$$\mu_m=(1/\rho N)\cdot(dN/dl)$$

注：该量以平方米每千克(m^2/kg)为单位。

393-14-45

质量传能系数 mass energy transfer coefficient

给定物质和间接电离粒子的 dE_{tr}/EN 除以 ρdl 的商，此处 E 是每个粒子的能量(不包括静止能)，N 是粒子数，dE_{tr}/EN 是所有入射粒子在密度为 ρ 的物质中穿行距离 dl 时通过相互作用其能量转换成带电粒子动能的部分，

$$(\mu_{tr}/\rho)=(1/\rho EN)\cdot(dE_{tr}/dl)$$

[ISO 921/709]

注：该量以平方米每千克(m^2/kg)为单位。

393-14-46

吸收系数 absorption coefficient

对一特定辐射的平行束，物质的吸收系数 μ_{abs} 用辐射通过厚度为 Δx 物质薄层时被吸收的能量部分 $\mu_{abs}\Delta x$ 表示。[ISO 921/6 MOD]

注 1：吸收系数是辐射能量的函数。

注 2：按厚度表示成长度、单位面积的质量、摩尔或单位面积的原子数，它被称为线吸收系数、质量吸收系数、摩尔吸收系数或原子吸收系数。

393-14-47

质量吸能系数 mass energy absorption coefficient

对一物质和非带电电离粒子，质能转移系数与(1－g)的乘积，此处 g 是次级带电粒子的能量消耗于

物质中的轫致辐射部分，

$$(\mu_{en}/\rho) = (\mu_{tr}/\rho) \cdot (1-g)$$

[ISO 921/708 MOD]

393-14-48

总线阻止本领　total linear stopping power

对一物质和带电粒子，dE 除以 dl 的商，此处 dE 是带电粒子在该物质中穿行距离 dl 时的能量损失：

$$S = dE/dl$$

[ISO 921/1259 MOD]

注：该量以焦耳每米(J/m)为单位。

393-14-49

线碰撞阻止本领　linear collision stopping power

除了能量转移给轫致辐射以外所有事件引起的总线阻止本领部分。

393-14-50

线辐射阻止本领　linear radiation stopping power

由于能量转移给轫致辐射的总线阻止本领部分。

393-14-51

总质量阻止本领　total mass stopping power

对一物质和带电粒子，总线阻止本领 S 除以密度 ρ 的商：

$$S_m = (1/\rho) \cdot (dE/dl)$$

[ISO 921/1260]

注1：对可以忽略核相互作用的能量，总质量阻止本领：

$$S_m = (1/\rho) \cdot (dE/dl)_{col} + (1/\rho) \cdot (dE/dl)_{rad}$$

式中 $(dE/dl)_{col} = S_{col}$ 是线碰撞阻止本领，$(dE/dl)_{rad} = S_{rad}$ 是线辐射阻止本领。

注2：该量以焦耳平方米每千克($J \cdot m^2/kg$)为单位。

393-14-52

碰撞质量阻止本领　collision mass stopping power

对一物质和带电粒子，dE 除以 ρdl 的商，此处 dE 是带电粒子在密度为 ρ 的物质中穿行距离为 dl 时与电子碰撞的能量损失：

$$S_{col}/\rho = (1/\rho) \cdot (dE/dl)_{col}$$

[IEC 60050-881:1993 中 881-12-50 MOD]

393-14-53

传能线密度　linear energy transfer；LET (abbreviation)

对一物质和带电粒子，dE 除以 dl 的商，此处 dE 是带电粒子在穿行距离 dl 中与电子碰撞损失的能量小于一选定值 Δ 的能量损失：

$$L_{\Delta} = (dE/dl)_{\Delta}$$

[ISO 921/671 MOD]

注1：为了简化标志，Δ 可以用电子伏表示，于是 L_{100} 理解为截止能为 100 eV 的传能线密度。

注2：该量以电子伏每米(eV/m)为单位。

注3：$L_{\infty} = S_{col}$。

393-14-54

离子对形成平均消耗能(在物质中)　mean energy expended per ion pair formed (in a material)

带电粒子的初始动能 E 除以其完全消耗在物质中时形成的离子对的平均数 N 的商：

$$W_i = E/N$$

[ISO 921/60 MOD]

注：该量以焦耳(J)或电子伏(eV)为单位。

393-14-55

体积离子密度　volume ion density

单位体积离子对的数目。

注：一个正离子和一个电子看做是一个离子对。

393-14-56

线离子密度　linear ion density

单位长度离子对的数目。

注：一个正离子和一个电子看做是一个离子对。

393-14-57

照射　exposure (1)

受辐照的行为或状况。[IEC 60050-881:1993 中 881-03-05][ISO 921/435 MOD]

393-14-58

照射量　exposure (2)

在质量为 dm 的空气中被光子释放的所有电子和正电子完全被阻止时，空气中产生的一种符号的离子总电荷的绝对值 dQ 除以 dm 的商：

$$X = \mathrm{d}Q/\mathrm{d}m$$

[ISO 921/434 MOD]

注 1：该量以库仑每千克(C/kg)为单位。

注 2：对 X 和 γ 射线建议用“空气中吸收剂量”代替“照射量”。辐射场强度现在普遍用空气中吸收剂量表示，而不用照射量。

393-14-59

伦琴(拒用)　**roentgen** (deprecated)

照射量的旧单位：

$$1R = 2.58 \times 10^{-4}\ \mathrm{C \cdot kg^{-1}}$$

[ISO 921/1064]

393-14-60

授[予]能(对于一体积中的物质)　**energy imparted** (to matter in a volume)

致电离辐射传递予一给定体积中的物质的能量：

$$\varepsilon = R_1 - R_2 + \Sigma Q$$

式中 R_1 是射入体积的辐射能，即所有进入体积的直接和间接电离粒子的能量之和(不包括静止能)；R_2 是射出体积的辐射能，即所有离开体积的直接和间接电离粒子的能量之和；ΣQ 是所有在体积中发生的任何核转变的原子核和基本粒子的静质量能的变化之和，变化减小时取正号，变化增加时取负号。[IEC 60050-881:1993 中 881-12-43][ISO 921/405 MOD]

注 1：授予能是一随机量。

注 2：授予能等同于该体积中的积分吸收剂量。

注 3：该量以焦耳(J)为单位。

393-14-61

平均授[予]能　mean energy imparted

在一给定体积中，给予物质的授予能的期望值。

注 1：平均授予能不是随机量。

注 2：该量以焦耳(J)为单位。

393-14-62

线[授予]能　linear energy (imparted)

通过能量沉积事件给予一研究体积的物质的授予能 ε 除以该体积中的平均弦长 l：

$$y = \varepsilon / l$$

注 1：线授予能是随机量。

注 2：该量以焦耳每米(J/m)为单位。

393-14-63

比[授予]能　specific energy (imparted)

致电离辐射给予质量为 m 的物质的授予能 ε 除以 m 的商：

$$z = \varepsilon / m$$

注 1：比授予能是随机量。

注 2：比授予能单位的专门名称是戈瑞(Gy)，用焦耳每千克表示。对于 $m \to 0$ 的理想情形，比授予能的平均值与质量 m 中的吸收剂量相等。

393-14-64

吸收剂量　absorbed dose

致电离辐射授予质量为 $\mathrm{d}m$ 的物质的平均授予能 $\mathrm{d}\varepsilon$ 除以 $\mathrm{d}m$ 的商：

$$D = \mathrm{d}\varepsilon / \mathrm{d}m$$

[ISO 921/1 MOD]

注：该量以戈瑞(Gy)为单位(以前以拉德为单位)。

393-14-65

比释动能　kerma

在质量为 $\mathrm{d}m$ 的物质中被间接电离粒子释放的全部直接电离粒子的初始动能之和 $\mathrm{d}E_{\mathrm{tr}}$ 除以 $\mathrm{d}m$ 的商：

$$K = \mathrm{d}E_{\mathrm{tr}} / \mathrm{d}m$$

[ISO 921/647]

注 1：英文术语 kerma 是英文 kinetic energy released in mater 的缩写词。

注 2：该量以戈瑞(Gy)为单位。

393-14-66

戈[瑞]　gray

吸收剂量、比授予能和比释动能的 SI 单位：

$$1\ \mathrm{Gy} = 1\ \mathrm{J} \cdot \mathrm{kg}^{-1}$$

[ISO 921/542]

(注：戈瑞已取代拉德(1 Gy=100 rad)。)

393-14-67

拉德(拒用)　rad (deprecated)

吸收剂量、比授予能和比释动能的旧单位。[ISO 921/953]

注：1 rad=0.01 Gy 。

393-14-68

吸收剂量率　absorbed dose rate

在时间间隔 $\mathrm{d}t$ 内吸收剂量的增量 $\mathrm{d}D$ 除以 $\mathrm{d}t$ 的商：

$$D = \mathrm{d}D / \mathrm{d}t$$

[ISO 921/2]

注：该量以戈瑞每秒(Gy/s)为单位。

393-14-69

比释动能率　kerma rate

在时间间隔 dt 内比释动能的增量 dK 除以 dt 的商：

$$\dot{K} = \mathrm{d}K/\mathrm{d}t$$

[ISO 921/648]

注：该量用戈瑞每秒(Gy/s)表示。

393-14-70

空气比释动能　air kerma

空气的比释动能值。

注：在用戈瑞表示的空气比释动能和用戈瑞表示的空气中的吸收剂量在带电粒子平衡状态下存在一个好的近似值等式。

393-14-71

比释动能系数　kerma factor

每单位粒子注量的比释动能。

注：比释动能系数等于乘积 $E\cdot(\mu_{tr}/\rho)$，此处 E 是间接致电离辐射的能量(不包括静止能)，μ_{tr}/ρ 是质量传能系数。

393-14-72

剂量当量　dose equivalent

在组织中所研究点的 D、Q 和 N 的乘积，此处 D 是吸收剂量，Q 是品质因数，N 是其他一切修正因数之积，

$$H = D\cdot Q\cdot N$$

[IEC 60050-881:1993 中 881-14-01][ISO 921/356 MOD]

注 1：在加权的吸收剂量中所用的修正因数(N)通常取值 1。

注 2：Q 值被国际放射防护委员会(ICRP)规定，例如，对 β、X 和 γ 辐射的外部照射，Q 取为 1。

注 3：该量以希沃特(Sv)为单位(以前以雷姆为单位)。

393-14-73

希[沃特]　sievert

剂量当量的单位：

$$1\ \mathrm{Sv} = 1\ \mathrm{J}\cdot\mathrm{kg}^{-1}$$

[IEC 60050-881:1993 中 881-14-05][ISO 921/1129]

(注：希沃特已取代雷姆(1 Sv=100 rem)。)

393-14-74

雷姆(拒用)　rem (deprecated)

剂量当量的旧单位：

$$1\ \mathrm{rem} = 0.01\ \mathrm{Sv}$$

[IEC 60050-881:1993 中 881-14-04][ISO 921/1041]

393-14-75

剂量当量率　dose equivalent rate

在时间间隔 dt 内剂量当量的增量 dH 除以 dt 的商：

$$\dot{H} = \mathrm{d}H/\mathrm{d}t$$

[IEC 60050-881:1993 中 881-14-02]

注：该量以希沃特每秒(Sv/s)为单位。

393-14-76

等剂量(的)，形容词　isodose

用于描述吸收剂量相同各点的轨迹的修饰词。[ISO 921/631]

393-14-77

[品]质因数(用于辐射防护) **quality factor** (for radiation protection purposes)

为了考虑辐射的生物效应不同,在剂量当量计算中,用来权重吸收剂量的因数。[IEC 60050-881:1993 中 881-14-03 MOD][ISO 921/950 MOD]

注:Q 与传能线密度的依赖关系由国际辐射单位与测量委员会规定(ICRU,第 40 号报告)。

393-14-78

组织等效材料 tissue equivalent material

在辐照下具有类似于软组织的相互作用性质的材料,其组成如下:

——76.2%氧,

——10.1%氢,

——11.1%碳,

——2.6%氮。

[IEC 60050-881:1993 中 881-12-35 MOD]

393-14-79

组织等效性(用于 X 辐射、γ 辐射和中子辐射) **tissue equivalence** (for X, gamma and neutron radiation)

当材料的质能吸收系数等于组织的质能吸收系数时,该材料所具有的性质。[ISO 921/1249]

393-14-80

组织等效性(用于 β 辐射) **tissue equivalence** (for beta radiation)

当材料的质量碰撞阻止本领等于组织的质量碰撞阻止本领时,该材料所具有的性质。[ISO 921/1249]

393-14-81

单位面积质量 mass per unit area

质量厚度 density thickness

一物质的体积质量(密度)与同一物质的厚度之积

注 1:该量通常作为另一种简便的称谓用来表示辐射通过一给定厚度的材料时发生相互作用的物质的量。

注 2:该量以千克每平方米(kg/m^2)为单位。

393-14-82

照射量率系数 exposure rate coefficient

对光子辐射体,当忽略衰减时,在离辐射体的点辐射源的距离为 l 处照射量率 X 与 l^2/A 之积,此处 A 为辐射源的活度:

$$\Gamma = X \cdot (l^2/A)。$$

393-14-83

辐射能密度 radiant energy density

在一传播介质的单位体积中所包含的辐射能的瞬时量。

393-14-84

辐射能照射度 radiant energy exposure

射到单位面积表面的总辐射能。

393-14-85

每原子位移 displacement per atom

由致电离辐射引起的在固体中每个靶原子的(暂时的或永久的)位移原子数。[ISO 921/340 MOD]

393-14-86

平均自由程 mean free path

在给定介质中特定类型粒子在相邻两次特定类型的相互作用之间移动的平均距离。[IEC 60050-

881:1993 中 881-04-40][ISO 921/724]

注 1:平均自由程可以对一切相互作用指定,即总平均自由程或对特定类型的相互作用,如散射、俘获或电离。

注 2:平均自由程是宏观截面的倒易量。

393-14-87

表面发射率(用于放射源) **surface emission rate** (for a radioactive source)

在单位时间内从放射源的表面或其窗口发射的能量大于一给定值的给定类型的粒子数。

393-14-88

饱和层厚度(用于均匀放射性物质构成的放射源) **saturation layer thickness** (for a radioactive source constructed of a homogeneous radioactive material)

与指定粒子的最大射程相等的介质厚度。

393-14-89

源效率 **source efficiency**

表面发射率除以单位时间内或者从放射源厚度层或者从放射源饱和层产生或释放的相同类型粒子的数目的这两个商值的最大者。

393-14-90

蜕变能 **disintegration energy**

从给定核蜕变所得到的能量。[ISO 921/337]

393-14-91

辐射能量损失(用于带电粒子) **energy loss by radiative process** (for a charged particle)

带电粒子在电场或磁场中加速或减速时由于辐射的发射导致的能量损失。

393-14-92

积累因数 **buildup factor**

辐射通过介质时一指定辐射量在任一点的总值与辐射没有经受一次碰撞到达该点的值的贡献之比。[ISO 921/129]

393-14-93

剂量 **dose**

被吸收的能量或辐射的量。[ISO 921/353]

注 1:对于专门场合,剂量必须适当地限定。

注 2:剂量一词已在种种特定含义下使用,如吸收剂量、照射量和注量。

393-14-94

有效剂量当量 **effective dose equivalent**

所有被照射组织的剂量当量与该组织的组织权重因子的乘积的总和。[IEC 60050-881:1993 中 881-14-14 MOD][ISO 921/382 MOD]

393-14-95

周围剂量当量 **ambient dose equivalent**

在一辐射场某点处,相应的齐向扩展场在 ICRU 球体内,逆齐向场方向的半径上深度为 d 处产生的剂量当量。[ICRU 第 39 号报告]

注 1:在定义这些量时,规定从实际辐射场导出某些辐射场是有用的。术语“扩展”和“齐向”是用来表征这些导出的辐射场。在扩展场中,注量和它的角分布及能量分布在整个被研究的体积内与在实际场中的基准点有相同的值。在齐向和扩展场中,注量及其能量分布与在扩展场中相同,但注量是单向的。

注 2:ICRU 球(见 ICRU 第 33 号报告)是一 30 cm 直径、具有体质量为 1 g/cm^3 和组织等效材料的质量成分的组织等效球(见 393-14-78)。

注 3:对于环境监测,$H^*(d)$中的 d 的推荐深度是 10 mm,于是 $H^*(d)$可以写作 $H^*(10)$。

注 4:有各向同性响应的并以 $H^*(d)$形式刻度的仪器测量任何辐射场的 $H^*(d)$,该辐射场在仪器尺度的范围内是均匀的。

注5：$H^*(d)$的定义要求仪器的设计考虑到背散射。

393-14-96

定向剂量当量　directional dose equivalent

相应的扩展场在ICRU球体内、指定方向的半径上深度d处的一点产生的剂量当量。

注1：ICRU球(见ICRU第33号报告：1980)是一30 cm直径的、具有体质量为1 g/cm³的组织等效球。

注2：对于环境监测，$H'(d)$中的d通常推荐深度是0.07 mm，于是$H'(d)$可写作$H'(0.07)$。

注3：用来测定组织等效材料平板中的推荐深度处的剂量当量的仪器可以胜任地测定弱贯穿辐射的H'，如果平板表面垂直于指定方向而且辐射场在仪器入口面的范围内是均匀的。

393-14-97

个人剂量当量　personal dose equivalent

在人体深度d处一指定点的软组织的剂量当量。

注：对贯穿辐射推荐深度是10 mm，对表面辐射是0.07 mm 。

393-14-98

表面发射率约定真值　conventionally true surface emission rate

设备标定所用放射源在给定立体角时真表面发射率的最佳估量；其值及相关误差用与一放射性标准源或与一标准仪器相比较而测定。

393-14-99

照射量率　exposure rate

在时间间隔dt内照射量X的增量dX除以dt的商：

$$X = \mathrm{d}X/\mathrm{d}t$$

[ISO 921/437]

3.5　核反应堆理论、参数和特性

393-15-01

(核)反应堆　(nuclear)reactor

装有足够数量的可裂变材料，并布置成能维持可控自持链式核反应的装置。[ISO 921/329]

393-15-02

慢化面积　slowing-down area

在无限均匀介质中，中子从其初始能量的原点慢化到一定能量点所经过距离的均方值的六分之一。[ISO 921/1134]

393-15-03

慢化长度　slowing-down length

慢化面积的平方根值。[ISO 921/1137]

393-15-04

扩散面积　diffusion area

在无限均匀介质中，一定型式和种类的粒子从出现点到消失点之间位移距离均方值的六分之一。[ISO 921/322]

393-15-05

扩散长度　diffusion length

扩散面积的平方根值。[ISO 921/329]

393-15-06

徙动面积　migration area

中子由裂变能到热能的慢化面积与热中子扩散面积之和。[ISO 921/737]

393-15-07

徙动长度　migration length

徙动面积的平方根值。[ISO 921/738]

393-15-08

对数能降(中子的)　lethargy (of a neutron)

勒

基准能量与中子能量之比的自然对数。[ISO 921/665]

393-15-09

平均对数能降　average logarithmic energy decrement

当中子和某个动能与中子动能相比较可忽略不计的原子核发生弹性碰撞时，每次碰撞使中子能量对数减少的平均值。[ISO 921/61]

393-15-10

慢化能力　slowing-down power

对于给定的介质，平均对数能降与中子散射宏观截面的乘积。

393-15-11

中子能群　neutron energy group

在任意选定的能量间隔内的中子组成的一组或群组。[ISO 921/796]

注：对于每个中子能群，可赋予各种有效值来表示该群中子的特征。

393-15-12

多群模型　multi-group model

将中子按赋予单一有效能量的每个群组划分成有限数目群的模型。[ISO 921/765]

393-15-13

代时间　generation time

从核裂变产生中子到它引起另一核裂变所需的平均时间。[ISO 921/530]

393-15-14

中子循环　neutron cycle

核反应堆中，中子从核裂变开始，直到它们泄漏到外面或被吸收，其平均能量、相互作用和徙动历程的时间演变。[ISO 921/790]

393-15-15

中子经济　neutron economy

核反应堆中，中子产生和中子消失及其他有关问题的平衡估计。[ISO 921/794]

393-15-16

约定注量率　conventional fluence rate

每立方厘米的中子总数与 2200 $m \cdot s^{-1}$ 的中子速度的乘积。

393-15-17

不利因子　disadvantage factor

反应堆栅元内，某种材料中的平均中子通量密度与核燃料中的平均中子通量密度的比值。[ISO 921/335]

注：通常该术语指的是慢化剂材料和热中子通量密度。

393-15-18

发散(关于链式核反应)　**divergence** (for a nuclear chain reaction)

反应率随时间的增长。[ISO 921/342]

393-15-19

反应堆时间常量　reactor time constant

反应堆周期(拒用)　reactor period (deprecated)

反应堆内中子注量率按指数规律改变 e=2.718 倍(中子注量率按指数规律上升或下降)所需要的时间。

注：双倍时间是假定其他参数不变时，物理功率增大 2 倍的时间。

393-15-20

临界的，限定词　**critical**，qualifier

表征链式核反应的介质有效增殖因数等于 1 的状态。

[ISO 921/251]

393-15-21

缓发临界[的]，限定词　**delayed critical**，qualifier

表征链式核反应的介质需有缓发中子参与作用达到临界的状态。

393-15-22

瞬发临界[的]，限定词　**prompt critical**，qualifier

表征链式核反应的介质仅靠瞬发中子作用达到临界的状态。[ISO 921/930]

393-15-23

临界状态　criticality

链式核反应介质有效增殖因数等于 1 时所处的状态。[ISO 921/262]

393-15-24

临界实验　critical experiment

为确定反应堆的核特性，利用反应堆材料组件使反应堆逐渐达到临界状态所进行的试验或系列试验。

注：临界实验通常在非常低的功率水平下进行。[ISO 921/254]

393-15-25

临界方程　critical equation

必须满足装置达到临界的有关装置特性的方程。[ISO 921/253]

393-15-26

临界质量　critical mass

能够使具有给定几何布置和材料组成的介质和装置达到临界所需的裂变材料的最小质量。[ISO 921/257]

393-15-27

临界尺寸　critical size

能够使具有给定几何布置和材料组成的核反应堆堆芯或装置达到临界所需的一组最小物理尺寸。[ISO 921/259]

393-15-28

相对价值　relative importance

“A”型中子相对于“B”型中子，速度和位置为“B”的中子平均数，必须加到临界系统内，以维持速度和位置为“A”的中子迁移后链式核反应率不变。[ISO 921/1037]

393-15-29

价值函数　importance function

临界系统中由某一给定位置和速度的中子转变为另一形态中子的平均渐进数。[ISO 921/579]

注：价值函数与伴随的中子注量率成正比。

393-15-30

迭代裂变期望值　iterated fission expectation

临界反应堆中由给定中子的次级中子引起的每代核裂变数经过许多代后的平均值。[ISO 921/644]

393-15-31

临界反应堆　critical reactor

处于临界状态的反应堆。

393-15-32

(次临界)增殖　(subcritical) multiplication

在平衡状态的次临界装置中，由核裂变和放射源产生的中子总数与该装置中在没有核裂变情况下由于辐射源而存在的中子总数的比值。

393-15-33

指数实验　exponential experiment

用核反应堆材料组成的次临界装置和一独立中子放射源用于测定这些材料布置的中子特征所进行的实验。[ISO 921/433]

393-15-34

指数装置　exponential assembly

用于指数实验的次临界装置。[ISO 921/433]

393-15-35

材料曲率　material buckling

一种度量介质中子倍增性质的参数，此参数为材料及其配置的函数，通常用 B_m^2 表示。[ISO 921/715]

注 1：一年龄扩散理论中，B_m^2 是满足方程 B^2 的值，即

$$K_\infty \cdot \exp(-B^2\tau) = 1 + B^2L^2$$

式中：

K_∞——无限增殖因数；

τ——年龄；

L——中子扩散长度。

注 2：一对于裸的临界反应堆，材料曲率等于几何曲率。

393-15-36

几何曲率　geometric buckling

对于裸堆，在装置外推边界中子注量率 $\phi(r)$ 宜为零的状态下，方程的第一本征值为 B_g^2：

$$\nabla^2\phi(r) + B^2\phi(r) = 0$$

这里 r 是径向矢量。[ISO 921/533]

注：B_g^2 值取决于装置(例如核反应堆堆芯)形状和外形尺寸。

393-15-37

增殖因数　multiplication factor

在某一时间间隔内所产生的中子总数(不包括由裂变率无关的放射源产生的中子)与在同一时间间隔内由吸收和泄漏所损失的中子总数的比值。

393-15-38

无限介质增殖因数　infinite multiplication factor

对无限大介质或无限重复的介质栅元估计的增殖因数。[ISO 921/591]

393-15-39

有效增殖因数　effective multiplication factor

对有限大介质估计的增殖因数。[ISO 921/386]

393-15-40

每次吸收的中子产额　neutron yield per absorption

η 因数　eta factor

由某种可裂变核素或某种特定的核燃料吸一个中子所放出的初始裂变中子数(包括缓发中子)的平

均数。[ISO 921/806]

注：η 因数取决于被吸收中子的能量。

393-15-41

快中子裂变因数　fast fission factor

在无限介质中，由各种能量的中子引起裂变所产生的平均中子数与仅由热裂变产生的平均中子数的比值。[ISO 921/445]

393-15-42

反应性　reactivity

量值为：

$$\rho = 1 - (1/keff)$$

式中：$keff$ 是有效增殖因数。[ISO 921/1006]

注1：参数 ρ 给出链式核裂变反应介质偏离临界的状态。ρ 为正值，相应于超临界状态；ρ 为负值，相应于次临界状态。

注2：由于缓发临界和瞬发临界之间的差别引出术语中表示反应性的不同单位：$\rho=\beta$

$$\rho = \beta = 1\text{ 元} = 100\text{ 分} = 100\text{ 奈耳} = 10^5\ \text{PCM}$$

393-15-43

负反应性　negative reactivity

反应堆在某一状态下由特定的装置或物理现象引起的反应性增量的减少。
[ISO 921/777][ISO 921/778]

注：例如控制棒(装置)或温度变化(现象)引起的负反应性。

393-15-44

反应性温度系数　reactivity temperature coefficient

在核反应堆中给定的部件和位置，反应性变化与反应堆温度增量变化的比值。[ISO 921/1215]

393-15-45

燃耗　burn-up

反应堆运行期间由核变换引起的可裂变核素浓度的减少。[ISO 921/140]

注：本术语适用于核燃料或其他材料。

393-15-46

燃耗份额　burn-up fraction

某给定类型原子核素初始量已经燃耗的份额，通常用百分数表示。

393-15-47

比燃耗　specific burn-up

燃料辐照水平　fuel irradiation (level)

单位质量核燃料释放的总能量。[ISO 921/1156]

注：比燃耗通常以 MW·d/t 为单位。

393-15-48

比功率　specific power

堆芯中每单位质量的核燃料产生的功率。[ISO 921/1158]

393-15-49

贫化　depletion

某种材料中或其组成的材料中，相对于一种或多种特定同位素其丰度的减少。[ISO 921/305]

393-15-50

富集　enrichment (1)

材料中，一种或多种特定同位素丰度增加的过程。[ISO 921/412]

393-15-51

富集度　enrichment（2）

丰度大于其天然同位素丰度的特定同位素丰度。[ISO 921/412]

393-15-52

富集因数　enrichment factor

某种同位素浓缩的混合物中特定同位素的原子份额与天然同位素成分的混合物中相应同位素原子份额的比值。[ISO 921/414]

393-15-53

富集程度 degree of enrichment

富集因数减 1。[ISO 921/291]

393-15-54

转换(用于可转换材料)　**conversion**（for fertile substance）

可转换材料转为裂变材料的核变换。[ISO 921/235]

393-15-55

转换比　conversion ratio

通过转换所产生的裂变原子核数与消失的裂变原子核数之比。[ISO 921/237]

注：本术语可称做为时间瞬间或时间周期。

393-15-56

增殖　breeding

核反应堆中，当转换比大于 1 时的转换。[ISO 921/122]

393-15-57

增殖比　breeding ratio

大于 1 的转换比。[ISO 921/124]

393-15-58

增殖增益　breeding gain

增殖比减 1。[ISO 921/123]

393-15-59

核毒物　nuclear poison

能使反应性减小的具有很大的中子吸收载面的物质。[ISO 921/832]

393-15-60

可燃毒物　burnable poison

置入反应堆内的通过其逐渐燃耗以帮助控制长期的反应性变化的中子吸收体。
[ISO 921/135]

393-15-61

氙中毒　xenon effect

氙效应

反应堆中，由裂变产物^{135}Xe(核毒物)俘获中子而引起反应性的减少。[ISO 921/1325]

393-15-62

超临界反应堆　supercritical reactor

链式核反应发散时的反应堆。[ISO 921/1200]

393-15-63

次临界反应堆　subcritical reactor

链式核反应收敛时的反应堆。[ISO 921/1195]

393-15-64

物理功率(用于核反应堆) **physical power** (for a nuclear reactor)

核反应堆技术中用于表示核反应堆中子产生(中子数/s)的约定值。

393-15-65

能量释放(用于反应堆) **energy release** (for a nuclear reactor)

在核反应堆堆芯内,由核裂变和裂变产物衰变而释放的总能量。

393-15-66

剩余释热 **after-heat**

停堆后,反应堆燃料或部件内剩余的放射性所产生的热量。

393-15-67

外推边界 **extrapolated boundary**

如果从实际边界的几个平均自由程内分布可忽略的通量分布外推,则中子注量率为零的装置外的假想表面。[ISO 921/439]

393-15-68

中子爆发 **neutron burst**

在倍增介质中,由于中子急剧上升而形成的激烈而短暂的中子发射。

393-15-69

逃脱共振俘获概率 **resonance escape probability**

在无限介质内,中子在慢化过程中通过整个共振能区或其中特定能区或特定能区的一部分而不被俘获的概率。[ISO 921/1055]

注:该名词来自如下事实,即当中子慢化通过某能值的共振能区(如同像阱或吸收阱)时,给定原子核俘获中子的概率显著增加。

393-15-70

剩余功率 **residual power**

由核燃料和有关结构材料以及残余核裂变产生的放射性相对应的功率。[ISO 921/33][ISO 921/284]

注:本术语也适用于从反应堆内卸出的燃料元件的剩余功率。

393-15-71

(反应性)**功率系数** **power coefficient**

当其他变量不任意变化的条件下,反应性增量与反应堆热功率增量的比值。[ISO 921/911]

393-15-72

反应率 **reaction rate**

给出在单位时间内发生给定类型相互作用次数的量。

393-15-73

控制棒 **control rod**

反应堆运行用于控制反应性的被驱动的(插入或抽出)可移动元件。[ISO 921/225]

3.6 核反应堆类型

393-16-01

均匀(反应)堆 **homogeneous reactor**

堆芯材料在堆芯内的分布使其中子特性能够按整个堆芯材料均匀分布的假设来充分描述的核反应堆。[ISO 921/1563]

393-16-02

非均匀(反应)堆 **heterogeneous reactor**

堆芯材料在堆芯内的分离分布使其中子特性不能按整个堆芯材料均匀分布的假设来精确描述的核

反应堆。[ISO 921/557]

393-16-03

天然铀(反应)堆　natural uranium reactor

以天然铀作燃料的核反应堆。[ISO 921/775]

393-16-04

富集燃料(反应)堆　enriched fuel reactor

以天然铀浓缩^{235}U或添加其他如^{233}U、^{239}Pu等裂变材料作燃料的核反应堆。

393-16-05

钚(反应)堆　plutonium reactor

以钚作燃料的核反应堆。

393-16-06

流化(反应)堆　fluidized reactor

使用某些特性与液体非常接近的核燃料的核反应堆。

393-16-07

循环(反应)堆　circulating reactor

裂变材料循环流过堆芯的核反应堆。

注：裂变材料为液态或悬浮在液体中的小颗粒状态。

393-16-08

快中子(反应)堆　fast reactor

主要由快中子引起核裂变的核反应堆。[ISO 921/447]

393-16-09

中能中子(反应)堆　intermediate reactor, intermediate spectrum reactor

主要由中能中子引起核裂变的核反应堆。[ISO 921/611]

393-16-10

超热中子(反应)堆　epithermal reactor

主要由超热中子引起核裂变的核反应堆。[ISO 921/419]

393-16-11

热中子(反应)堆　thermal reactor

主要由热中子引起核裂变的核反应堆。[ISO 921/1226]

393-16-12

转换(反应)堆　converter reactor

发生显著转换的核反应堆。[ISO 921/238]

注：在某些国家，意味着回收新的裂变材料。在法国，如果产生的裂变材料与消耗的裂变材料数量相同，就称该反应堆为“再生器”。

393-16-13

增殖(反应)堆　breeder reactor

产生裂变材料比消耗裂变材料多的核反应堆。[ISO 921/557]

注：增殖(反应)堆的转换比大于1。

393-16-14

谱移(反应)堆　spectral shift reactor

为达到控制或其他目的，可以通过改变慢化剂的性质或数量来调节中子能谱的核反应堆。[ISO 921/1163]

393-16-15

动力(反应)堆　power reactor

主要用于生产动力的核反应堆。[ISO 921/915]

注：动力(反应)堆包括：

——发电用(反应)堆；

——推进用(反应)堆；

——供热(反应)堆。

393-16-16

研究(反应)堆　research reactor

主要作为基础研究或应用研究工具的任何功率水平的核反应堆。[ISO 921/1048]

注：研究(反应)堆包括：

——低通量研究(反应)堆；

——高通量研究(反应)堆；

——脉冲(反应)堆；

——试验(反应)堆，如材料试验反应堆；

——零功率(反应)堆，它也可被认为是实验(反应)堆。

393-16-17

实验(反应)堆　experimental reactor

主要为取得设计或研制一座反应堆或一种反应堆类型所需的反应堆物理或工程数据而运行的核反应堆。[ISO 921/428]

注：实验(反应)堆包括：

——零功率(反应)堆，它也可被认为是研究(反应)堆；

——试验(反应)堆；

——原型(反应)堆。

393-16-18

生产(反应)堆　production reactor

主要用于生产裂变材料或其他材料，或用于进行工业规模辐照的核反应堆。

[ISO 921/929]

注1：除非另有说明，该术语通常指生产钚的反应堆。

注2：生产(反应)堆包括：

——裂变材料生产(反应)堆；

——同位素生产(反应)堆；

——辐照(反应)堆。

393-16-19

压水(反应)堆　pressurized water reactor; PWR (abbreviation)

一次冷却剂轻水是在防止沸腾的足够压力下运行的动力反应堆。[ISO 921/668]

393-16-20

沸水(反应)堆　boiling water reactor; BWR (abbreviation)

堆芯冷却剂为沸腾轻水的动力反应堆。[ISO 921/99]

393-16-21

加速器驱动系统　accelerator driven system

混合(反应)堆　hybrid reactor

耦合(反应)堆　coupled reactors

带有附加的(例如在高能质子和发射靶之间发生散裂反应的)中子源以次临界模式运行的核反应堆。

393-16-22

压力管式(反应)堆 pressure tube reactor

燃料组件和冷却剂封闭于承受冷却剂压力的多个管道内的核反应堆。[ISO 921/923]

注：CANDU(加拿大)和 RBMK(俄罗斯)反应堆即属于此类型。

393-16-23

罐式(反应)堆 tank reactor

堆芯装在封闭罐内的非均匀反应堆。[ISO 921/1213]

393-16-24

双循环(反应)堆 dual-cycle reactor

利用一次冷却剂和二次冷却剂两个回路的热生产有用动力的核反应堆。[ISO 921/375]

393-16-25

重水(反应)堆 heavy water reactor;HWR (abbreviation)

以重水作慢化剂运行的核反应堆。[ISO 921/555]

393-16-26

一体化(反应)堆 integral exchanger reactor

一次冷却剂回路和二次冷却剂回路之间的热交换器装在反应堆容器内的核反应堆。[ISO 921/605]

393-16-27

气冷(反应)堆 gas cooled reactor;GCR (abbreviation)

以气体作反应堆冷却剂运行的核反应堆。[ISO 921/527]

393-16-28

高温气冷(反应)堆 high temperature reactor;HTR (abbreviation)

以惰性气体作冷却剂、堆芯广泛使用耐高温材料、冷却剂出口温度高的核反应堆。[ISO 921/561]

注：典型的出口温度在 700 ℃～850 ℃之间。

3.7 核反应堆的技术和运行

393-17-01

核燃料 nuclear fuel

含有裂变核素、放在核反应堆内能使自持链式核裂变反应得以实现的材料。[ISO 921/824]

393-17-02

富集材料 enriched material

其成分中有一种或多种特定同位素的浓度大于天然值的材料。[ISO 921/410]

393-17-03

燃料元件 fuel element

核反应堆堆芯内以核燃料为主要成分的结构上分离的最小构件。[ISO 921/513]

393-17-04

燃料细棒 fuel slug, fuel pin

由燃料芯块和包壳组成的小柱状燃料元件。

393-17-05

燃料棒 fuel rod

端部对端部放置的燃料小棒的组件或一根大尺寸棒，通常包容在包壳中。[ISO 921/520]

393-17-06

包壳 cladding

直接用于核燃料或其他材料的外壳，用于提供：

——保护核燃料或其他材料不受化学性质活泼的周围介质的影响；

——包容被包覆材料在辐照过程中产生的放射性产物；

——结构支撑。[ISO 921/186]

393-17-07

密封容器　can，clad

装有核燃料或其他材料的密闭容器，用于提供：

——保护核燃料或其他材料不受化学性质活泼的周围介质的影响；

——包容被包覆材料在辐照过程中产生的放射性产物；

——结构支撑。[ISO 921/147]

393-17-08

端塞　plug (1)

包壳的端部。[ISO 921/899][ISO 921/900]

393-17-09

屏蔽塞　plug (2)

降低屏蔽体上孔洞辐射贯穿的可移动实体部件。[ISO 921/899][ISO 921/900]

393-17-10

燃料组件　fuel assembly

组装在一起并且在堆芯装料和卸料过程中不拆开的一组燃料元件。[ISO 921/501]

393-17-11

燃料通道(用于压力管式反应堆)　**fuel channel** (in pressure tube reactor)

通过慢化剂的、其设计能载有一个或多个燃料组件并让冷却剂循环流过的输送管道。

393-17-12

装料(1)　**charge**

放在核反应堆堆芯的核燃料。[ISO 921/171]

393-17-13

倍增介质　multiplying medium

在其内部可以发生链式核反应的介质。[ISO 921/768]

393-17-14

堆芯　core

核反应堆内能进行链式核反应的区域。[ISO 921/242]

393-17-15

栅元　cell

非均匀反应堆一组基本单元之一，其每个具有相同的几何形状、材料成分和中子特性。[ISO 921/162]

注：这个概念用于反应堆堆芯的计算。

393-17-16

核反应堆栅格　nuclear reactor lattice

按照某一规则图形布置的核燃料和其他材料的阵列。[ISO 921/1016]

393-17-17

转换区　blanket

为转换目的而在堆芯周围或内部放置可转换材料的区域。[ISO 921/93]

注：通过延伸，术语“转换区”可用于非增殖材料的转换。

393-17-18

束流孔　beam hole

为在核反应堆外部实验，穿过反应堆屏蔽体进入核反应堆内部引出射线束的孔。[ISO 921/77]

393-17-19

辐照孔道　irradiation channel; experiment hole

穿过反应堆屏蔽体直达核反应堆内部、用于在堆内进行辐照的孔道。[ISO 921/626]

393-17-20

慢化剂　moderator

通过散射碰撞使中子动能降低而无明显俘获的材料。[ISO 921/754]

393-17-21

反射层　reflector

使入射辐射返回的材料或这类材料构成的实体。[ISO 921/1030]

注：在核反应堆技术中，这个术语通常只限于靠近堆芯的反应堆部分，其目的是通过散射碰撞使一些逃脱的中子返回堆芯(无明显俘获)。

393-17-22

一(次冷却剂)回路　primary coolant circuit

用于从一次热源(例如核反应堆堆芯或增殖转换区)导出热量的冷却剂循环系统。[ISO 921/926]

393-17-23

二(次冷却剂)回路　secondary coolant circuit

用于从一回路导出热量的冷却剂循环系统。[ISO 921/1096]

393-17-24

[放射性]包容　containment

即使在事故情况下，为了防止不可接受量的放射性物质越过规定边界的转移或扩散所采用的一套方法、措施和系统。[ISO 921/222]

393-17-25

屏蔽(体)(用于核反应堆)　**shield** (for a nuclear reactor)

为降低某一区域内辐射场强度所用的物体。

393-17-26

热屏蔽(体)　thermal shield

为降低向区域外热转移所用的物体。[ISO 921/1228]

393-17-27

生物屏蔽(体)　(biological) shield

主要目的是将装置外部的致电离辐射降低到生物允许水平设置的物体。[ISO 921/1116]

393-17-28

漏束　streaming

由于屏蔽体中存在缝隙或孔洞，在某一特定方向辐射贯穿的增量。[ISO 921/1186]

393-17-29

自屏蔽 self- shielding

由于物体外部对辐射的吸收使其内部辐射强度降低的现象。[ISO 921/1102]

393-17-30

天空散射　skyshine

由放射源经空气散射到达一物体的致电离辐射。[ISO 921/1132]

注1：这个术语一般用于描述超过屏蔽墙顶部的散射。

注2：有时这个术语包括来自相邻结构的散射辐射。

393-17-31

反应堆容器　reactor vessel

包容核反应堆堆芯的主容器。[ISO 921/1027]

393-17-32

中子转换器　neutron converter

置于慢中子流中以产生裂变中子从而增加快中子份额的装置。[ISO 921/789]

393-17-33

核反应堆控制　nuclear reactor control

通过调节反应性来获得核反应堆内反应速率的变化以保持所要求的运行状态。[ISO 921/1012]

393-17-34

构形控制　configuration control

通过调节核燃料、反射层、冷却剂或慢化剂的构形进行核反应堆的控制。[ISO 921/220]

393-17-35

燃料控制　fuel control

通过调节核燃料的性质、位置或数量的方式而改变反应性的方法进行核反应堆的控制。[ISO 921/507]

393-17-36

慢化剂控制　moderator control

通过调节慢化剂的性质、位置或数量的方式而改变反应性的方法进行核反应堆的控制。[ISO 921/755]

393-17-37

流体毒物控制　fluid poison control

通过注入或排出不同数量流体核毒物的方式而改变反应性的方法进行核反应堆的控制。[ISO 921/488]

注：流体毒物可以包括可溶性化学品或悬浮粒子。

393-17-38

反射层控制　reflector control

通过调节反射层的性质、位置或数量的方式而改变反应性的方法进行核反应堆的控制。[ISO 921/1031]

393-17-39

中子吸收体　neutron absorber

通过核反应有效地与中子相互作用，使中子不再呈现为自由粒子的物体。[ISO 921/784]

393-17-40

自调节(用于核反应堆)　**self-regulation** (in nuclear reactor)

由于功率水平变化对反应性的负反馈，使核反应堆在一定条件下运行在恒定功率水平的一种固有倾向。[ISO 921/1022]

393-17-41

微调控制　fine control

为了校正小的反应性变化而进行的细微调整。

393-17-42

补偿　shimming

为了校正较大幅度的长期反应性变化而进行的粗调节。[ISO 921/1120]

393-17-43

紧急停堆　scram

为防止或将危险状态减至最小而尽可能快地关闭核反应堆的动作。[ISO 921/398]

393-17-44

源区段　source range

为便于测量中子注量率，核反应堆在需要附加中子源的非常低功率下运行的范围。[ISO 921/1149]

393-17-45

计数管区段　counter range

核反应堆功率水平的一个范围，在此范围内使用粒子计数管适当测量中子注量率。[ISO 921/250]

注：在核电厂技术中，这一概念常称为“启动区段”。

393-17-46

运行区段　operating range

核反应堆在稳态条件下运行的功率水平范围。[ISO 921/859]

393-17-47

功率区段　power range

核反应堆的控制主要依据温度或中子注量率测量而不是根据时间常量测量的功率水平范围。[ISO 921/913]

393-17-48

时间常量区段　time constant range

核反应堆的控制主要依据时间常量(反应堆周期)测量而不是根据反应堆功率测量的功率水平范围。[ISO 921/1246]

注：在核电厂技术中，这一概念常称为“中间区段”或“对数区段”。

393-17-49

辐射泄漏(核反应堆中)　**radiation leakage** (in a nuclear reactor)

透过屏蔽体特别是通过屏蔽体中孔洞或裂缝的辐射。

393-17-50

混合氧化物燃料　mixed oxide fuel; MOX (abbreviation)

由铀氧化物和钚氧化物混合组成的核燃料，特别用于热中子反应堆。

393-17-51

热停堆　hot shutdown

核反应堆维持在运行温度和压强下或略低于运行温度和压强下的停堆状态。[ISO 921/573]

393-17-52

冷停堆　cold shutdown

核反应堆维持在远低于运行温度和压强下的停堆状态。[ISO 921/198]

393-17-53

燃料循环　fuel cycle

核燃料所经历的一系列工业环节，例如：

——采矿、提取、转化、富集、燃料制造和使用；

——核燃料或可转换材料的后处理；

——再利用和放射性废物管理。[ISO 921/509][IAEA 1998]

393-17-54

膜态沸腾　film boiling

处于或低于饱和温度的冷却剂在核燃料包壳上形成蒸汽薄膜的现象。[ISO 921/458]

393-17-55

凹陷　denting

由腐蚀引起的蒸汽发生器管颈缩。

393-17-56

烧毁　burnout

由偏离泡核沸腾到膜态沸腾引起的汽化状态的改变导致燃料元件壁上热交换快速地大量减少。

注1：在堆芯中，这一现象可能引起温度升高并对燃料元件造成一定损害。

注2：在蒸汽发生器中，这一现象可能引起性能劣化、腐蚀和在干燥部件结垢。

393-17-57

屏障(用于核反应堆)　**barrier** (for a nuclear reactor)

防止或抑制人员、放射性核素或一些其他现象(例如火灾)的活动范围或提供辐射屏蔽的遮断实体。

注：屏障包括燃料棒包壳、压力容器和安全壳。

393-17-58

空泡份额　void fraction

空泡体积与流体加空泡的总体积之比。[ISO 921/1299]

393-17-59

安全注入 safety injection

由应急堆芯冷却系统提供冷却剂。

393-17-60

欠热　subcooled

过冷

在给定压力下，温度低于沸点时的液体状态。

393-17-61

过热　superheated

在给定压力下，温度超过沸点时的蒸汽状态。[ISO 921/1201]

393-17-62

空泡　void

蒸汽或气体所占有的体积。

注：这个术语既用于液相的分散气泡也用于大的均相体积。

393-17-63

工艺流　process fluid

用于冷却核电厂放射性部件或系统并提供防止放射性向环境释放屏障的闭路循环系统中的流体。

393-17-64

就地操纵员　local operator

在控制室外执行任务的运行人员。

393-17-65

运行规程　operating procedure

规定为实现功能目标所必需的运行任务的一系列文件。

393-17-66

运行配合　operational interaction

为完成彼此相关的任务，操纵员之间的协作。

393-17-67

性能要求 performance requirement

规定保证实现功能目标的任务性能的定量要求。

393-17-68

电厂运行目标 plant operational goal

电厂设计的最终目的是为控制电力生产和通过在核设施中建立并保持阻止放射性危害的有效防护,以保护雇员(工作人员)、公众和环境免受伤害。

393-17-69

作业 task

为实现某一功能目标由人或机器执行的一系列操作。

393-17-70

任务分析 task analysis

根据对任务的详细描述,对涉及任务及其功能的人的全部活动和时间的关系这两者的评价。

393-17-71

漏缝 leak

一个开口,虽然很小,但为液体提供不希望有的从包容边界流出的通道。

393-17-72

(液体)泄漏 (liquid) leakage

通过漏缝流出液体。

393-17-73

(液体)异常泄漏 (liquid) abnormal leakage

反应堆冷却剂系统和相关系统的泄漏,这种泄漏超过了安全技术规格书允许的值。

注:反应堆冷却剂和相关系统也称为RCAS。

393-17-74

容许(液体)泄漏 (liquid) allowable leakage

电厂有关运行和安全的技术规格书规定的液体泄漏值,超过这个值就要改变或中断电厂运行以采取纠正行动将液体泄漏减少至容许值。

393-17-75

已识别(液体)泄漏 (liquid) identified leakage

具有下列特性的液体泄漏:

——泄漏的位置具体并且泄漏率确定;

——在反应堆冷却剂和相关系统中,泄漏不是裂缝或裂纹造成的。

393-17-76

(液体)泄漏率 (liquid) leakage rate

在正常温度(20 ℃)和压力(100 kPa)下,以单位时间的体积表示的液体泄漏速率。

393-17-77

未识别(液体)泄漏 (liquid) unidentified leakage

核反应堆安全壳内没有表征的液体泄漏。

393-17-78

反应堆冷却剂 reactor coolant

用于冷却反应堆任何发热部分的物质,通常是液体或气体。

393-17-79

故障　malfunction

启动或保持某一要求功能的设备丧失能力，或发生了不希望有的可能导致有害后果的误动作。

注：必须明确规定功能验收准则。

3.8　核电厂

393-18-01

核保安(用于核电厂)　**nuclear security** (for a nuclear power plant)

为确保人员和财产免遭危险和所有其他麻烦而采取的一组措施，这些危险和麻烦来自固定式核电厂或移动式核动力装置的建造、运行、停堆、拆除，也来自人造或天然放射性物质的贮存、运输、使用与转化。

注：核保安包括核安全。

393-18-02

核安全　nuclear safety

在核设施设计、建造、启动、运行、退役和拆除期间或在放射性材料运输期间为保证核设施的正常运行、为预测和防止事故或缓解事故后果而采取的一组措施。

[ISO 921/840 MOD][IAEA MOD]

393-18-03

报警　alarm

当仪表的指示超过一个预先规定的整定值或处于预先规定的范围之外时，在报警盘上触发听觉或视觉信号并可能有其他显示，以便给现场人员提供有关设备或事件的信息。

393-18-04

维修旁通(用于安全系统)　maintenance bypass (for safety system)

为了维修、试验或修复而批准安全系统一个或一个以上的组成部分不运行的活动或装置。[IAEA 2 MOD]

393-18-05

应急响应设施　emergency response facility

为了对异常运行工况作出响应和缓解事故后果而提供的设施。[IAEA 1 MOD]

393-18-06

功能序列　functional sequence

建立和保持某一功能任务所需的一系列人的动作或自动化动作。

393-18-07

运行人员　operational crew, operating staff

操纵核电厂运行的电厂人员。

注：运行班组包括监督人员以外的值长、班组成员和授权在控制室值班的专家。运行人员负责实现电厂的运行目标。

393-18-08

热(的)(核领域中)　**hot** (in nuclear)

高放射性的。[ISO 921/564]

393-18-09

燃料烧毁　fuel burn-out

在核反应堆工艺中，由于排出燃料元件产生的全部热量的冷却故障，而使该燃料元件局部严重损坏。[ISO 921/502]

393-18-10

事故工况(用于核电厂) **accident conditions** (for a nuclear power plant)

预期不会经常出现的严重偏离运行状态,并且如果有关的专设安全设施没能按其各自的设计意图起作用,那么可能导致放射性物质不可接受的释放。[IAEA 3 MOD]

注1:严重偏离可能是核燃料的一种重大故障、失水事故(LOCA)等。

注2:专设安全设施的例子是应急堆芯冷却系统(ECCS)和安全壳。

393-18-11

正常运行 **normal operation**

核电厂在规定的运行限值和条件范围内的运行,包括功率运行、停堆状态、停堆过程、启动、维护、试验和换料。[IAEA 3 MOD]

393-18-12

运行旁通 **operational bypass**

当某些保护动作在电厂特定运行模式下是不必要时,经批准使这些保护动作不起作用的活动或装置。[IAEA 3 MOD]

393-18-13

包壳失效 **clad failure**

包壳破损

燃料元件的缺陷,该缺陷能使裂变产物泄漏。[ISO 921/142]

393-18-14

装料(2) **loading**

将核燃料装入核反应堆的过程。

注:这一术语也用于其他元件的装载,尤其是控制棒。

393-18-15

卸料 **unloading, discharging**

将核燃料从核反应堆中移出的过程。

注:这一术语也用于抽出其他元件,尤其是控制棒。

393-18-16

燃料冷却设施 **fuel cooling installation**

通常是充满水的大容器或池子,将乏燃料放置其中直到乏燃料的放射性减少到所要求的水平。[ISO 921/508]

393-18-17

后处理(用于辐照过的燃料) **reprocessing** (for an irradiated fuel)

在核反应堆内使用过后核燃料的处理,以便清除裂变产物并回收可裂变的和可增殖的(可转换的?)材料。

393-18-18

预计运行事件 **anticipated operational occurrence; AOO** (abbreviation)

在核电厂运行寿期内预计可能出现一次或数次偏离正常运行的所有运行过程,由于设计中已采取适当的措施,这类事件对安全重要物项不会引起任何严重损坏,也不会导致事故工况。[IAEA 3 MOD]

393-18-19

共因故障 **common cause failure**

由特定的单一事件或起因导致若干设备或部件功能失效的故障。[IAEA 3 MOD]

393-18-20

安全重要物项 **items important to safety; IIS** (abbreviation)

按核安全法规的定义,安全重要物项是指如果其不动作用或在不需要动作时动作(误动作),最终可

能需要其他的措施用于防止对电厂人员或公众的过量辐射照射的那些物项。[IAEA 3 MOD]

393-18-21

假设始发事件　postulated initiating event

可能导致预计运行事件或事故工况的可识别的事件。[IAEA 3 MOD]

393-18-22

保护动作(用于核安全)　**protective action** (in nuclear safety)

为了预防非安全运行所必需的动作。(4.4.10 使某个特定的安全驱动器动作的保护系统动作)[IAEA 2 MOD][IAEA 3 MOD]

注:这一术语也用于辐射防护。

393-18-23

安全动作　safety action

为了预防事故或缓解事故后果而由安全驱动系统采取的动作。[IAEA 3 MOD]

393-18-24

保护功能　protective function

执行保护动作的功能。

注:作为例子,保护功能包括电厂参数的监测,在电厂参数达到设计基准中规定的且与电厂特定工况有关的限值时,信号处理、触发并完成保护动作。

393-18-25

安全功能　safety function

为了保证核安全必须完成的特定功能。[IAEA 3 MOD]

注:每一假设始发事件都可能要求完成相应的安全功能。

393-18-26

安全任务　safety task

探测表征某一假设始发事件的一个或多个变量并完成相应的安全系统支持作用,以预防超过设计基准限值。[IAEA 1 MOD][IAEA 3 MOD]

393-18-27

单一故障准则　single failure criterion

适用于系统的准则,在该系统存在任何单一故障时都能完成其安全任务。

[IAEA 1 MOD][IAEA 3 MOD]

393-18-28

辅助控制点(关于核安全领域)　**supplementary control point** (in nuclear safety)

独立于主控室完成安全功能的设施。

393-18-29

紧急停堆(用于核反应堆)　**trip** (for a nuclear reactor)

核反应堆快速降功率。[ISO 921/1275]

393-18-30

误停堆　spurious shutdown

由某个意外的、与核反应堆异常工况无关的事件引起的停堆。[ISO 921/1172]

393-18-31

置信度　confidence level

一个统计估算量的真值落入其估算值预先设定区间内的概率,通常用百分数表示。

393-18-32

设计寿命(用于设备)　**design life** (of equipment)

能保证设备的规定性能特性的最短时间。[IAEA 3 MOD]

393-18-33

合格寿命(用于设备) **qualified life** (of equipment)

规定的性能特性被验证过的最短延续时间。[IAEA 3 MOD]

注：某一特定部件的合格寿命在其安装寿期内可能改变。

393-18-34

运行条件(用于设备) **operational conditions** (of equipment)

影响量的范围，在该范围内预期设备按技术要求运行。

393-18-35

安装寿命(用于设备) **installed life** (of equipment)

设备从安装到永久拆除不再运行之间的时间间隔，在此期间设备按规定的运行条件完全满足所有的设计要求。

注：设备可能有40年的安装寿命，但是它的一些部件要定期更换，那么这些部件的安装寿命将短于40年。

393-18-36

合格鉴定裕度(用于设备) **qualification margin** (of equipment)

设备型式试验条件与其规定的相应最严酷的运行条件之间的差额。

注：鉴定裕度考虑了设备制造的偏差和确定满意工作性能时的合理误差。

393-18-37

使用寿命(用于传感器) **useful life** (for a sensor)

传感器在规定限值的辐照条件和环境条件下运行的总持续时间，此后传感器的性能超过规定的容差。[IAEA 3 MOD]

393-18-38

设备质量合格鉴定 **equipment qualification**

按设备所属系统的技术规格书、性能和安全要求，保证该设备按指令运行的证据的产生和保持。

注：对于特定设备、工况或使用条件需要更多的具体要求。

393-18-39

环境条件 **environmental conditions**

预期作为正常运行条件或由假设始发事件引起的物理条件，例如环境温度、压力、辐射、湿度、化学烟雾。

393-18-40

监测 **monitoring**

为了确定某个系统的状态，连续或定期测量辐射或其他参数。[IAEA 3 MOD]

393-18-41

老化 **ageing**

在规定的运行条件下，部件或组件的物理、化学或电气性能随时间推移而发生变化，这种变化可能导致性能特性明显的劣化。[IAEA 3 MOD]

393-18-42

加速老化 **accelerated ageing**

用于在短时间内模拟寿命状态变化的过程。

注：这一过程是使一个设备或一个部件承受符合已知的可测量的物理或化学劣化规律的应力条件，以便使其物理和电气性能的老化进展情况类似于预期运行条件下的性能。

393-18-43

固有安全 **intrinsic safety;inherent safety**

系统、设备或组件的特性，这种特性使得一个具体的误动作引起的响应能改善该系统、设备或组件的安全。

注：固有安全的例子如通过核反应堆的工程设计使得随着电气故障的发生核反应堆的控制棒依靠重力落入堆芯来停止核反应。

393-18-44

核电站 **nuclear power station**

核电厂 **nuclear power plant**

利用一座或多座核反应堆来发电或供热的动力厂。[ISO 921/834]

393-18-45

热放射化学实验室 **hot radiochemical laboratory**

热室

使用高放射性物质的放射化学实验室。

393-18-46

去污 **decontamination**

去除不需要的放射性物质。[ISO 921/287]

393-18-47

去污因数 **decontamination factor**

放射性物质污染的初始浓度与经过去污处理后的最终浓度之比。[ISO 921/288]

393-18-48

严重事故(用于核电厂) **severe accident** (for a nuclear power plant)

比设计基准事故更严重并且涉及到堆芯明显劣化的一组事故工况。[IAEA 3 MOD]

393-18-49

设计基准事故 **design basis accident**

一组事故工况，针对这些工况按确定的设计准则设计核电厂，并且对应这些工况核燃料的损坏与放射性物质的释放都保持在已批准的限值内。[ISO 921/306][IAEA 3 MOD]

393-18-50

反应堆安全壳 **reactor containment**

设计用于防止放射性物质扩散的一组保护措施或(和)实体构筑物。[ISO 921/1011][IAEA 1998][IAEA 3 MOD]

393-18-51

纵深防御(用于核电厂设计) **defence in depth** (in plant design)

一系列不同的防御层次(固有设施、设备和规程)，目的在于预防事故并保证在预防失效事件中有适当的保护。[IAEA 3 MOD]

393-18-52

功能分析 **functional analysis**

根据可利用的资源对某一系统的各项功能目标的验证，以便为确定功能如何分配与执行提供依据。

393-18-53

任务分析 **job analysis**

为了给运行班组、机构、规程和培训大纲分配任务所进行的鉴别基本要求的分析。

393-18-54

就地控制点 **local control point**

就地控制盘 **local control panel**

位于控制室外部的控制点。

393-18-55

反应堆冷却剂系统和相关系统(用于沸水堆和压水堆) **reactor coolant and associated systems** (for boiling and pressurized water reactors);**RCAS** (abbreviation)

反应堆正常运行、事故工况和事故后工况下包容反应堆冷却剂的一组设备。

注：这些设备的例子包括反应堆冷却剂系统(RCS),应急堆芯冷却系统(ECC)等。

393-18-56

控制室　control room

用于集中控制与监视核反应堆电气系统和过程系统的重要房间。

393-18-57

负荷因子(用于核电厂)　**load factor** (for a nuclear power plant)

在给定的时间间隔内,电厂实际提供的能量和核准的最大功率值与其持续时间乘积的比值。[ISO 921/892]

注：这一术语也可用于其他类型的电厂。

393-18-58

安全分析　safety analysis

为保证核安全,对评价、危险和配置进行的一系列技术研究。[IAEA 3]

393-18-59

带厂用电运行　house load operation

核电厂只向本厂自用电负荷供电的运行模式。

393-18-60

冗余　redundancy

多重性

采用可替换的单元(同样的或多样的),以使其中任何一个单元都能执行所要求的功能而与其余任何单元的运行状态无关的一种措施。[IAEA 2][IAEA 3 MOD]

393-18-61

安全设备组(用于核反应堆)　**safety group** (for a nuclear reactor)

用于完成某一特定假设始发事件所必需的全部动作的设备,以保证不会超过设计基准对此事件规定的限值。[IAEA 1 MOD][IAEA 2 MOD][IAEA 3 MOD]

3.9　辐射防护

393-19-01

辐射事故　radiation accident

包括操作错误、设备故障或其他意外事故在内的任何不期望的事件,从防护或安全观点看,其后果或潜在的后果不能被忽视并可能导致潜在照射或异常照射情况。

393-19-02

外照射　external exposure

体外辐射源对人体的照射。

393-19-03

内照射　internal exposure

体内辐射源对人体的照射。

393-19-04

全身照射　whole body exposure

全身受到照射。

393-19-05

非全身照射　partial body exposure

部分身体受到照射。

393-19-06

局部照射　local body exposure

身体局部受到照射。

393-19-07

公众照射　public exposure

公众成员所受辐射源的照射。它不包括职业性照射、医疗照射和当地正常的天然本底辐射的照射，但包括经批准的源和实践产生的照射和在干预情况下受到的照射。

393-19-08

集体剂量　collective dose

人群所受的总辐射剂量。

注 1：该量值等于受辐射源照射的人数与其平均辐射剂量的乘积。

注 2：集体剂量以人·(沃特)(人·Sv)为单位。

393-19-09

辐射防护最优化　ALARA

可合理达到的尽量低

考虑了经济和社会因素，基于保持照射可合理达到的尽量低的剂量限值理念。

393-19-10

辐射防护指南　radiation protection guide；RPG (abbreviation)

由官方确定的一组辐射剂量，当没有仔细考虑这样作的原因时，不应该超过该剂量。

注：由国际辐射防护委员会制定的这些标准与以前称作最大允许剂量或最大允许照射是等效的。

393-19-11

防护行动(关于辐射防护)　**protective action** (in radiation protection)

旨在避免或减少公众成员在慢性照射或应急照射情况下受照射剂量而进行的一种干预。[IAEA 1998]

注：此术语也用于核安全。

393-19-12

辐射防护调查　radiation protection survey

在核设施或其周围进行的辐射安全评估，包括辐射测量、检验、评价和建议。

393-19-13

控制区　controlled area

要求或可能要求采取专门防护和安全措施的规定区域，以便在正常工作条件下控制正常照射或防止污染扩展以及防止潜在照射或限制其程度。[ISO 921/231]

393-19-14

应急计划　emergency plan

一旦出现事故时执行的一套程序。

393-19-15

组织权重因数　tissue weighting factor

为了表示组织或器官对人体受均匀照射时所受总危害的相对贡献，组织或器官的当量剂量所乘的加权因数。

393-19-16

低毒性 α 发射体　low toxicity alpha emitter

天然或人工放射性元素(例如天然铀、贫铀、天然钍、铀 235 或铀 238、钍 232、钍 228 和钍 230，当它们存在矿中、或以物理和化学浓缩物存在时。)或放射性半衰期低于 10 d 的 α 发射体。

393-19-17

表面污染物体　surface contaminated object;SCO (abbreviation)

本身不具有放射性但其表面分布有放射性物质的固态物体。

3.10　设施拆除和放射性废物贮存

393-20-01

豁免废物　waste exempt

认为有关的放射性危害可以忽略,按照清洁解控水平解控的废物。[IAEA 1998]

393-20-02

放射性废物　radioactive waste

含有放射性物质或被放射性核素所污染、其浓度或活度大于审管机构确定的清洁解控水平和预期无用处的材料。

393-20-03

放射性排出流　radioactive release;effluent

放射性气体或液体向环境中的排放。[ISO 921/232]

注1:放射性排出流可能源于正常运行、系统故障或事故状态。

注2:放射性排出流的限值由审管机构批准。

393-20-04

放射性去污　radioactive decontamination

放射性清除　clean up

使用允许的污染物控制回收方法,部分或全部去除污染。

393-20-05

放射性废物处置场　radioactive waste repository

有适当防护措施的用于管理可处置放射性物品的存放场地。

393-20-06

核设施永久关停　permanent nuclear facility shutdown

用于结束核设施正常运行的一系列技术和行政上的工作。

393-20-07

退役　decommissioning

使核设施降级的一系列行政和管理工作。

393-20-08

拆除　dismantling

部分拆除或完全拆除核设施的一系列实体操作。

393-20-09

清洁解控水平　clearance level

由国家或国家受权管理机构制定的值,用活度浓度和(或)总活度表示,低于该值的产品可以解控。

注:清洁解控水平也规定了放射性豁免的限值。

393-20-10

固化封存　embedding

为了保证放射性核素的封存符合法规要求并得到标准化的试验验证,用材料可以使放射性废物形成固体的、压缩的、稳定的、实体不分散的放射性固定形式。

393-20-11

贮存　storage

用于回收目的,对核设施中的乏燃料或放射性废物提供包容的保存。

393-20-12

长寿命废物贮存　long lived waste storage

含有长寿命放射性元素、其数量和(或)浓度要求与生物圈长期隔离的放射性废物的保存。

注："长寿命"一般是指半衰期大于30年。

393-20-13

(放射性)**废物管理**　(radioactive) **waste management**

在核设施放射性废物的装卸、预处理、处理、整备、贮存和处置中、包括正在考虑的运输中所涉及的一系列行政管理和操作活动。

393-20-14

场地恢复　site remediation;sit rehabilitation

为了恢复场地用于其他用途,对核设施进行的一系列工作。

393-20-15

玻璃固化(用于放射性废物)　**vitrification** (of radioactive waste),**encapsulation**

把放射性废物嵌入玻璃基料的过程。

中 文 索 引

E

F

J

K

L

Y

Z

英 文 索 引

A

D

E

G

M

Q

S

T

W

X

Y